# 基于园林生态效益的圆明园
# 公园游憩机会谱构建研究

The Construction of Recreation Opportunity Spectrum (ROS) Based
on Ecological Effects Assessment in Yuanmingyuan Garden

王忠君 著

中国林业出版社

## 图书在版编目(CIP)数据

基于园林生态效益的圆明园公园游憩机会谱构建研究/王忠君著. —北京：中国林业出版社，2015.12

ISBN 978-7-5038-8124-4

Ⅰ. ①基… Ⅱ. ①王… Ⅲ. ①圆明园–旅游服务–研究 Ⅳ. ①F592.713

中国版本图书馆CIP数据核字(2015)第203243号

**中国林业出版社·教育出版分社**

策划、责任编辑：许 玮

电　　话：(010)83143559　　　　传　　真：(010)83143516

出版发行　中国林业出版社(100009　北京市西城区德内大街刘海胡同7号)
　　　　　E-mail：jiaocaipublic@163.com　电话：(010)83143500
　　　　　http://lycb.forestry.gov.cn

经　　销　新华书店
印　　刷　北京中科印刷有限公司
版　　次　2015年12月第1版
印　　次　2015年12月第1次印刷
开　　本　787mm×1092mm　1/16
印　　张　19
字　　数　396千字
定　　价　40.00元

未经许可，不得以任何方式复制或抄袭本书之部分或全部内容。

**版权所有　侵权必究**

# 前　言

休闲游憩是现代城市居民的重要生活方式，城市公园是城市居民日常进行游憩活动的主要区域，科学引导游人合理地使用城市公园一直是现代城市公园管理者与学术界关注的问题。通过在2009—2011年对圆明园公园绿地生态效益与环境质量进行实地监测，书中分析了圆明园公园园林环境的游憩适宜性，并对公园游人的游憩行为进行了调查，总结了游人对公园的使用特征，将游人的游憩需求与公园适游空间相匹配，从而构建了圆明园公园游憩机会谱，并探讨了公园游憩机会谱在游憩行为引导方面的作用。通过对圆明园公园游憩机会谱的研究，本书总结出以下主要结论：

（1）圆明园公园具有较高的园林生态效益水平。公园绿地形成了明显的小气候特征，尤其在春、夏、秋三季植物的增湿降温效益明显，使得公园在湿热条件方面优于城区环境；圆明园公园植物群落具有降低空气悬浮颗粒物浓度的显著作用，尤其是乔灌草型、乔灌型、乔灌结合水面型植物群落的阻滞粉尘效果最佳，公园植物夏季滞尘能力较强；公园绿地环境表现较强的抑菌效应，乔木为主体的植物群落微生物含量相对较低，而结构复杂、密植、郁闭高的植物群落中含菌量相对较高；公园绿地具有显著的降噪能力，植物群落结构特征、郁闭度、群落宽度、噪声源特征等因子是决定绿地降噪效应的主要影响因子；公园绿地空气负离子保持在较高水平，绿量越大、植被的郁闭度越高、越靠近水体的场所空气负离子效应越显著。圆明园公园园林环境具有良好的生态效益，为公园创造宜游空间奠定了坚实基础。

（2）良好的生态效益提升了圆明园公园园林环境游憩适宜性水平。通过从自然、社会、美学三个方面对圆明园公园园林环境的游憩适宜性进行全面评估，结果显示：春、秋两季是圆明园公园小气候适宜游憩时期；公园绿地微生物含量在全年中处于"非常适宜"或"很适宜"的游憩水平；从空气总悬浮颗粒物（TSP）水平来看，圆明园公园夏季宜游而秋、冬两季不宜游，公园中近水空间比非近水空间更适宜开展游憩活动；公园五月至十一月份具有良好的空气负离子效应，尤其夏季空气负离子水平非常适宜户外游憩活动；公园夏季（七月份除外）声环境质量较高，以乔木为主体的乔灌草型、乔灌型复层植物群落内适宜开展安静型游憩活动；园林植被盖度、绿地可进入条件、山水组合意境、景观亲水程度、园林建筑与环境的和谐程度和文化遗存的价值高低决定了圆明园公园各场所的园林景观美景度的差异。

（3）圆明园公园游人参与的游憩活动内容可划分为运动类、观光类、休闲类和主题类四种类型，激发圆明园公园游人游憩动机的主要因素是园林环境和园林文化，公园的小气候特征、绿色空间构成形式、园林建筑与文化遗址的分布与整理、基础服务设施的完善程度等环境因素对游客的游憩行为有着直接或间接的影响。

（4）本书确定了56个景观单元的圆明园公园游憩机会谱构成，将圆明园公园内部游憩空间总体上划分为高适宜水平游憩机会、较高适宜水平游憩机会、中度适宜水平游憩机会、较低适宜水平游憩机会和低适宜水平游憩机会五种级别与类型。

（5）本书提出了城市公园游憩机会谱应用设想——构建城市公园"游憩前线"系统，从平台建设、具备功能、应用对象三个方面设想了"游憩前线"系统构成框架及其指标体系。

本书在分析圆明园公园园林生态效益的基础上，将游憩机会谱理论引入公园游憩组织与环境管理，探讨了在当前智慧旅游时代背景下游憩机会谱在公众游憩过程中发挥的作用，对城市公园管理具有一定的现实指导意义。本项研究由中央高校基本科研业务费专项资金（TD2011-33、HJ2010-11）和北京高校共建项目、北京市教委科学研究与研究生培养共建项目北京市实验室课题（2015BLUREE04）共同资助。

由于作者水平有限，加之研究条件限制，没能对圆明园环境进行长期的跟踪监测，也没能对其游憩机会谱的具体应用进行深入探讨。本书难免不足之处，欢迎大家批评指正。

王忠君
2015年5月

# Abstract

Recreation plays an important role in urban residents' life. In modern society, managers and scientists have paid more and more attention to how to use parks reasonably where residents often spend their spare time. From 2009 to 2011, the environmental quality monitoring was carried out in Yuanmingyuan garden about ecological effects and recreational suitability of green space. The characteristics of visitors' behavior were investigated and summarized in the garden. Recreation opportunity spectrum (ROS) was established to match recreational needs of visitors in the fitness space of Yuangmingyuan garden, and discussed the role of guiding recreation. The research has achieved the following main conclusions:

(1) The green space has developed high level ecological effects in Yuanmingyuan garden. The obvious microclimate was formed, especially humidifying & cooling effect of plants creating the hot and humid conditions in the garden better than that of other urban environment in spring, summer and autumn. It was significant that plant communities have reduced concentration of air total suspended particulate (TSP) in Yuanmingyuan garden, especially plant communities of Arbor-Surb-Grass type, Arbor-Shrub type, and Arbor-Shrub beside waterfront type. Inhibition against airborne microbes was performed strongly in green space, and the content of airborne microbes was relatively low in plant communities with arbor as main body, but the content of bacteria was relatively high in the plant communities with more complex structure, higher density and canopy density. Green space had the remarkable function of sound reduction which was influenced mainly by plant community structure characteristics, canopy density, width of green space and noise characteristics. Negative air ions were generated at a high level, and the effect of negative air ions was more significant in greater green quantity, higher canopy density and the places closer to water in the garden. Good ecological effects have made a solid foundation to create the appropriate recreation space in Yuanmingyuan garden.

(2) The ecological benefits have played a good portion in promoting the recreation suitability of the environment in Yuanmingyuan garden. The comprehensive evaluation

was implemented from three aspects of natural, social and aesthetic on recreation suitability of the environment in Yuanmingyuan garden. The results have showed that spring and autumn were suitable leisure time in microclimate of Yuanmingyuan garden. The content of airborne microbes has been kept at "best appropriate" or "better appropriate" level in a whole year. From the perspective of TSP level, summer was favorable but winter was unfavorable to recreational activities and waterfront places were more suitable for recreational activities than other places far away from the water. Effect of negative air ions was kept at a high level from May to November, so that outdoor environment was very suitable for recreational activities, especially in summer. Quality of acoustic environment was higher in summer except in July, and plant communities of Arbor-Surb-Grass and Arbor-Shrub type were suitable for recreational activities which needed quiet environment. The scenic beauty degree of landscape was mainly determined by green coverage, accessibility of green space, artistic and cultural conception, distance to water, harmonious degree of architecture and environment, and the value of cultural relics.

(3) Recreational activities were classified into four types: sports, sightseeing, leisure and theme in Yuanmingyuan garden. Main factors influencing recreational motivation of visitors were garden environment and landscape architecture culture. Such factors as microclimate characters, structure of green space, distribution and sorting of cultural sites and service facilities, have influenced visitors' behavior directly or indirectly.

(4) Amount of ROS was identified on Yuanmingyuan garden. These were generally divided into five types: most, more, moderate, lower, lowest suitable recreation opportunities.

(5) Ideal application about ROS has been put forward, which is "Front of recreation" system. Its construction can be formed by three parts: platforms, function and application objects.

Based on the assessment of ecological effects, the ROS theory was introduced into organization and management of recreational activities in parks in this book, and also discussed the application prospect of ROS under the background of the current smart tourism development. Results of the research will have certain practical values in the management of recreational activities in urban parks.

Key words: ecological effects; recreation opportunity spectrum (ROS); urban park; recreational activity; Yuanmingyuan garden.

# 缩略词表
# Table of Abbreviation

| 缩略 Abbreviation | 英文名称 English name | 中文名称 Chinese name |
|---|---|---|
| ROS | recreation opportunity spectrum | 游憩机会谱 |
| NAI | negative air ions | 空气负离子 |
| PAI | positive air ions | 空气正离子 |
| SP | sampling plots | 样点 |
| CP | control plots | 对比样点 |
| $P_S$ | structure of plant community | 群落结构 |
| $P_T$ | type of plant community | 群落类型 |
| CD | canopy density | 郁闭度 |
| $A_T$ | air temperature | 空气温度 |
| $A_{RH}$ | air relative humidity | 空气相对湿度 |
| ASG | arbor-shrub-grass plant community | 乔灌草植物群落 |
| AG | arbor-grass plant community | 乔草植物群落 |
| SG | shrub-grass plant community | 灌草植物群落 |
| AS | arbor-shrub plant community | 乔灌植物群落 |
| A | arbor plant community | 乔木群落 |
| S | shrub plant community | 灌木群落 |
| G | grass plant community | 草本群落 |
| SS | square sum | 平方和 |

| | | |
|---|---|---|
| df | degree of freedom | 自由度 |
| MS | mean square sum | 均方 |
| $F$ | mean square sum among class mean square sum inner class | 均方比 |
| $F_{0.05}$ | the threshold value of $F$ at 0.05 | 置信水平为 0.05 的显著性 |
| SPSS | Statistical Product and Service Solutions | "统计产品与服务解决方案"软件 |
| ANOVA | analysis of variance | 方差分析 |
| $R$ | Spearman-Rho | 斯皮尔曼秩相关系数 |
| $T$ | Kendall-Tau-b | 肯德尔秩相关系数 |
| $P$ | Person | 皮尔逊相关系数 |

# 目　录

前言
Abstract
缩略词表

1　绪论 ……………………………………………………………… 1
　1.1　题目产生背景 ………………………………………………… 1
　1.2　目的、意义及范畴 …………………………………………… 3
　　1.2.1　写作目的 ………………………………………………… 3
　　1.2.2　应用价值 ………………………………………………… 4
　　1.2.3　相关概念的界定与辨析 ………………………………… 5
　1.3　国内外相关研究进展 ………………………………………… 10
　　1.3.1　游憩机会谱研究 ………………………………………… 10
　　1.3.2　城市公园生态效益研究 ………………………………… 16
　　1.3.3　关于小气候人体舒适度的研究 ………………………… 17
　　1.3.4　关于城市绿地空气微生物特征的相关研究 …………… 20
　　1.3.5　关于城市绿地植物滞尘效应的研究 …………………… 21
　　1.3.6　城市绿地植物降噪效益的研究 ………………………… 23
　　1.3.7　关于城市绿地空气负离子特征的研究 ………………… 25
　　1.3.8　园林景观美景度评价(SBE)研究进展 ………………… 28
　1.4　研究内容及技术路线 ………………………………………… 33
　　1.4.1　研究内容 ………………………………………………… 33
　　1.4.2　研究技术路线 …………………………………………… 34

2　北京圆明园公园微环境生态效益研究 ………………………… 37
　2.1　研究方法 ……………………………………………………… 37
　　2.1.1　样点设置 ………………………………………………… 37

2.1.2 监测时间 …… 41
2.1.3 监测方法 …… 41
2.1.4 数据分析 …… 44
2.2 圆明园公园植物群落的增湿降温效益 …… 44
2.2.1 空气温度和相对湿度的测定 …… 44
2.2.2 植物群落降温效益 …… 45
2.2.3 植物群落增湿效应 …… 50
2.2.4 植物群落增湿降温效益研究结果 …… 52
2.3 圆明园公园植物群落的阻滞粉尘效益 …… 52
2.3.1 研究材料与方法 …… 53
2.3.2 植物群落空气悬浮颗粒物浓度季节变化 …… 53
2.3.3 空气悬浮颗粒物浓度日变化 …… 59
2.3.4 影响植物群落空气悬浮颗粒物水平的环境因素 …… 61
2.3.5 公园植物群落滞尘效应研究结果 …… 62
2.4 圆明园公园植物群落抑菌效益 …… 63
2.4.1 空气真菌和细菌种类 …… 63
2.4.2 空气微生物不同季节日变化特征 …… 64
2.4.3 植物群落空气微生物含量季变化特征分析 …… 77
2.4.4 圆明园公园植物群落空气微生物浓度年变化特征 …… 80
2.4.5 圆明园公园植物群落抑菌效益研究结论 …… 82
2.5 圆明园公园植物群落的降噪效益 …… 83
2.5.1 材料与方法 …… 83
2.5.2 植物群落降噪效应测量结果分析 …… 84
2.5.3 本节小结 …… 90
2.6 圆明园公园绿地空气负离子水平 …… 91
2.6.1 研究材料与方法 …… 91
2.6.2 结果与分析 …… 92
2.6.3 关于空气负离子水平特征与绿地结构、环境因子关系的讨论 …… 99
2.6.4 本节小结 …… 101
2.7 本章研究结论 …… 102

**3 圆明园公园环境游憩适宜性评价** …… 103

3.1 城市公园环境游憩适宜性评价的目的和意义 …… 103

3.2　园林微环境游憩适宜性评价的原理及方法 …………………… 104
3.3　评价体系构建及评价因子选取 ………………………………… 104
　　3.3.1　城市公园环境游憩适宜性评价体系 …………………… 104
　　3.3.2　城市公园环境游憩适宜性评价标准 …………………… 106
3.4　圆明园公园自然环境质量游憩适宜性评价 …………………… 107
　　3.4.1　圆明园公园环境小气候游憩适宜性 …………………… 107
　　3.4.2　圆明园公园绿地空气微生物水平游憩适宜度 ………… 114
　　3.4.3　圆明园公园环境清洁度游憩适宜性 …………………… 117
　　3.4.4　圆明园公园空气负离子水平游憩适宜性评价 ………… 122
　　3.4.5　圆明园公园绿地声环境质量旅游适宜性评价 ………… 130
3.5　圆明园公园园林景观美景度评价 ……………………………… 134
　　3.5.1　美景度评价的方法选择 ………………………………… 134
　　3.5.2　园林景观美景度评价体系 ……………………………… 135
　　3.5.3　圆明园公园园林景观美景度评价步骤 ………………… 137
　　3.5.4　圆明园公园园林景观美景度评价结果与分析 ………… 142
　　3.5.5　圆明园公园园林景观美景度评价结论与讨论 ………… 144
3.6　圆明园公园人文资源质量游憩适宜性评估 …………………… 146
　　3.6.1　圆明园公园遗产资源赋存状况 ………………………… 146
　　3.6.2　圆明园公园人文遗产游憩价值 ………………………… 147
　　3.6.3　圆明园公园人文资源游憩适宜性评价 ………………… 147
　　3.6.4　圆明园公园人文资源游憩适宜性评价结论 …………… 148
3.7　圆明园公园整体环境游憩适宜性评估 ………………………… 149
3.8　本章研究结论与讨论 …………………………………………… 150
　　3.8.1　本章小结 ………………………………………………… 150
　　3.8.2　本章讨论 ………………………………………………… 151

# 4　圆明园公园游客游憩行为特征分析 ……………………………… 155
4.1　研究对象与研究方法 …………………………………………… 156
　　4.1.1　研究对象 ………………………………………………… 156
　　4.1.2　研究方法 ………………………………………………… 156
4.2　游憩行为规律观察结果与分析 ………………………………… 158
　　4.2.1　游憩活动时间特征 ……………………………………… 158
　　4.2.2　游憩者空间利用特征 …………………………………… 162
　　4.2.3　游憩活动类型 …………………………………………… 163

4.3 游憩行为特征问卷调查结果与分析 ································ 165
   4.3.1 圆明园公园使用者特征 ································ 165
   4.3.2 游憩行为特征 ········································ 167
   4.3.3 游憩偏好与动机 ······································ 168
   4.3.4 游憩活动与游憩区域/场所的相关性分析 ················ 174
4.4 影响游憩行为的环境因素分析 ································ 177
   4.4.1 小气候环境条件 ······································ 178
   4.4.2 绿色空间构成 ········································ 178
   4.4.3 园林建筑与小品 ······································ 179
   4.4.4 基础服务设施 ········································ 179
4.5 本章结论与讨论 ············································ 181
   4.5.1 本章研究结论 ········································ 181
   4.5.2 本章研究讨论 ········································ 182

# 5 圆明园公园游憩机会谱(ROS)构建 ································ 185

5.1 城市公园游憩机会谱(ROS)建立的必要性 ···················· 185
5.2 游憩机会谱(ROS)构建方法 ·································· 186
   5.2.1 城市公园游憩机会因子谱系清查与确定 ················ 187
   5.2.2 城市公园游憩机会谱系拟定 ·························· 190
   5.2.3 城市公园游憩机会分级体系构建 ······················ 193
   5.2.4 城市公园游憩机会谱与其他类型游憩场所游憩机会谱的比较
          ················································ 197
5.3 圆明园公园游憩机会谱的构建与应用 ·························· 200
   5.3.1 圆明园公园游憩机会谱的构建 ························ 200
   5.3.2 圆明园公园游憩环境对游人游憩行为的支持 ············ 211
   5.3.3 游憩机会谱与游客游憩心理期望的比较分析 ············ 212
   5.3.4 游憩机会谱理想状态与公园利用现实的比较 ············ 213
   5.3.5 圆明园公园游憩功能区划与游憩行为引导 ·············· 216
5.4 本章研究结论与讨论 ········································ 216
   5.4.1 本章研究结论 ········································ 216
   5.4.2 本章研究讨论 ········································ 218

# 6 城市公园"游憩前线"系统建设 ································ 221

6.1 "游憩前线"系统的内涵 ······································ 221

6.1.1 "游憩前线"的概念 ………………………………………… 221
  6.1.2 "游憩前线"系统运行模式 …………………………………… 222
 6.2 "游憩前线"系统建设目的与必要性 ……………………………… 224
  6.2.1 "游憩前线"系统建设的目的与目标 ………………………… 224
  6.2.2 "游憩前线"系统建设的必要性 ……………………………… 224
 6.3 城市公园"游憩前线"系统建设内容 ……………………………… 226
  6.3.1 城市公园"游憩前线"系统构成框架 ………………………… 226
  6.3.2 城市公园"游憩前线"指标体系构成 ………………………… 227
 6.4 城市公园游憩机会谱对城市公园"游憩前线"系统的支持 ……… 229
 6.5 城市公园"游憩前线"系统应用意义与价值 ……………………… 230
 6.6 本章小结与讨论 ……………………………………………………… 231

7 结论与讨论 ……………………………………………………………… 233
 7.1 研究结论 ……………………………………………………………… 233
 7.2 研究讨论 ……………………………………………………………… 235
 7.3 本研究主要解决的问题及应用意义 ………………………………… 236
  7.3.1 本研究主要解决的问题 ……………………………………… 236
  7.3.2 本研究的应用意义 …………………………………………… 237
 7.4 结束语 ………………………………………………………………… 238

**参考文献** ………………………………………………………………… 239

**图表目录** ………………………………………………………………… 269
 文中表格 …………………………………………………………………… 269
 文中插图 …………………………………………………………………… 274

**附　录** …………………………………………………………………… 279
 附录1　圆明园公园游客行为调查问卷 ………………………………… 279
 附录2　圆明园公园游客游憩行为观察记录 …………………………… 283

**后记** ……………………………………………………………………… 285

**作者简介**

# 1 绪论

## 1.1 题目产生背景

城市公园是城市生态系统中自然主体的主要组成部分，发挥着重要的生态功能和满足城市居民闲暇游憩需求的功能，其生态和游憩价值越来越受到社会各界的普遍关注。城市公园是以满足人们游览、休憩需求为主要目的而建设的场所，城市居民在城市公园中一般都能找到适合自己的休闲活动地点，但在城市公园中我们经常能够看到这样的情形："人们在公园里唱歌跳舞，但嘈杂的音响喇叭却让周边的游客皱起眉头；公园安置的座椅、石桌以方便游人小憩，却有轻拂表面而带来的扑面灰尘；情侣们在角落里窃窃私语，但却浑然不知幽闭的环境中细菌滋生……"城市公园不仅是市民公共交往与活动的载体，更是人们融入自然、放松身心的场所，随着人们闲暇时间的增多，对城市公园的使用也日渐增多，使用者密度增大，活动种类、使用强度、频率都在增大，这些情况对城市公园中人与环境的和谐互动产生了新的挑战。

城市公园是维系现代城市生态系统的重要的绿色基础设施，其构建的园林环境应能够满足游人游憩的需求，同时还要对公园使用主体——游人的游憩行为加以引导，使公园游憩环境、游憩活动与游人的游憩行为相适应。为了有效地满足人们对城市公园日益增长的游憩体验需求，并对公园建设进行规范化管理，根据公园不同类型的地域环境设计不同的游憩活动，从而引导游客避免盲目的游憩行为，对游客参与的公园活动进行合理组织，通过提供多种多样的游憩机会使游憩者的游憩需求与体验质量得到最好的保障，使城市公园真正成为城市居民愉悦身心、休闲娱乐的好去处，这是当前城市公园管理者们普遍关注的问题。如何通过合理规划与设计令公园环境满足使用者的游憩需求，游人在公园里参与和期望的游憩活动有哪些，到怎样的环境中参与游憩活动是适宜的,如何对不宜游憩行为加以引导和阻止?这些研究内容都是现代城市公园建设与完善提升中首先要解决的问题。

城市公园在改善城市环境、创造休闲游憩空间、提升城市居民生活幸福指数等方面具有不可替代的作用,公园环境质量很早就受到了公园建设者与研究者的关注。近年来,随着快速的城市化,"水泥森林"越来越多地出现,噪声、污染、不洁的空气已成为现代城市病,生活在城市中的人们越来越关注城市环境质量。提供游憩场所和自然环境的城市公园已成为人们生活中不可缺少的一部分,关注城市公园的生态效益以及公园绿色空间对于城市居民身心健康与生活质量的贡献,是当代园林学者义不容辞的责任。

历史上的北京海淀区水脉连联、园林荟萃,其中圆明园更是中国皇家古典园林的杰作,在中国乃至世界园林史上占有重要的地位。被英法联军焚毁以后的圆明园遗址上建设起来的圆明园公园,既是对人民群众进行爱国主义教育的基地,也是供广大社会公众公平享用的公共性城市园林。按照北京市城市规划设计研究院于2000年编制完成的《圆明园遗址公园规划》,圆明园公园作为遗址公园,中心任务是"博物馆式保护园林遗址,注重遗址的真实性,同时也兼作市民游憩之用,圆明园核心遗址范围之外的用地按城市公园建设,作为市政配套服务项目,为市民提供休闲游憩服务功能",因此,圆明园公园在性质上是遗址,在功能上以教育和游憩为主,是一座特色鲜明的遗址公园。在新的时期,圆明园公园以遗址保护与合理利用为基本任务,已成为北京市的生态公园、文化公园、科教公园和休闲公园,是在风景、艺术、文化、生态、科教等方面都产生了巨大影响的城市公园,每年近千万人次的游客接待量更彰显人们对它的喜爱。现在的圆明园公园是北京城市居民最经常光顾的"北京十大公园"之一,其水木相映、飞鸟翔集的园林环境对日渐干涸的海淀区具有非凡的生态意义,其"春秋佳日、景物芳鲜"的园林风景更是许多北京市民闲暇时间休闲游憩的对象,在钢筋丛林、风景湮没的北京城市中它显得弥足珍贵。现在的圆明园公园常年举办群众性游憩活动,如新春游园会、皇家庙会、春季踏青节、夏季荷花节、睡莲节、仲夏歌咏会、秋季菊花节、中秋灯会、园林艺术节、新春皇家庙会、爱国教育等,人们在了解圆明园的历史、欣赏圆明园风景的同时,充沛的休闲空间和多样的游憩活动丰富了人们的文化生活。如何更加科学合理地对圆明园公园环境加以利用,不仅是对圆明园公园保护、传承和发展的积极促进,更是其维持生态、滋养文化、提供游憩机会、为城市居民服务的社会公共服务功能的充分发挥。本书通过对圆明园公园植物环境与游客游憩需求的调查,立足于园林生态服务功能的发挥与完善,在园林植物生态效益分析的基础上将园林环境质量与园林游憩活动相匹配,从而科学地提供游憩机会并保障游客获得满意的公园游憩体验。

## 1.2 目的、意义及范畴

### 1.2.1 写作目的

圆明园是清朝鼎盛时期的大型皇家园林,是中国皇家宫苑园林文化的集大成者,其园林文化和建筑艺术是中国古典造园艺术的典范,它代表了北京古都文化最辉煌、最璀璨的历史,是首都北京的"文化绿肺",同时作为世界级的文化遗产,也是中华民族的宝贵文化财富。虽然近代以来屡遭劫难,但园林残迹和山形水系依旧保留完整。圆明园公园作为遗址公园对外开放,当前对园林文化遗址的保护仍是首要任务。圆明园公园作为遗址公园,中心任务是博物馆式地保护园林遗址,注重遗址的真实性,同时也兼作市民游憩之用,具有为市民提供休闲游憩服务的功能。圆明园在前些年的开放中,曾出现过与遗址保护相矛盾的游憩项目,如园内曾建有动物园、游乐场、图腾园、水上娱乐园、众多的游船码头等,并且在旅游开放中常常有一些景区游人如织而另一些景点却人迹罕至,公园的游览组织尚欠合理引导。本研究以公园环境质量分析为基础,研究圆明园公园能够向公众提供的游憩机会的类型,合理地对圆明园公园开展的游憩活动进行引导,从而促进圆明园公园的遗址保护与合理利用。

城市公园的园林环境不同于风景区、森林公园等大尺度自然背景的生态条件,它是城市中的小尺度拟自然状态的人工生态系统,是城市大环境中人为创造的具有绿地生态服务功能的微环境(micro-environment)。本研究对圆明园公园植物群落构成的微环境生态效益进行定量化监测调查的主要内容包括环境人体舒适度、空气负离子效益、环境声级、空气微生物含量、空气总悬浮颗粒含量(TSP)等。对于人体舒适度的研究,主要关注圆明园公园园林绿色空间一年四季各个时刻的气候舒适情况,分析宜游空间与植物群落结构的关系;对于空气负离子效益,主要关注不同类型植物群落空气负离子浓度的日变化、月变化和年变化特征和规律,分析绿色空间与空气负离子浓度所反映的空气质量之间的关系;对于公园园林环境的噪声响度监测,比较不同结构植物群落在降噪方面的作用,为适游环境建设提供依据;针对公园绿地植被的空气微生物效益,主要关注公园植物群落空气真菌和空气细菌的日变化、月变化和季变化特征和规律;对于空气总悬浮颗粒含量的日变化、月变化和季变化规律进行监测,比较不同类型植物群落的阻滞粉尘能力。通过对公园园林绿地微环境生态效益的定量化比较分析,对公园环境的游憩活动适宜程度进行综合评价，为公园管理部分引导游客开展相适宜的活动提供参考性依据。通过对圆明园公园游客的行为特征的调查，分析游客的游憩需求与活动特征，提出满足游客需求的公园场所园林环境构成要求，根据公园游憩场所的环境特征对游憩活动的支持程度，构建起圆明园公园不同景观单元类型的游憩机会谱系表(recreation opportunity spectrum，ROS)，以引导游客在适宜的场所参与自己需求的游憩活动，并对公园的游憩活动组织提出相应的管理建议。本研究将以往单纯的园林生态效益理论研究转向实践应用，重点分析园林环境质量对游憩行为的支持力度，努力将环境与活动进行匹配，研究成果方面可指导公园管理与建设，另一方面也可向公园游憩体验者提供行为引导服务。本研究系统化和定量化地分析、评价圆明园公园的生态效益，准确地呈现圆明园公园环境资源状况以及向游客提供的满足公园现实条件的游憩体验机会，并以此来指导公园在不同时间、空间开展的游憩活动。研究成果以期能够充实当代风景园林游憩利用理论，为城市公园的健康管理提供依据，也可为国内其他城市公园合理地开展游憩活动提供理论依据和实践的参考。

## 1.2.2 应用价值

休闲游憩是现代社会公众生活幸福指数的重要部分，人们通过参与游憩活动达到锻炼身体、增加自信、缓解压力、融洽生活、环境教育、开阔视野、了解历史、自我实现以及获得个人精神愉悦等多种体验，从而获得个人生活的满足。联合国《国际人权宣言》第24条明确提出"应保证对工作时间和周期性带薪假期的合理限制，休息与休闲是一项基本人权"。不同的游憩者有着多样的参与游憩活动体验的需求，城市公园应有尽可能多样性的游憩机会来满足游憩者合理的游憩需求与偏好。但是，无论游憩者有着什么样的游憩体验需求，都是基于游憩场所环境条件与活动内容相适宜的前提下的，并不是每一个单独的游憩区域都适宜所有的游憩需求，因此一个游憩区域在一定的时间段内不可能提供全系列的游憩机会，只有某种或几种序列的游憩机会是适合当前的环境条件的。因此，研究园林环境能够提供的游憩机会序列，对于加强城市公园的有序管理、提高游憩者的体验质量是非常有益的。

城市公园建设应以人为本，公园园林环境质量是激发游客游憩动机和进行休闲游憩活动的主要因素，是判断一个公园游憩适宜性的决定性因素。不同类型的公园绿色空间在生态效益上存在怎样的差异？什么样的公园环境适合哪种类型的游憩活动？什么时候进行游憩活动最适宜？这些问题是公园使用者最为关心的问题。本书的价值在于通过城市公园的生态服务功能在时间和空间上变化特征和规律，评价公园中不同绿色空间的旅游适宜性，构建与公园园林环境质量相关联的游憩机会谱系，为游客合理选择游憩时间、活动项目和旅游路线提供指导信息，为类似城市公园开展"旅游前线"类游憩活动预报提供理论依据，同时也为城市公园开发游憩项目以及建设管理提供参考。

本书的重要意义在于寻找一种基于城市公园生态效益分析的 ROS 建立理论，为今后城市公园运营与管理提供依据和参考。另一方面，由于圆明园公园是一个国际闻名、国内知名的公园，其开发、建设、管理相对较成熟，研究其游憩资源的有效保护与合理使用具有典型意义。本书旨在建立公园游憩环境质量与游憩体验多样化需求之间的管理框架，这将有效促进北京文化高地——圆明园公园遗址的有效保护与合理使用，并有利于提高其使用者的游憩体验质量，也为我国其他城市公园的管理提供了一个可操作性的管理模型。

## 1.2.3 相关概念的界定与辨析

### 1.2.3.1 城市公园的概念

我国被冠以公园称谓的游憩目的地的种类很多，如主题公园、森林公园、湿地公园、地质公园、遗址公园等等。那究竟何为城市公园，城市公园的性质如何？因此，有必要从城市公园的概念加以界定。景观学家蒙·劳里（M. Laurie）在《19 世纪自然与城市规划》中从城市公园产生动因的角度界定现代城市公园的概念：作为工业城市中的一种自然回归（弗朗西斯科·阿森西奥·切沃，2002）。瑞典风景园林师霍尔格·布劳姆（Holger Blom）的定义为："公园是在现有自然条件的基础上人工重新创造的自然与文化的综合体。公园作为一个系统，在城市结构中为市民提供空气与阳光，为各年龄段的城市居民提供必要的游憩空间，也是一个可以举行聚会、会议、游行、舞蹈甚至宗教活动的场所"（孟刚，李岚，李瑞冬，等，2003）。霍尔格·布劳姆的定义强调了公园的基本性质，公园是以自然为基础的，是为广大城市居民提供游憩服务的场所。美国风景园林学奠基人奥姆斯特德（Frederick Law Olmsted）的定义为："城市公园是城区功能性的公共绿色空间（林箐，1998）"。奥姆斯特德这一定义强调了城市公园的功能、公共及绿色属性。《中国大百科全书》对城市公园的定义是："城市公共绿地的一种类型，由政府或公共团体建设经营，供公众游憩、观赏、娱乐等的园林"。我国《现代汉语辞典》中对公园的解释是："城市中供公众游览休息的园林。"国家行业标准《园林基本术语标准》（CJJ/T91—2002，J217—2002）中对公园的定义是："公园是供公众游览、观赏、休憩、开展户外科普、文体及健身等活动，向全社会开放，有较完善的设施及良好生态环境的城市绿地。"

通过对城市公园各种定义的综合分析可以看出，城市公园是城市的绿色公共性开放空间，是城市生态系统的重要组成部分，以休闲游憩和改善城市生态为主要目的，对城市居民文化生活具有重要意义。城市公园一般具有如下几个特征：①绿色性，城市公园要有一定规模的植物栽植，是城市居民亲近自然的重要场所。②公共性，城市公园是城市的公共空间，具有公共使用性，可供城市居民及外来游客自由使用并且方便可达。③游憩性，游憩是城市公园的重要使用功能，城市公园必要拥有一定休闲游憩的场所和设施。④功能性，城市公园对于城市具有生态、历史、文化等价值，能够发挥形象展示、休闲游憩、科教娱乐、文化艺术、防灾避难等多项功能。

#### 1.2.3.2 园林植物生态效益的内涵

生态效益是利用生态系统之间的相互补偿与自我调节作用，促进系统物种再生，维持生态系统的稳定，改善人类赖以生存、生产和生活的自然环境，使人们得到生态系统的整体性效益（张坤民，温宗国，2001）。园林植物生态效益是指园林植物在城市生态系统中对自然环境的保护与修复作用，包括美化城市、固碳释氧、涵养水源、调节气候、净化空气、滞尘减噪、杀菌调温、增加生物多样性等一系列内容。尽管在不同植物种类之间存在着一定的生态效益差异，但城市园林植物常作为一个整体来发挥生态功能，谋求园区内植物生态效益的有效发挥，创造优质的城市居民生活游憩环境，是城市公园建设的主要目标之一。

#### 1.2.3.3 游憩的含义

(1) 游憩的定义

"游憩"（recreation）迄今为止尚无一个能得到多数研究者持久赞同的权威性定义。recreation 这个词来自拉丁语 recreatio，意思是更新、恢复。recreation 同时还是个合成词，前缀"re"，表达恢复、反复、重复的意思；而"creation"的意思是更新、创造。recreation 本意指放松、安静、自愿参与的活动，是"业余消遣或娱乐的方式"，有放松身心的、休憩娱乐的含意。由于人类在闲暇时间内的游憩活动是连续的、多样的，因而后来许多学者可以从不同的角度对游憩做出各自不同的理解。加拿大学者斯蒂芬·L·J·史密斯（1992）在《游憩地理学》中阐述："游憩是一个难以定义的概念，常常意味着一系列特别的可观察的土地利用情况，或者是一套开展的活动节目。游憩还包括旅游、娱乐、运动、游戏以及某种程度上的文化等现象。"该定义强调了游憩的"空间"属性，即游憩具外在的行为活动特征；中山大学保继刚（1999）在其《旅游地理学》教材中定义：游憩是指人们在闲暇时间所进行的一切活动，它包含的范围非常广泛，在家看电视、外出度假都应属于游憩。该定义强调了游憩的"时间"属性，即游憩行为一般是发生在闲暇时间内的。俞晟（2003）在《城市旅游与城市游憩学》教材中提出：游憩是能够给行为实施者带来生理和心理上的愉悦，有助于恢复其体力和精力的合法行为。该定义强调了游憩的本质是获得身心愉悦。因此，本研究认为：游憩（recreation）是在人们闲暇时间内发生的，能够给自身生理和心理上带来愉悦感的各种活动和行为。它是一个连续的活动体系，从室内康乐、户外活动、城区游览、城郊休闲等都属于游憩，既包括本地居民也包括到访旅游者从事的一切游憩活动。

在不同的国家和不同的文化背景下，游憩所具有的含义可能不同，但本质一样。在美国，游憩有室内和户外两种形式的泾渭分别，室内游憩多指在室内场所发生的各种康乐体验活动，户外游憩通常多指在乡村和野地（rural setting）人们进行的野营、骑马、划船、环境解说教育等活动。在英国，游憩泛指人们在闲暇时间所从事的一切活动，不仅包括室内看电视、阅读、访友等活动，也包含户外的各项非生产性活动。在日本，一切在闲暇时间内发生的满足大众身体和心理需要的活动均属游憩行为，如森林浴、茶道、花艺、禅修等跟身心相关的活动。显然，人们在闲暇时间内所从事的相关非生产、非经营性活动均属游憩行为，这是世界上大多数国家的共识，也是此书对游憩概念的基本认识。

现代意义上的游憩具有四个方面的显著特征：①自愿性，游憩是在可自由支配的时间内自愿选择或参与的活动；②健康性，游憩活动应是一种健康的、积极的体验活动，具有一定的道德准则和社会规范；③目的性，游憩是一种获取愉悦和心理需求满足的体验过程；④多样性，人们的游憩动机多种多样，从事的游憩活动也多种多样。

（2）游憩的本质

游憩的本质可从以下三个方面加以认知：

首先，游憩是生活的本质。游憩的本质就是要创造休闲生活，游憩与生活密不可分，人们在生活中一定要做适当的游憩活动，这就需要建设一定的游憩场所。正因为人类有了休闲生活，有了游憩的场所，有了适当的游憩活动，人类才更加积极地生活，才有了创造力更好地发挥。因此，在某种程度上来说，人类生活质量的高低本质上取决于游憩品质的高低。游憩行为是人们的一种生活方式，人们在生活中努力提高劳动效率、创造可自由支配的时间，这一过程也是产生科学、促进社会进步的过程。从这一过程来看，游憩还是人类文明发展的驱动力。在当今社会，很多社会学家都在努力地思考与探索：建立什么样的生活方式才能有利于社会的健康发展？合理地开发利用游憩资源、引导人们从事适宜的游憩活动，是一种积极健康的生活方式，也是这个问题的一个答案选项。人类在闲暇时间内的游憩活动是连续的、多样的，从家庭游憩、户外游憩、社区游憩、公园游憩、郊野远足到国内旅游和国际旅游等渐变的游憩活动谱，构成了人们闲暇时间的多彩生活，适宜的游憩场所、适宜的游憩活动，是健康生活必不可少的内容。

其次，游憩是一种文化现象。如公园、博物馆、广场等游憩环境是一个地方或地区的物质文化，是该地（场所）精神、文化生活的载体；人们在环境中发生的游憩行为及相关的规范制度也是一种行为文化；人们在游憩行为中表达的意识、思想、方式，是个体或群体精神文化的外现。所以，游憩应是一种文化，与环境相宜的游憩行为是文化相融的体现，而与环境相悖的游憩行为则是一种文化冲突。

再次，游憩是一种能量流。游憩作为一种社会行为，在社会能量储存与生产系统中，人们的游憩过程也就是能量交换的过程。如人们获取信息、游憩消费、提供场所与服务，均是游憩中的能量流动。

（3）游憩、旅游与休闲的含义辨析

游憩指个人在闲暇时间的一切非营利性活动，是所有除去工作、睡觉和其他生活基本需要时间之外的个人自由时间里进行的非责任性活动。闲暇时间的责任性活动指在闲暇时间内进行的加班、科研、写作、家务、商务活动、第二职业等具有某些责任性的活动。游憩由游憩活动、设施和环境及其支持系统组成。游憩既包括离开常住地的"有旅之游"，也包括不离开居住地的"无旅之游"，是"有旅之游"和"无旅之游"的总和，以及由这些活动所带来的一切现象和关系。因此，游憩包含了旅游。广义的休闲包括休息、睡眠、静修等可同时在室内和户外开展的活动，闲暇时间内开展的活动都可以认为是休闲。旅游是指离开居住地或工作地进行的活动，狭义的旅游可以认为是在异地进行的游憩活动。游憩多数情况下是指不过夜（即不超过24小时）的娱乐活动，而旅游多是指人们在目的地过夜的休闲行为。所以游憩与旅游和休闲无论在形式上还是在内容上都有着极大的相似性。但在概念的外延上，休闲大于游憩、游憩大于旅游。在活动目的上，游憩、旅游、休闲活动都是以获得愉悦而不是经济报酬为目的的。不一定每个城市都是旅游城市，但每个城市都应该具有游憩功能（陈洁，吴晋峰，2010）。同理，不一定每个城市公园都是旅游目的地，但每个城市公园都应该具有游憩功能。

#### 1.2.3.4 游憩机会

游憩机会（recreational opportunity）是指在环境条件合适的前提下，游客拥有一个公平的选择机会，选择在其偏好的环境中参与期望的活动以获得满意的游憩体验（参考美国家林务局的定义），即"一种游憩机会 = 游憩环境 + 游憩活动 = 游憩体验"。克勒克和斯坦奇（Clark 和 Stankey, 1979）定义游憩机会的环境(settings)为物质、生物、社会和赋予游憩地点价值的管理条件的综合体。"机会"则包括环境特征(植被、景观、地形、风景),与之相关的游憩使用(使用水平和类型),以及管理提供的条件(开发、道路、规章)(蔡君,2006)。通过环境、活动、体验形式等条件因子的不同组合可以为游憩者提供一个多样的游憩机会序列,游憩目的地管理机构将因子按着按照图谱的类型以连续轴的思想进行程度划分可提供的全部游憩机会,就得到了游憩机会图谱(recreational opportunity spectrum, ROS)。

游憩机会图谱(ROS)可以明晰地确定游憩目的地的游憩资源、环境条件是否适合开发游憩项目和开发成何种类型的游憩产品。克拉克和斯坦奇(Clark 和 Stankey)建议从可及性(access)、非游憩资源使用的状况(non recreational resource uses)、现地经营管理(onsite management)、社会互动(social interaction)、可接受的游客冲击程度(acceptability of visitor impact)、可接受制度化管理的程度(acceptability of regimentation)六个基本要素来界定游憩机会谱,以确定最为合适的游憩方式和产品类型。以往,由于游憩者对目的地条件和环境不清楚,往往无法获得期望的游憩体验,有时还因错误的选择而对目的地产生失望情绪,而 ROS 的渐变式思想方法为游憩者选择最适宜的活动场所和游憩内容提供了便利条件。在经济学中的机会成本(opportunity cost)是指利用一定的资源在生产一种产品时所放弃的生产另一种产品的价值,也就是通过资源获得某种收入时所放弃的另一种收入(于超,2006)。游憩机会谱是从游憩机会的角度对环境中拥有的全部游憩资源进行的组合,一个序列包括数个机会,游憩者面临的问题是从众多"机会"中找到自己需求的体验机会。而作为游憩地的管理机构,通过掌控整个谱系的动态平衡,向游客提供适宜的机会,从而做到有序、有续、有目标的游憩管理。

1.2.3.5 游憩行为

游憩行为是游憩者依托游憩资源,根据自己的想法和决策进行的各项活动。这些活动是受到游憩者的心理需求、游憩动机和决策行为等方面的影响的,其目的是为了达成满意的游憩体验。因此研究游憩行为要综合地理学、社会学、心理学、环境行为学等学科的知识,主要研究游憩者在参与游憩活动过程中的游憩期望、行为方式、模式特征、行为影响等,从而为游憩目的地管理机构提供产品开发、场所建设参考和依据。

1.2.3.6 游憩质量

克拉克和斯坦奇将游憩质量定义为"游憩者特定需求在游憩环境中获得满足的程度"(Clark 和 Stankey, 1979)。游憩质量是相对于游憩者个体而言的,相同的游憩环境与游憩机会,对需求不同的游憩者而言,游憩者获得的感受可能不同，因此一次游憩经历感受的游憩质量可能会不同。因此，游憩质量的高低不完全是由管理者提供的游憩机会的多少、游憩环境的好坏而决定的，不能脱离游憩者的感受而单独地从资源或环境角度来直接判断一个游憩目的地提供游憩机会的游憩质量的高低。游憩质量应用游憩者游憩体验感受水平来衡量，管理者应尽可能根据游憩者的需求，对游憩环境设计多样化的游憩机会，从而满足游憩者的个性化体验需求，从而确保游憩机会的质量。

#### 1.2.3.7 游憩体验

游憩体验(recreational experience)是指游人对游憩目的地的主观期望和现实的游憩行为之间的交互作用和结果，是游人的主观感受和游憩目的地客观条件的综合(李一飞，2009)。如果忽略游人之间的个体差异，影响游憩主体的游憩质量的决定因素是游憩地的客观条件(即环境+活动)，其中，游憩环境是游憩活动发生的物质基础，环境与资源是活动产生的必要条件，游憩环境与资源刺激游憩主体的游憩需求与行为发生，而游憩活动是实现游人游憩体验的方式，所以对于以群体划分的游憩主体，在一定程度上游憩环境和游憩活动的组合就等同于游憩者体验。游憩主体在参与游憩活动中获得高质量的体验过程是游憩环境创造游憩价值的过程。当然，每个游憩主体在教育程度、成长环境、认识水平及情感需求上存在着普遍差异，相对于独立的游憩主体而言，游憩体验质量更多地是心理需求得到满足的程度，主观认识与心理感受是决定游人游憩体验个体差异的主要因素。

## 1.3 国内外相关研究进展

### 1.3.1 游憩机会谱研究

#### 1.3.1.1 游憩机会谱(ROS)理论产生的背景

第二次世界大战结束后全球经济进入快速发展轨道，随着双休日和带薪假期制度的实施，人们闲暇时间和可自由支配收入逐渐增多，"有钱且有闲"状态的增加使得休闲游憩逐渐成为人们的日常生活方式，游憩项目与游憩活动进入了快速发展时期，于是有越来越多的游憩管理机构与研究学者开始关注游憩研究。由于游憩者出游动机的多样化，人们从事的游憩活动类型也是多种多样的。另外，出游的人们在出游方式、游憩偏好、游憩行为、游憩目的、体验感知等方面存在诸多差异(Robert E. Manning，1999)，人们日益增长的多样化的游憩需求与游人量的持续增多对游憩资源带来的压力成为游憩管理机构或部门必须要解决的矛盾。由于游憩环境是客观的、固定的、单一的资源无法提供所有的游憩机会，承担游憩活动的游憩空间必须明确游憩功能与可提供的游憩机会，游憩机会谱理论便应运而生了。

#### 1.3.1.2 游憩机会谱(ROS)理论的发展

蔡君在其《国家森林公园游憩承载力研究》一书中系统总结了关于游憩机会谱的发展历程(蔡君，2010)。20世纪60年代，按照美国户外游憩资源考察委员会的要求，所有户外游憩资源管理机构应对其辖游憩区域内的所有游憩活动序列进行科学、合理的配置以满足游憩者的个性化需求。这一要求很快得到了贯彻执行，而且许多学者和旅游开发者也积极投入到游憩活动序列的研究与方案执行中。瓦格(Wagar)在国际上首先对露营地的游憩机会谱进行了研究，并提出把露营地划分成从高度适合所有的露营者的普适机会到只对背包旅游者开放的特种机会，从而使露营地各种空间类型的资源有了相应的游憩序列，从而为露营者提供不同的选择机会(Wagar，1996)。1976年美国《国家森林管理条例》(the National Forest Management Act，NFMA1976a)增加了修订条款，明确规定在涉及林地规划时，土地管理和规划者应建立相应林地的游憩机会谱框架，以更好地为游客提供多样性的游憩机会。布朗等制定了将游憩目的地分级的五个一级指标，分别是：交通远近、区域规模、可进入程度、使用密度和管理力度，将户外游憩地划分为6个不同等级的区域：原始、禁止机动车进入的半原始、允许机动车进入的半原始、有道路的自然、乡村和城市(P. Brown 和 B. L. Driver，1978)。这个研究ROS序列的"五标六类法"是历史上第一个实践上可操作的ROS理论指标体系。克拉克和斯坦奇提出了"游憩机会谱：规划、管理和研究框架(1979)"，提出"ROS六指标四分法(六标四类法)"，将游憩机会谱按自然、生物、社会和管理因素划分，为游憩者提供多样化体验的选择(Clark 和 Stankey，1979)。这个ROS指标体系对环境等级的划分差异不大，但后者应用性更强。1982年美国农业部林务局(U. S. Department of Agriculture USDA，Forest Service)出版了《游憩机会谱使用者指南》，该指南具有很强的实践指导意义，美国国家林务局利用该指南对国家林地资源进行资源普查和分类，并将游憩体验区域划分为乡村区域、城市区域、原始区域、禁止机动车进入的半原始区域、允许机动车进入的半原始区域、有道路的自然区域6个不同类型。至此，具有实践意义的游憩机会谱(ROS)理论体系才真正相对完整地形成。ROS理论的出发点是在游憩环境和游憩需求之间努力寻求一种平衡，其基本思想是"提供充分的、公平的机会，让人们能够到偏好的环境中参加喜欢的活动，从而获取期望的游憩体验"。在ROS的实践体系中，各游憩目的地管理者根据环境的自然、社会和管理特征，将游憩环境划分出不同的区域或等级，其中每个环境区域或等级都能够提供不同的游憩体验,游憩者根据自己的体验需求选择偏好的游憩体验环境参与游憩项目或活动,而游憩管理者可以针对这些游憩项目或活动对游憩环境进行目标管理。借助游憩机会谱,游憩者的游憩需求与游憩环境供给能够达到平衡,游憩者能够获得满意的体验感受,管理者能够通过游憩机会谱研究框架将所有的游憩机会直观地提供给游憩者。

　　游憩机会谱(ROS)理论产生后,其基本原理和概念得到了普遍的承认,并在后来被其他的一些理论所综合和借鉴,后来产生的可接受的变化极限(limits of acceptable change,LAC)、游客体验与资源保护(visitor experience and resource protection,VERP)等理论的产生都和游憩机会谱(ROS)理论有着很深的渊源。在历时30余年的发展过程中,游憩机会谱(ROS)理论经历了一系列的自我完善与发展。主要包括如下几个方面:

　　(1)理论的修订与完善

　　最初的游憩机会谱(ROS)理论框架由大卫和布朗(Driver 和 Brown,1978)、克拉克和斯坦奇(Clark 和 Stankey,1979)等学者分别提出了5指标法和6指标法等分类方法,在后续的实践中,美国农业部林务局又提出了7指标法分类体系,游憩机会谱(ROS)理论框架在实践和研究中逐步得到了修订与完善。20世纪90年代开始,一些学者提出应根据适用的环境条件的不同而对游憩机会谱(ROS)的实践应用进行修订以适应不同的游憩空间类型。如在林肯库博和卡尔顿(Lichtkoppler,Clonts,1990)、卡特博恩和艾米琳(Kalttenborn 和 Emmelin,1993)、林卡和奈尔逊(Lynch 和 Nelson,1997)以及托马斯·A. 莫(Thomas A. More,2002)等学者明确提出应将ROS在具体应用上加以地域化修订。游憩机会谱(ROS)为适用于不同地域而做出修改是20世纪末至21世纪初关于游憩机会谱(ROS)理论自我完善的一个重点内容。游憩机会谱(ROS)理论的适用环境范围已从上千平方公里的国家公园拓展到的大面积的自然区域、小面积的自然区域和由设施主导的人工城市区域环境,其在指标(indicators)和标准(standards)上也逐步进行了更新与细化,使游憩机会谱(ROS)理论在城市公园等人类干扰更明显的环境中对于游憩机会的识别也能够发挥作用。

　　(2)理论的证实与检验

　　在游憩机会谱(ROS)理论的原理和应用框架进一步自我完善的同时,其基本原理也得到了实证检验。如威尔登和诺普夫对科罗拉多州一个保护区的游客的研究结果证实"游客满意度和特定的游憩活动以及自然的、社会的和管理的环境属性存在相关性"(Virden 和 Knopf,1989);海伍德等对露营行为进行研究时检测了露营者的露营偏好与使用水平之间存在一定的线性和非线性关系(Heywood，1991)。同时，还有许多研究应用多元统计方法检验了游憩机会谱(ROS)组成要素之间的关联性，还有多项研究在尝试探索游憩机会的三个基本要素(自然的、社会的和管理的条件)与游憩活动、环境、动机、满意度(游憩收益)、游憩管理之间存在的线性与非线性关系。这些研究为游憩机会谱(ROS)理论基本原理和理论框架的发展提供了试验性支撑。

(3) 理论的深化与细分

近年来，在深化方面基于游憩机会谱(ROS)理论陆续衍生出生态旅游机会谱(ecotourism opportunity spectrum，ECOS)、旅游机会谱(tourism opportunity spectrum，TOS)等理论。美国西安大略大学巴特勒和瓦尔德布鲁克借鉴ROS的思想和框架，建立了适用于旅游系统的TOS (R. Butler 和 L. Waldbrook，1991)。TOS 与 ROS 的相比，提出了"社会接触"、"现场的管理"、"设施等场地改造"、"非本土植物引入"、"交通障碍"、"住宿、购物、娱乐设施和旅游标识"等管理性指标，使得TOS在自然旅游目的地的规划与管理中有很强的应用价值(R. Butler, L. Waldbrook，1991)。生态旅游机会谱ECOS由英国学者理查德(Richard Butler)与斯蒂芬(Stephen Boyd)在ROS和TOS理论基础上合作建立，其指标体系反映了生态旅游不同于其他旅游活动类型是"基于自然环境"的这个基本原则，包括"现有的设施"、"提供的吸引物"、"知识和技能水平"、"社会干扰水平"、"冲击和使用控制的可接受程度"等指标的提出使ECOS被视作生态旅游规划和管理的一个重要应用性理论框架(Richard Butler 和 Stephen Boyd，1998)。

游憩机会谱(ROS)理论在细化方面建立了适应不同立地条件与环境的多类型ROS框架，如森林ROS、河流ROS等。另外，也有一些学者注意到环境条件发生改变时，游憩机会序列相应发生一些变化，凯达(Chad D. Pierskalla)、乔森(Jason M. Siniscalchi)、史蒂文(Steven W. Selin)等学者提出应在游憩机会谱(ROS)框架中补充游憩者和环境的动态关系的相关因子，应动态性地研究游憩地一年四季、地质改变、气候变化、动物迁徙等游憩环境变化导致的游憩机会序列也发生相应变化(Steven W. Selin，2007)，因此，应按照动态ROS引导游憩者从事活动时在游憩空间上进行一定的位置和方向改变。

1.3.1.3 游憩机会谱(ROS)理论的应用

游憩机会谱(ROS)作为一种游憩资源分类理论体系与游憩机会提供指南，在分配及规划游憩资源、调查游憩资源、鉴定经营管理执行的成果、提供适应的游憩机会以满足游憩者追求的体验等方面得到了广泛应用。

（1）分配和规划游憩资源

借助游憩机会谱（ROS）的框架，游憩环境管理者可以较为合理地分配游憩场所的游憩机会，在空间上将多样的游憩机会与不同的游憩环境匹配，使游憩资源得到合理的利用。通过游憩机会谱的构建，管理者将游憩机会在空间上予以合理分配，在此指导下的游憩地的规划与活动组织符合管理目的与要求，利于游憩项目的建设。游憩机会分区有助于帮助管理者确定在不同的区域的游憩承载水平，为管理者采取相应的管理措施提供依据。

（2）调查游憩资源

按照游憩机会谱（ROS）理论框架分类体系，可以清楚、直观地将游憩地的资源进行指标化归类，现实与潜在的游憩机会的总体数量和分布会无差别地呈现在管理者面前。同国内旅游资源分类与评价规范相比，国内规范侧重于个体认知与评判，资源以"点"状形态出现在空间上，而游憩机会谱（ROS）体系中的游憩环境以区域划分，强调不同区域提供多样的游憩机会，所以在空间上不是"点"而是"面"，资源不会因分类标准的差别而"漏评"或"漏判"。

（3）鉴定经营管理执行的成果

游憩机会谱（ROS）理论无论其初始时的"5指标划分法"，还是以后衍生的"7指标划分法"、"9指标划分法"，其理论框架始终具有自然、社会和管理属性，可以综合地预测并评估土地性质改变、游憩环境改变所产生的影响。就这个意义上说，游憩机会谱（ROS）也是一种简单的、图表化的预测与评估模型，可以在管理、决策时预测行动产生的一切可能，从而避免决策失误，并且可以随时评估管理行动带来的后果是否与管理目标相一致，鉴定经营管理执行力度是否达到最初的设想。

（4）提供适应的游憩机会以满足游憩者追求的体验

游憩者总是期望通过游憩目的地提供游憩机会而获得满意的游憩体验，但由于多数游憩者对活动、环境、体验等有不同的偏爱和需求，令游憩者全面了解目的地有关的机会信息则成为决定游憩质量的关键因素。如果游憩者能较全面地了解相关游憩机会信息，他们可以选择在适宜的地点和时间参与最合适的旅游活动，从而获得游憩满足。管理机构需要用机会谱的方法公布相关的机会信息，并以此来指导游客在相关区域获取他们期望的体验（Clark和Stankey，1979）。游憩管理者通过确定区域内游憩资源的机会谱系级别及其环境适宜开展的活动，保证资源开发和活动开展与游憩机会所在谱系级别的一致，可以减少与管理目标相悖的"建设性破坏"行为，保障游客获得高质量的游憩感受。提供适应的游憩机会以满足游憩者追求的体验这一项功能，不仅对于指导游憩区开发建设很重要，而且对于开发成熟、管理较完善的地区，更显得尤为重要。因为管理相对成熟的地区，其人工与自然条件变化较小，借助游憩机会谱（ROS）使社会公众周知环境中各区域的游憩机会，更有助于目的地形象的树立和游憩活动的合理组织。

1.3.1.4　游憩机会谱（ROS）国内研究与应用

21世纪初，国内就有学者引进了游憩机会谱理论，但ROS理论在实践中的应用还较少。2001年，北京大学吴必虎就撰文介绍了游憩机会谱的概念（吴必虎，2001），北京林业大学蔡君、张玉钧及其研究生王冰、符霞、刘明丽等人分别介绍了游憩机会谱的理论框架、ROS在旅游领域的应用等（蔡君，2006；王冰，2007；符霞，2006）。李晓阳探讨了基于游憩机会谱方法的湖泊旅游产品设计（李晓阳，2006）。刘明丽、宋秀全等研究了风景河流游憩机会谱的构建（刘明丽，2008；宋秀全，2011），李一飞在其博士论文中研究了地质公园游憩机会谱的应用（李一飞，2009），周青构建出森林游憩谱系并对贵州省飞鸽森林公园进行了风景资源质量与游憩机会的分析评价（周青，2003）。黄向等提出了中国生态旅游机会图谱（CECOS）的构建方法［黄向，保继刚，沃尔·杰弗里（Wall Geoffrey），2006］。肖随丽等人介绍旅游目的地的游憩承载力问题时也引用了ROS理论（肖随丽，2011）。ROS的理念和管理框架在中国的理论研究和本土化应用方面还值得进一步的深入研究。

1.3.1.5　游憩机会谱（ROS）的发展趋势

游憩机会谱（ROS）的核心思想是将游憩环境的现实条件与人们潜在的游憩需求相匹配，尽可能创造条件使游憩者能够到自己偏好的环境中获得自己期望的体验（蔡君，2006）。作为游憩资源管理者，可以依靠游憩机会谱（ROS）的理论思想，坚持以人为本的理念，从满足游憩者体验的角度出发，对游憩环境的自然、社会和管理特征进行清查与组合，列出每个开放区域可以提供的游憩机会类型，并通过一定的渠道使游憩者了解、知道各区域能感受的特定游憩体验，管理者为此对资源采取有目的性和针对性的管理措施，方便游憩者做出选择并顺利地获取体验机会。

（1）动态ROS更适合游憩供给系统

目前应用游憩机会谱（ROS）理论解决游憩地规划与管理问题的研究与实践多数为静态化操作，即根据自然、社会和管理三大属性一次性确定属地的性质及可提供的游憩机会，无论是采用何种指标体系，也仅仅是划分空间与环境细致程度上的差异。应该看到游憩地无论是自然、社会还是管理水平，都是处在动态变化中的，也就是机会序列是动态的。在确定游憩机会序列时除了空间需求、社会交往、参与目标、发展需求、可达性和交通方式几种指标外，还尽可能考虑收入时空变化、物质环境变化等指标，通过指标间的相互关联可以动态地确定相应的机会序列。一个动态的、广泛的、多样化的选择系列更适合游憩供给系统，根据此系统游憩者面对多样化的选择时，可因地制宜地参与自己偏好的活动。

（2）游憩环境本底的研究亟待多学科的融合

游憩机会谱（ROS）理论是根据管理目的地的自然、社会和管理属性设计的资源管理框架，最初主要应用在美国林务局、国家公园管理局等土地管理机构，这些土地环境的本底相对单一，研究涉及的学科也不会太多。但随着游憩机会谱（ROS）理论在旅游行业的逐步广泛应用，研究的环境本底也由原始荒野过渡到人居环境，因人工相关的游憩环境越来越复杂，医疗保健科学、园林园艺科学、行为心理学等多学科的知识也进入相关环境游憩机会序列的确定当中。

（3）与居民日常游憩最近区域的 ROS 理论研究成为研究热点

目前，游憩机会谱理论已经广泛应用于森林公园、自然保护区、地质公园等场所的管理与规划中，但是它的研究也有不足的方面。如对自然环境为本底的荒野类户外游憩资源研究较多，而对其他类型的游憩场地研究较少，特别是对人类干扰更为明显的靠近"城市区域"这一极的区域研究更少（宋秀全，2011）。由于我国多数城市居民日常闲暇时间的游憩活动主要集中于城市中及城市周边的环城游憩带区域，而且这些区域受到游憩活动与行为的干扰趋势也愈发明显，对以人工建设的拟自然环境为主体的城市公园进行游憩机会清查与管理规划已日趋重要。

休闲游憩是居民生活幸福指数的重要部分，现代社会人类大量居住在城市，休闲游憩活动最多的是城市公园等区域，人们通过参与游憩活动达到锻炼身体、缓解压力、融洽生活、增长知识、愉悦身心等多种体验，从而获得个人生活的满足。不同的游憩者有着参与游憩活动体验的不同动机与需求，城市公园应尽可能多样性地提供游憩机会来满足游憩者合理的游憩需求与偏好。但是，无论游憩者有着什么样的游憩体验需求，都是基于环境条件与活动内容相适宜的前提下，并不是每一个单独的游憩区域都适宜所有的游憩需求，因此一个游憩区域在一定的时间段内不可能提供全系列的游憩机会，只有某种或几种序列的游憩机会是适合当前的环境条件的。因此，研究城市公园园林环境能够提供的游憩机会序列，对于城市公园的有序管理、提高游憩者的体验质量是非常有益的。

## 1.3.2 城市公园生态效益研究

城市公园在维护城市生态平衡、改变城市区域小气候、改善城市环境质量、提供城市居民接触自然机会等方面具有无可替代的作用,城市公园的生态服务功能较早地就受到了城市规划和建设者的关注。近年来随着人们对生活质量的追求和日趋严峻的城市污染的矛盾加剧,城市公园绿色植物生态服务功能的相关研究受到了前所未有的重视和发展。

城市公园生态效益一般泛指城市公园产生的对人类有益的效果总和,主要表现为固碳释氧、调节气候、改善空气、保持水土、消除噪声、创造游憩环境等诸多方面。自20世纪70年代始,国外诸多学者开展了关于城市绿地(green space)消减城市热岛、维护城市生态系统平衡、提升城市生物多样性等领域的相关研究(Cao,2010)。美国、日本、前苏联等国家的学者在此方面的研究开展的较早也较深入,并且经历了从定性描述到定量评价、单因素分析到系统分析的研究过程(张岳恒等,2010)。国内外对城市绿地生态功能的研究不仅局限在生态学领域,在经济、社会、审美、游憩等方面也开展较多。

国内学者对于城市公园绿地的生态效益研究开展较晚,大致经历了局部到整体、定量到综合几个过程。如陈健等通过比较夏季北京天安门广场与龙潭湖、陶然亭、紫竹院三个公园的空气温度差异程度来说明城市公园绿色空间的降温效果(陈健等,1981);陈自新等对北京城市绿地园林植物个体的生态功能进行了详细的量化研究,并建立了相关的数学模型(陈自新等,1998);罗红艳等研究了北京市32种主要绿化树种对城市污染物质的净化作用(罗红艳,2000)。城市生态学、旅游管理和环境科学领域的研究者也从各自的研究领域对城市园林绿地生态因子的变化规律及其相关因素等进行了探讨(潘剑彬,2011)。

### 1.3.3 关于小气候人体舒适度的研究

人们在城市公园中从事游憩体验活动,由公园植物、水体、地形等环境要素所形成的小气候(micro-climate)是决定人体舒适程度的决定因素。舒适度一般是指大多数人对周围环境气候感到舒适的程度,即人体感觉到环境的冷或热的程度。气候主要由气温、湿度、风力、日照等要素组成,不同环境的气候对人体产生不同的生理影响,再通过人体的感觉而反映出来,各要素的组合对人体产生一个综合的整体影响(王敏珍,2009)。

1.3.3.1 国外对人体舒适度的研究概况

目前,国内外关于气候人体舒适度的研究较多。1987年奥利佛(J. E. Oliver)在实验的基础上建立了风效指数量表(Oliver,1987)。国外关于人体舒适度的研究可分为两个阶段。第一个阶段从20世纪20年代至70年代,此阶段研究的主要特点是用定性的描述或采用建立经验模型进行定量讨论。如20世纪20年代英国学者霍顿(Houghton)等提出有效温度的概念，1947年亚格洛(Yagtou)和霍顿(Houghten)提出了实感气温的概念，1951年劳特(Lots)和威乐(Wezler)提出气流对人体的舒适度有影响，1955年波顿(Burton)等认为湿度对人体舒适程度有影响，1966年特吉旺(Terjung)正式提出舒适度指数(comfort index)，这些均是在考虑了温度、湿度、风速的综合作用下的人体热感觉指标(W. H. Terjung，1966)。20世纪70年代盖奇(Cagge)等制定出标准有效温度。澳大利亚学者Freitas提出了着衣指数的标准模型(C. de Freitas，1979)。以上这些学者的研究均认识到气温、风速、相对湿度的不同组合可以影响人体的舒适程度。

第二阶段从20世纪80年代至今，研究特点主要是考虑人体热量平衡。1979年美国生物气象学家Steadman提出的感热温理论，从人体热量平衡的角度研究人体对冷热的具体感受。奥利佛(J. E. Oliver)于1987年建立了风寒指数量表。2001年，玛丽妮娜(Marialena Nikolopolou)等提出物理环境、心理调适能力和生理倾向对人体舒适度有影响(Marialena Nikolopolou, Koen Steemers，2003)。后来又有学者陆续提出表征人体舒适度的各种指标，主要有不舒适指数、炎热指数、风寒指数、舒适指数、体感温度、气象舒适度指数等。2000年，以色列的蒂奥德(Theodore Stathopoulos)等学者研究了绿化面积对小气候的影响，发现植物群落的降温增湿效应是可利用的改变人体舒适度的方式(Theodore Stathopoulos, Han Qingwu, John Zacharias，2004)。人体舒适度的研究成果为国外学者进行区域旅游气候资源评价、指导城市规划与建设、进行疾病的防治等提供了依据。

#### 1.3.3.2 国内对人体舒适度的研究概况

20世纪80年代，我国夏廉博、钱妙芬等学者开始关注人类生物气象学科研究领域，同时也发现园林植物的生态效应对人体舒适感觉是有影响的，钱妙芬等还提出了"气候宜人度评价模型"，用气压、日照、温度等7个气象指标评价气候对人体舒适度的影响(钱妙芬，叶梅，1996)。陆鼎煌建立了综合舒适指标公式，通过温度、湿度、风速三个指标评估气候对人体舒适度的影响(陆鼎煌，陈健，崔森，等，1984)。后来，陆续有学者提出温湿指数模型、体感温度模型等评估模型，北京、上海等城市还据此进行气象预报(张书余，1999)。人体舒适度的评价方法很早就开始应用于旅游与游憩相关研究，如覃卫坚根据气象资料提出了广西旅游景区最适宜的旅游时间和不适宜的旅游时间，高卫东等研究了济南市人体舒适度的时空分布特征并提出济南市的最佳旅游时间，范业正等提出渤海湾沿岸海滨城市和海南南部城市的度假气候条件等(范业正，郭来喜，1998)。杨尚英等(1999)提出气温24℃、相对湿度

70%、风速 2m/s 是夏季人体舒适的小气候条件。吴楚材(2000)、吴章文(2003)等学者提出宜人的气候应作为一项重要的旅游资源加以利用。国内关于人体舒适度的研究成果也较早地在旅游业得到应用。

我国也有很多学者开展了关于城市绿地、城市公园的小气候下人体舒适度的研究。郑敬刚、张景光、李有等学者通过监测热岛效应的关键因子,分析了郑州市热岛效应的日变化、季节变化与空间的分布状况,对市内不同类型的绿地进行了人体舒适度的评价(郑敬刚,张景光,李有,2005)。周雷芝等学者通过对温度、湿度、风速、日照等主要气象指标进行实地监测,评价了杭州市小和山森林公园林地、木屋、蒙古包、湖边沙滩、跑马场等类型场地人体舒适度的情况(周雷芝,张国庆,张爱光,2002)。王忠君将森林型旅游目的地的旅游小气候适宜程度分为非常冷、很冷、稍冷、冷、凉、舒适、暖、热、闷热、酷热等级别,并证明公园小气候温度以 16~24℃、相对湿度以 40%~60% 为适游气候(王忠君,2004)。城市公园中的绿色植物能够通过遮挡和反射太阳辐射、气孔蒸腾作用而发挥增湿降温等效应,从而可调节小气候改善人体舒适度。吴章文(1995)、何兴元(2004)等认为植物环境形成的这种园林小气候效可随着绿化覆盖率、郁闭度、植物种类、植物群落结构类型的不同而有所差异。黄海等以西安兴庆宫公园为研究对象,研究了落叶乔灌木林、常绿乔灌木林两个植物群落的叶面积指数、温湿度及光环境等指标,总结出绿地面积是植物群落降温增湿效应的基础,叶面积指数是决定植物群落温湿效益的关键因素(黄海,刘建军,康博文,等,2008)。蔺银鼎等研究了太原市落叶阔叶林、草地、灌丛 3 种典型的植物群落类型的温、湿度空间和时间梯度变化,结果发现同一高度上增湿效果草坪好于灌木林、灌木林强于杨树片林(蔺银鼎,王有栓,阎海冰,2007)。郑芷青等研究了广州市疏林草地、草地两种类型的植物群落增湿降温效应,结果发现在夏季疏林草地日均温、最高与最低气温、湿度指标等都均低于草地(郑芷青,蔡莹洁,陈城英,2006)。秦俊等对上海常见的植物群落在夏季的降温增湿能力进行了研究,发现植物群落日降温增湿效应呈"双峰"状态,上午 9:00~10:00 最强,而在中午 13:00~14:00 最弱。降温增湿能力由强到弱分别是针叶林、混交林、草地,而且随着植物群落郁闭度与群落降温增湿能力存在一定的正相关性关系(秦俊,王丽勉,高凯,等,2008)。冯义龙等以选取重庆城市公园内常绿阔叶林、阔叶林、混交林、针叶林、纯林、疏林草地、灌丛、草地 8 种植物群落为研究对象,研究发现为 8 种植物群落降温增湿效应依次递减(冯义龙,田中,何定萍,2008)。多数的研究表明,植被覆盖率越高、郁闭度越大、植物绿量越多、树木长势越好、植物群落层次结构越复杂,绿地环境改善小气候和增加人体舒适程度的效应就会越显著(王忠君,2004)。

综上所述,国内外学者通过大量的研究发现了人体舒适度与温度、湿度、风速等气象因子的相关性,并且找出了利用各个气象指标来评价人体舒适度的方法。人体舒适度研究在旅游资源开发、城市建设等领域有了很大应用。如我国很多学者通过研究气象指数从而发现了各地域人体舒适度的时间和空间特点,以指导当地发展旅游业。今后一段时期内,随着人体舒适度研究的深入,关于人体舒适度的研究将主要集中在以下应用领域:①利用人体舒适度研究城市热岛效应。通过计算、评估人体舒适度指数可以更加准确地定位城市热岛的分布情况,这为指导城市建设提供依据。②研究特定区域中各种因素对人体舒适度的影响。研究人为改变区域内某些环境因素,从而提高区域内人体舒适度,为人居环境学科发展提供依据。③研究合理利用自然环境中植物群落的降温增湿效应以改变环境中的人体舒适度,从而提高城市生活环境的宜居、宜游、宜人性。

## 1.3.4 关于城市绿地空气微生物特征的相关研究

空气微生物是指空气中的细菌(airborne bacteria)、真菌(airborne fungi)及其他微生物种类等有生命的活体,它主要来源于自然界的水体、土壤、动植物和人类(谢淑敏,1986)。由于空气细菌、真菌是自然界的物质和能量循环过程中的重要环节,对于自然界的生态平衡和若干生命现象起到至关重要的作用(Bovallius等,1978;Lindmanm,1982;Raina M. Maier等,2004)。空气中广泛分布的细菌、真菌等生物粒子不仅具有极其重要的生态功能,还与城市空气污染、城市环境质量和人体健康息息相关(方治国,欧阳志云,胡利锋,王效科,苗鸿,2004)。城市空气中的细菌及放线菌种类就有1200余种,真菌更是多达4000多种(方治国等,2005)。空气中的大多数菌类对动物以及人类是无害的,但也有一些病原菌能够在空气中繁殖并扩散,会影响人体健康。微生物对人体健康的影响与其种类、粒子大小和浓度有相关关系(胡庆轩等,1990;方治国等,2004;2005)。研究已证明,空气中微生物浓度过高会导致各种疾病的发生,近年来随着禽流感、甲型流感流行性疾病在我国乃至世界的传播和危害,人们开始越来越重视微生物所带来的污染问题(潘立勇,孙菱,杨靖,李勇,付红,2010;吴国平,胡伟,滕恩江,魏复盛,2001)。

近年来不断有研究发现,城市绿地中的绿色植物通过枝叶的吸滞和过滤空气中的粉尘,可以减少或消灭空气中的有害菌类(吴志萍,王成,2007;Mancinelli,1978;Martinez,1988;宋凌浩等,2000),也有些绿色植物能够产生挥发性物质(植物杀菌素)来抑制或杀灭空气微生物(Kalemba 和 Kunicka,

1991；Alex，1994；Eva，1994；Langenheim，1994；Lerdau 和 Gershenzon，1997；Cassella 等，2002)。因此，城市绿地的抑菌效应引起了国内外研究学者越来越多的关注，不同浓度的空气微生物在城市绿地中的时空变化特征、空气微生物数量与城市绿地植物种类、结构之间的关系逐渐成为研究热点(潘剑彬，2011)。方治国等研究了北京市不同城市功能区的空气微生物的变化特征，总结出：不同城市功能区的空气优势菌分布特征存在差异，交通干线和商业区空气微生物的浓度较高，公园绿地微生物浓度较低(方治国，欧阳志云，胡利锋，王效科，苗鸿，2004)。傅本重等在研究昆明不同功能区微生物含量差异时发现，昆明市夏季空气真菌和细菌日变化不明显，但不同功能区之间差异较大(傅本重，赵洪波，永保聪，翔任，洪英娣，李宗波，2012)。贾丽等也研究了空气菌类的日变化特征，发现人流量与空气中菌类的数量和种类有显著的相关关系(贾丽等，2006)。任启文等通过对北京市元大都公园内不同空间结构绿地空气细菌的测定，证明在植物生长季绿地具有较强的减菌能力，而且不同空间结构的绿地减菌作用不同，春季针叶乔木具有优势，夏季阔叶乔木表现优秀(胡庆轩，李军保，叶斌严，车凤翔，1995；任启文，王成，郄光发，2007)。周连玉等研究青海师范大学校园绿地植物对空气微生物的影响时，发现各种绿地均有抑菌效果，不同树种抑菌率差异在 8.9%~57.6% 之间(周连玉，乔枫，米琴，罗桂花，2012)。张风娟等人研究发现，华北地区常见的城市园林绿化植物皂荚和五角枫的挥发类物质对空气中细菌和真菌的生长均能够起到抑制作用(张风娟等，2007)。

由于目前关于城市绿地或园林植物抑菌作用的研究在样地特征、研究方法、研究周期等方面存在一定的差异，所取得的研究结论之间缺少可比性，在城市绿地的空气菌类日变化特征规律方面得到的结论也不尽相同，有必要对不同结构、组成特征的植物群落的抑菌效应进行深入的研究。

### 1.3.5 关于城市绿地植物滞尘效应的研究

大气中粒径小于 $100\mu m$ 的所有固体颗粒物通常被称作总悬浮微粒(TSP)。总悬浮颗粒根据其粒径大小分为降尘和飘尘两类：粒径大于 $10\mu m$ 的固体颗粒一般可在重力作用下沉降到地面，被称作降尘；粒径在 $10\mu m$ 以下(大气可吸入颗粒物 $PM_{10}$)、特别是粒径在 $2.5\mu m$ 以下(大气可吸入颗粒物 $PM_{2.5}$)的固体颗粒，由于重量轻而长时间在空中飘浮，被称作飘尘，飘尘对人体健康有显著影响(闫娜，龚雪梅，张晓玮，唐艳梅，2012)。城市绿地作为改善环境的主体，在提高城市空气质量、阻滞粉尘及改善城区生态环境中起着主导和不可替代的作用。

1.3.5.1 植物滞尘效应机理

一些研究已经表明,城市绿地园林植物主要滞尘机理如下:一是覆盖地表减少扬尘(王凤珍,李楠,胡开文,2006);二是树冠降风使空气中的大颗粒灰尘随风速降低而下沉(余曼,汪正祥,雷耘,等,2009);三是植物叶片通过表面绒毛、分泌黏汁液吸附飘尘(李海梅,刘霞,2008);四是植物叶片通过气孔、皮孔在光合作用和呼吸作用过程中吸收粉尘(Beckett K P 等,2000;柴一新等,2002;王亚超,2007)。

1.3.5.2 城市绿地植物滞尘能力的研究

城市绿地植物滞尘效应研究方法主要有两种:一是采用粉尘测量仪等电子仪器测量植物环境中粉尘含量,与对照样地含量进行对比(李冰冰,2012);二是测定植物叶片单位面积滞尘量,再测量植物总叶面,从而得到植物的总滞尘量(胡舒,肖昕,贾含帅,周江,2012;俞莉莉,梁惠颖,何小弟,陈凤林,2012;张来,张显强,2011)。

绿地环境中植物的滞尘效益受到多种因素影响,植物的种类、高度、冠幅、郁闭度、种植方式等对其滞尘能力有影响,植物所处的环境状况、人流量、车流量等因素也有影响(俞学如,2008)。郑少文等研究发现落叶乔木的滞尘能力要强于灌木(郑少文,邢国明,李军,2008);索斯(Souch)等认为高大的乔木吸收空气中的粉尘的强力强于灌木和地被(Souch C A,Souch C,1993);而周晓炜等认为植物滞尘效果由高到低的顺序为:针叶植物 > 草本植物 > 灌木 > 藤本 > 落叶乔木(周晓炜,亢秀萍,2008)。韩敬等通过研究临沂市滨河大道主要绿化植物滞尘能力,得出与索斯(Souch)相近的结论,绿化植物滞尘能力由高到低的顺序为:乔木 > 灌木 > 草本(韩敬,陈广艳,杨银萍,2009)。王蓉丽等分析了金华市常见园林植物综合滞尘能力后也得到相近的结论,园林植物的综合滞尘能力由高到低的顺序为:常绿乔木 > 常绿灌木 > 落叶灌木 > 落叶乔木 > 草坪植物;当然,也有学者得到不同的结论。如杨瑞卿等在研究徐州市植物滞尘能力发现,其大小顺序为:灌木 > 常绿乔木 > 落叶乔木(杨瑞卿,肖扬,2008)。赵子忠等研究了天水市街道绿化植物滞尘能力,发现针叶树种尤其是雪松和云杉的滞尘能力强于阔叶树种(赵子忠,桑娟萍,2012)。宋丽华等研究了银川市针叶树种春季滞尘能力,指出了其滞尘能力由高到低的顺序为:侧柏 > 白皮松 > 桧柏 > 云杉(宋丽华,赖生渭,石常凯,2008)。由此可见,不同类型植物的滞尘能力会因植物所处的环境差异而导致结论大相径庭。多数研究认为植物滞尘能力的顺序为:乔 > 灌 > 草,常绿 > 落叶。

1.3.5.3 城市绿地植物群落滞尘效益的研究

城市绿地单株植物有滞尘能力,不同植物组成的群落能发挥更佳的滞尘效应(江胜利,金荷仙,许小连,2011)。郑少文等研究发现同类型绿地的减尘效率依次为:乔灌草复合型>灌草型>草坪(郑少文,邢国明,李军,等,2008)。罗英等以淮安市的绿地的群落为研究对象,发现街旁绿地的滞尘能力最显著,以雪松为上层乔木的群落滞尘能力大于其他植物组合群落(罗英,何小弟,李晓储,2009)。张来等研究了安顺市不同绿地植物种植模式的滞尘能力,指出乔木树种滞尘效应最大,攀援植物滞尘效应次之,花卉和草本植物最小(张来,张显强,2011)。周瑞玲等对徐州市故黄河风光带主要园林植物的滞尘作用进行了研究,提出针叶植物具有极强的滞尘能力,不同类型树种的滞尘能力大小顺序为:针叶乔木>灌木>阔叶乔木。

当前,单一树种特别是乔、灌树种的滞尘效益研究已经很多,随着城市绿化向着贴近自然方向的发展,拟自然植物群落将发挥更重要的生态功能,植物通过合理配置能更好地发挥滞尘效应,而当前对植物群落滞尘效益的研究还很少,有必要做进一步的研究。

## 1.3.6　城市绿地植物降噪效益的研究

通常噪声指频率混杂、呆板、凌乱,妨碍人们正常的生活、工作、学习和健康的声音(王伟利,2005)。噪声在50dB(A)以上时会影响人的脑力劳动,70dB(A)以上就会对人有明显危害(晓康,2003)。噪声污染是当前城市中一个突出的环境问题,人们到城市公园中休闲游憩的主要目的之一是躲避喧嚣的城市噪声。

### 1.3.6.1　植物降噪效果与机理研究

城市绿地对噪声具有明显的降低作用,植物对噪声削减作用的机理主要是通过以下四个方面的协同作用:当声能到达叶面时,植物体具有屏障效应,令声波反射和衍射衰减;部分声能被植物叶肉组织吸收,植物体产生阻尼振动,导致声音衰减;粗糙的树皮和浓密的树叶吸收声音;绿地形成的小气候导致温度、湿度变化使植物环境产生声衍射(陈龙,谢高地,盖力强,裴厦,张昌顺,张彪,肖玉,2011)。

美国住房和城市发展部早在1973年的调查报告中指出城市绿地有降噪作用,树种、树高、叶密度对绿地的降噪作用有影响(Givoni B,1973)。哈德特(Huddart)在20世纪90年代初通过相关研究提出绿地可以作为隔音廊道,可降低环境噪声5~10 dB(Huddart L,1990)。国内也有学者通过相关研究证明了这一点。郁东宁等研究了草坪减噪效果,表明距声源2m时均高30cm、长20m的草坪可降噪2dB(郁东宁,王秀梅,马晓程,1998)。孙伟等、施燕娥等、杨小波等、程明昆等、祝遵凌等通过相关研究指出,草坪、灌木群落、桧柏绿篱、乔木林带对噪声都具有不同程度的衰减作用(孙伟，王德利，2001；施燕娥，王雅芳，陆旭蕾，2004；杨小波，吴庆书，2004；程明昆，柯豪，1982；祝遵凌，杜丹，韩笑，2012)。从目前的研究情况来看，植物对噪声的削减作用已被证明，而且立体绿化或浓密的植物配置对噪声的削减作用应大于稀疏的或结构单一的种植绿化。

但由于现有研究手段的局限、仪器设备的限制、影响因素的不确定性以及绿地对噪声的削减作用机制本身的复杂性，目前的研究结论还存在一定的争议，相关研究还有待进一步开展。

**1.3.6.2 不同类型植物群落对噪声的削减效果研究**

黄慧等、张明丽等、张周强等、吴志萍等、陈秀龙等、郑思俊等对比分析了不同类型植物群落组合降噪效果的差异，发现"乔木＋灌木＋草坪"构成的紧密型植物群落结构降噪效果要优于植被稀疏的植物群落结构(黄慧，舒展，2009；张明丽，胡永红，秦俊，2006；郑思俊，夏檑，张庆费，2006；张周强，郑远，杜豫川，等，2007；陈秀龙，李希娟，陈秋波，2007；吴志萍，王成，2007)。也有学者对不同结构类型绿地降噪差异原因进行了探讨。美国科学家罗宾奈特(Robinette)的研究结果和美国运输部(USDT) 2001年的调查报告均表明，植物群落结构、种植疏密程度和植物高度是植物群落降噪的主要影响因素(Robinette G O，1972；USDT，2001)。瓦特(Watts)等研究表明，虽然植物的降噪效果不如人工建筑，只有城市园林绿地植物群落的郁闭度和宽度达到一定的程度才有降噪效果(Watts G，Chinn L，Godfrey N，1999)。张庆费等通过对上海19种绿地植物群落降噪效益进行研究，提出不同结构的植物群落的降噪程度不等，叶面积指数、植物枝下高、植株高度、盖度和冠幅等是影响植物群落降噪效果的重要影响因素(张庆费，郑思俊，夏檑，等，2007)。李寒娥等通过研究广东省佛山市不同类型植物群落的降噪效果得出园林植物主要是通过树枝和叶片之间来回反射实现降噪的，郁闭度高的植物群落降噪效果明显(李寒娥，王志云，谭家得，等，2007)。由以上研究可见，城市绿地植物群落结构类型、高度、郁闭度、宽度等因子是决定植物群落降噪程度的主要影响因子(苏泳娴，黄光庆，陈修治，陈水森，李智山，2011)。

目前所取得的研究成果均显示，单一结构的植物群落比复合型的植物群落降噪效果差，结构复杂、枝叶稠密、地上部分生物量高的植物群落有最佳的降噪效果。为达到最佳的安静型游憩环境效果，在营造园林绿色游憩空间时，应注意乔、灌、草的配置，营造植株紧密、覆盖度高和具有一定厚度的植物群落。

## 1.3.7 关于城市绿地空气负离子特征的研究

空气中的气体分子在射线、受热及强电场的作用下，会发生空气电离现象，空气中的气体分子会捕捉一些电子而带负电，称为空气负离子（negative air ions，NAI）。空气负离子大多数时间和氧气结合在一起，所以也称负氧离子。有相关研究已证明，雷电、瀑布、水浪的冲击也能够形成较高浓度的空气负离子（Iwama，2004）。在植物环境中，植物树片叶端的尖端放电、植物叶表面在紫外线的作用下发生的光电效应，也可以促进空气电离，从而产生负离子（蒙晋佳，张燕，2005），加上氧气分子本身是绿色植物的光合作用产物，所以植物环境会优先成为负氧离子富集区。正常情况下，空气离子的迁移距离很短，容易与大气中的气溶胶碰撞而消失，所以其寿命很短，在人口密集的城市、工矿区，空气离子的寿命仅有几秒钟（李继育，2008），而在林区、海滨或瀑布周围等特定环境中，由于空气离子不停地产生，所以环境中的空气负离子含量可以保持相对动态平衡而成为负离子含量相对稳定区域。

近年来，国外针对负离子的研究主要集中在医学领域和人类健康研究的相关领域（Kampmann 等，2009；Richardson 等，2001）。相关研究已发现，空气负离子能调节人体的生理机能，对于人体能够起到重要的医疗保健作用。当空气中负离子浓度较高时，能降低人体血压和缓解疲劳，在一定程度上与维生素对人起的作用很相近，因而空气负离子常被人喻为"空气维生素"（Krueger，1976；Krueger，1985；Chih，2004；Korublue，1990；Shalnov，1994）。当长期处在空气负离子缺乏的环境，人体常会感到不适，经常出现情绪不稳、头昏恶心、注意力不集中等现象，甚至引起一些神经官能异常症状的病变（Anttila，2004）。目前的医学领域关于空气负离子研究主要集中于空气负离子生理功能及临床应用（Kampmann 等，2009；Richardson 等，2001；吴际友等，2003）。

城市环境中的空气负离子浓度已经成为评价城市区域环境质量的一个重要指标。城市由于大量人口聚集、高楼林立，大气污染物形成的气溶胶不易扩散，正、负离子多处于不平衡状态，其空气负离子水平能反映城市中各区域微环境的空气清洁状况。一些城市的学校、医院、疗养区和城市公园已开展了对空气负离子浓度的观测（韦朝领等，2006；吴志萍等，2007；邵海荣等，2005）。

研究负离子的产生相关因素和时空变化特征是国内外学者近年来关于空气负离子的主要研究之一（Mu，2009；Hirsikko，2007；Dal Maso，2005）。王继梅等研究了负离子与空气温湿度的相关关系（王继梅等，2004）。柏智勇、吴楚材研究了植物精气（萜稀类物质、醚、酮等）与负离子浓度的关系（柏智勇，吴楚材，2008）。杨建松等研究了森林的树冠、枝叶尖端放电以及绿色植物的光合作用形成的光电效应促使空气电解并产生空气负离子的机理（杨建松等，2006）。蒙晋佳和张燕通过实地测量和对比分析认为地面上的空气负离子主要来源于植物，尤其是树木的叶片尖端放电（蒙晋佳，张燕，2005）。朱春阳等研究城市带状绿地空气负离子分布时发现，负离子浓度在春、夏季与温度呈显著负相关，在冬季与温度呈正相关关系，与相对湿度呈正相关，与空气含菌量呈负相关（朱春阳，李树华，李晓艳，2012）。韦朝领等研究了合肥市公园游览区、生活居住区、商业交通繁华区和工业区等不同城市功能区空气负离子的浓度变化特征（韦朝领等，2006）。毛辉青研究西宁市不同城市功能区空气负离子浓度发现，城市各功能区空气负离子浓度顺序依次为：公园浏览区＞生活居住区＞商业交通区＞工业区（毛辉青，1996）。张福金等对大连市、丹东市等城市的空气负离子浓度进行了对比观测（张福金，1994）。徐业林等在抽样调查了9个省市居住区空气负离子浓度后提出了居住区大气负离子卫生标准（徐业林，王乃益，1996）。吴焕忠等以住宅区的空气负离子浓度测定为基础，对住宅区进行了生态规划（吴焕忠，刘志武，李茂深，2002）。刘凯昌等研究了广州市不同植被类型城市绿地的空气负离子浓度分布特征，表明负离子浓度由大到小的顺序为：阔叶林＞针叶林＞经济林＞草地＞居民区绿地（刘凯昌，苏树权，江建发，等，2002）。王洪俊等研究了不同结构类型的城市绿地负离子水平差异情况，结果表明乔、灌、草复层结构负离子浓度最高，草坪单层结构浓度最低，城市绿地的负离子水平明显高于居住区和商业区（王洪俊，王力，孟庆繁，等，2004；王洪俊，孟庆繁，2005）。倪君等研究了上海各公园绿地空气负离子分布规律及其影响因素（倪君，徐琼，石登荣，等，2004）。陈佳瀛等研究了上海市城市绿地空气负离子与环境因子的相关关系，证实有林地和各种绿地的地方空气负离子浓度会提高（陈佳瀛，宋永昌，陶康华，倪君，2006）。邵海荣等研究了北京地区空气负离子的分布规律，空气负离子浓度为：郊区＞市区，有林地区＞无林区，针叶林＞阔叶林（邵海荣，杜建军，单宏臣，等，2005）。陈勇等对深圳市不同绿地类型的空气负离子浓度进行了同步观测，结果表明空气负离子效应顺序为：森林公园＞风景林地＞居住区绿地＞街头绿地（陈勇，梁小僚，孙冰，等，2006）。范海兰等对福州市空气负离子浓度的空间变化情况进行了实测，研究结果表明：从福州市中心向郊区空气负离子浓度逐渐增大，有林地区空气负离子浓度明显高于无林地区，阔叶林地空气负离子浓度高于针叶林地（范海兰，胡喜生，陈灿，宋萍，洪伟，吴承祯，占玉燕，2008）。孙明珠等研究了北京市城市四类功能区空气负离子分布特征，得出休闲区的空气质量优于生活区、生活区优于商业区和交通区的结论(孙明珠，田媛，刘效兰，2010)。近年来针对不同类型的城市绿地区域的空气负离子浓度时空变化特征的研究较多。目前现有的研究成果均表明，城市绿地对于提高城市空气负离子浓度，改善城区环境质量具有重要意义，不同结构、类型的城市绿地其产生的负离子效应会有一定程度的差异。

秦俊等、潘辉等、吴际友等、赵雄伟等、胡译文等分别以上海、厦门、北京、北戴河等城市为例，研究了国内北方、南方城市绿地中不同植物群落空气负离子浓度的影响(秦俊等，2008；潘辉等，2010；吴际友等，2003；赵雄伟等，2007；胡译文等，2011)。已有很多实证性研究证实，按照复合结构、自然模式构建的城市绿地对于提高区域环境内的负离子浓度具有显著的作用(尹俊光等，2009；范亚民等，2005；王洪俊等，2004；于志会等2011；裴伶俐等，2012)。刘新等研究发现城市绿地植物群落的空气负离子水平与植物群落叶面积指数呈正相关关系(刘新，吴林豪，张浩，王祥荣，2011)。于志会等在研究校园绿地时，得出乔、灌、草复层结构绿地空气负离子水平最高的结论(于志会，杨波，2011)。俄罗斯科学家蒂克赫诺夫(Tikhonov)等人发现用高压电击盆栽植物周围土壤能提升室内空气负离子含量(李继育，2008)。关于空气负离子与群落结构及植被类型的关联研究中，定点定量化研究还不多(章银柯，王恩，林佳莎，包志毅，2009)，由于持续观测周期短、样地不确定等原因，得出的基本规律也不尽相同(Dal Maso，2005；孙健健等，2008)。

以空气负离子浓度为代表的森林旅游区空气质量相关特征和评价研究是近年来关于空气负离子研究的热点(高炎冰等，2007；王洪俊等，2004)。钟林生等、吴楚材等、石强等致力于研究基于森林旅游的自然森林区域空气负离子浓度特征及其评价方式(钟林生等，1998；吴楚材等，2001；石强等，2004)。王小婧研究了北京山区油松、侧柏、黄栌、荆条四种典型风景游憩林的生态保健效应，总结出在春、夏、秋三季中空气负离子浓度侧柏和黄栌林相对较高，油松林次之，荆条灌丛最低，春、夏、秋三季中空气负离子等级均达到IV级以上空气质量标准，人体感觉舒适(王小婧，2008)。郭二果研究了北京西山侧柏纯林、黄栌纯林、混交林三种游憩林的生态保健功能，得出空气负离子能使得到北京西山游憩后人体情绪趋于稳定放松(郭二果，2008)。谭益民、吴章文在研究长沙天际岭森林公园的旅游环境时，监测了空气负离子的差异程度，得出郊野森林地段比城市森林地段高 3~344 倍的结果(谭益民，吴章文，2009)。目前，多数研究侧重监测与评价，根据空气负离子分布规律进行规划设计或建设游憩目的地的研究还较少。

关于空气负离子的评价方法主要以模型法和标准法为主,由于自然地域的森林环境与城市生产、生活区的空气负离子水平差异较大,在具体应用时多结合当地环境和公众的接受程度做出一定的修订(石强等,2004)。邵海荣、石强等学者对国际上较为通用的评价模型和方法提出了改进意见,提出了反映不同区域本底环境状况的空气负离子评价模型和分级标准(邵海荣,贺庆棠,2000;石强等,2004;Anttila 等,2004)。

目前,国内外针对空气负离子的产生机理、生理作用、时空变化、生态作用的相关研究较多,但对特定城市绿地不同结构特征的植物群落进行长期定点监测并总结规律性的研究还较少,而将研究成果可以直接服务于城市绿地建设、应用方面的研究更少,空气负离子在城市园林的生态应用价值还有待深入研究。

### 1.3.8 园林景观美景度评价(SBE)研究进展

#### 1.3.8.1 景观美学质量评价方法

受有关环境法律的要求和景观管理的一些现实问题的影响,西方国家的学者从 20 世纪 60 年代就开始对风景的系统分析与评价展开了相关研究,以自然风景为主要研究对象的风景评价在理论上形成了专家学派(Daniel 等,1983)、认知学派(心理学派)、经验学派(现象学派)(Lucas,1985)和心理物理学派(Daniel 等,1976),而目前心理物理学派的方法和技术得到更多的应用。

表 1-1 景观美学评价中各学派特点比较

Tab. 1-1 Comparison of features of different paradigms on landscape aesthetics evaluation

| 比较内容 | 专家学派 | 认知学派 | 经验学派 | 心理物理学派 |
|---|---|---|---|---|
| 对风景价值的认识 | 风景的(客观)价值在于其形式美或生态学意义 | 风景的价值在于其对人的生存、进化的意义 | 风景价值在于它对人(个体或群体)的历史、背景的反映 | 风景的价值在于主、客观双方共同作用下而产生 |
| 评价中人的地位 | 从专家对风景的主观判断入手 | 从人的生存需求出发解释风景 | 主动强调人对风景的作用 | 把人的普遍审美观作为风景价值的衡量标准 |
| 对风景属性的认知 | 从"形态、线条、色彩、质感"等形式美要素分析风景 | 用"复杂性、神秘性"等维度把握风景 | 把风景作为个人或群体的一部分来整体把握 | 从"地形地貌、植被、水体、土地利用"等物质要素分析风景 |

注:引自张凯旋. 上海环城林带群落生态学与生态效益及景观美学评价研究[D]:华东师范大学,2010,10.

国外对于风景美的评价方法主要有描述因子法、调查问卷法和直观评价法 3 种（游彩云，梅拥军，2010）。王雁等将常用的这几种方法从数学和经验两方面进行了介绍，总结了其在景观评价过程中涉及的一些基本问题（王雁，陈鑫峰，1999）。

表 1-2 景观美学评价方法比较

Tab. 1-2 Comparison on features of different methods about landscape aesthetics evaluation

| 比较内容 | 描述因子法 | 调查问卷法 | 直观评价法 |
| --- | --- | --- | --- |
| 操作方法 | 选择景观特征或构景成分，从景观要素出发对每个具体景观做出评价 | 通过向公众提问汇总的结果来评价公众对景观的满意程度或可接受程度，主要反映公众对"环境刺激物"的感受 | 通过公众的评判来评价景观质量 |
| 优点 | 通过记录每个景观中构景要素的具体特征并计数或赋值，方法操作简单；受评价对象空间尺度的制约较小 | 把多数人的意见作为评价的标准，比较方便、经济 | 可建立美景度与各要素之间的关系模型 |
| 缺点 | 在构景因子的选择的上具有较大的主观及随机性，难以建立景观特征与美景度之间的关系模型 | 受调查者及调查对象的背景影响 | 风景美感与人们审美评判反应之间的数量关系需要验证 |

注：根据陈鑫峰和王雁（1999，2000，2001）相关论文整理。

#### 1.3.8.2 国外景观审美研究进展

专家学派的景观评价思想与方法最早在国外使用，如美国林务局在 20 世纪 70 年代开发的风景资源管理系统，就是依据风景园林专家的意见评判风景的美学价值。当心理物理学派的理论与方法逐渐成熟起来后，国外大多采用心理物理学方法来预测景观美景度。如阿索尔（Arthur，1977）运用心理物理学方法对美国西海岸的西黄松林林分景观进行了评价，布尔等（Hull，Buhyoff，1986）采用室内幻灯片评价法对风景森林分的美景度进行了研究，布朗和戴奈尔（Brown 和 Daniel，1986）建立了评价森林林分的景观美景度模型等。国外心理物理学方法多研究如何建立各景观因子与美景度值的线性关系模型（游彩云，梅拥军，2010）。

由于美景度的测定手段不同,心理物理学方法又衍生出多种方法,其中有两种方法在实践应用中使用最多。一是戴奈尔等(Daniel,Boster,1976)提出的美景度评判法(scenic beauty estimation,简称 SBE),二是布赫夫等(Buhyoff,Leuschner,1978,1980)提出的比较评判法(law of comparative judgement,简称 LCJ)。SBE 法多对幻灯片图片做出评判测量,LCJ 法主要将所有评判景观作两两比较(刘翠玲,2009)。王晓俊等和陈鑫峰等详细介绍了两种方法及对该方法的局限性进行了比较分析(王晓俊等,1996;陈鑫峰等,2001)。

#### 1.3.8.3 国内景观美景度评价研究进展

国内学者对景观美学质量评价主要集中在对风景景观分类、质量分级、规划与管理原则等研究方面。如陆兆苏将风景林划分为水平郁闭型、垂直郁闭型、稀疏型、空旷型、园林型等"五类三级",并以风景评价为基础提出了风景林经营体系(陆兆苏,1995,1996)。王雁(1999)、宋力(2006)、王海峰(2011)等从游人审美效应角度提出了若干景观美感质量方法与模型,对森林公园、风景名胜区等景观资源进行了等级评价(宋爱六等,2011)。

我国学者运用心理物理学理论提出了多种景观美感质量的定量评价方法,如俞孔坚提出了自然风景资源评价模型(俞孔坚,1991),吴楚材(1991)建立了森林公园风景质量定量评价模型,陈鑫峰(2003)和贾黎明(2007)建立了风景林景观评价模型等。景观美景度评判法(SBE)在具体的风景景观评价方法得到了很多应用,如李效文等对北京西山混交林春景、董建文等对京郊混交林景观、梁美霞等对福建自然保护区景观、杜芳娟等对赤水-习水丹霞景观、陈鑫峰等对风景游憩林的四季景观、吴吉林等对张家界国家森林公园金鞭溪大峡谷的 5 处游憩林质量和功能,均采用美景度评价法(SBE 法)进行了景观美学评价并提出了相应的管理经营措施(刘翠玲,2009;陈鑫峰等,2010;吴吉林等,2011)。除了对森林等以自然地域为主景观进行美学评判外,在其他类型景观评价方面,景观美景度评价法(SBE 法)也得到了较广泛的应用。章志都等采用景观美景度评判法对郊野公园绿地类型进行景观评判,并提出影响一般绿地结构、人造硬质景观周边绿地结构和滨水植物景观结构的各主要因素(章志都,徐程扬,龚岚,蔡宝军,李翠翠,黄广远,李波,2011);赵丽艳等对湖北省孝感市居住区园林绿地景观进行量化评价并提出了当地最佳的植物配置模式(赵丽艳,王有宁,汪殿蓓,胡平,王志芳,2012);周春玲等对居住区居民对绿地的景观偏好进行了研究(周春玲,张启翔,孙迎坤,2006);张凯旋等分析了上海环城林带 7 种植物群落的结构特征和季相特征对林内景观以及外貌特征对林外景观的影响,并提出相应的优化对策(张凯旋,凌焕然，达良俊，2012）；徐谷丹等应用 SBE 法确定森林公园内单个森林景观最佳观赏点（徐谷丹，许大为，王竞红，李鹤，2008）。李明阳等评价了南京紫金山国家森林公园风景美景度和游憩活动适宜度（李明阳，崔志华，申世广，席庆，2008）。

总地来说，我国学者在景观美学质量评价领域的研究虽然起步晚，但充分借鉴并继承了国外的理论思想，并发展了景观美景度评价法（SBE 法）相关技术与方法，特别对以森林植被为主体的大尺度自然地域领域的景观评价运用较成熟，但由于研究对象较单一，对其他类型景观的资源评价认知方面还有一些不足。

#### 1.3.8.4 园林景观美景度评价研究情况

园林景观是以人工建筑为主的拟自然状态的户外人居环境单元，是具有文化、经济、生态和美学价值的人造地理实体。创造"虽由人作、宛若天成"的优美宜游环境是园林景观建设的宗旨。对景观美的追求，是园林景观建设者与使用者的共同永恒追求。

SBE 法（scenic beauty estimation）以归类评判法为依据，让被试者给不同的风景现场或图片进行评分，最终得到植物景观的美景度量表（张哲，潘会堂，2011；李光耀，程朝霞，张涛，2012）。目前，应用 SBE 法评价园林景观的相关研究较多。如孙启臻等采用美景度评判法对上海植物园 33 个典型群落进行美学价值评价，结果表明影响群落景观美学特点的因素主要有树种组成、色彩、垂直结构、群落与周围环境的协调度、树木的健康状况及林冠线变化度等（孙启臻，吴泽民，2012）。宋力等采用美景度评判法对沈阳城市公园植物景观美学进行了公众审美偏好程度的研究（宋力，何兴元，张洁，2006）。宋亚男等运用美景度评判法对上海城市公园的代表性的 32 个植物群落进行了景观美学评价并提出了提高群落美景度的方法和途径（宋亚男，车生泉，2011）。

于守超等运用美景度评判法对聊城市姜堤乐园进行景观美学质量数量化分析，并建立了公园的美景度评价模型（于守超，崔心泽，张惠梓，赵红霞，2012）。

除了 SBE 法被广泛使用外，其他方法也有学者进行了探索。如陈芳等运用 BIB – LCJ（平衡不完全区组 – 比较评判法）对西双版纳热带植物园的风景美景度进行定量描述（陈芳，高成广，樊国盛，2008），翁殊斐等采用层次分析法（AHP 法，the analytic hierarchy process）对广州城市公园植物景观进行评价（翁殊斐，柯峰，黎彩敏，2009），这些方法的评价结果多与 SBE 法相近。

#### 1.3.8.5 园林景观美景度评价现存的主要问题

目前，国内外关于园林景观美学评价方法主要存在如下一些问题：

(1) 定性评价多，线性模型多

目前关于园林景观美学方法的研究大多是建立在定性分析的基础上，定量评价研究不足。另外，美景度大多都采用常规的线性模型来建立，对模糊性、非线性因素表达不够准确。由于人的思维和印象具有非线性的特点，应探讨用非线性方法来分析景观美景度和景观要素的关系（游彩云，梅拥军，2010）。

(2) 非物质景观构成要素分解不足

园林景观不同于森林、草地等单纯的自然景观，它具有场所的文化与精神，美景度评价模型多建立在园林物质构成要素分析的基础上，对园林文化对美景度的影响分析的研究还鲜见报道。

(3) 评价因子的选择过于主观

美景度评价因子的选择带有很强的主观性，如何准确选择参与建立模型的因子是评价工作的一个难题（牛君丽，徐程扬，2008）。

#### 1.3.8.6 园林景观美景度评价研究趋势

随着人们物质生活水平的提高及我国城市化发展快速，城市居民到城市公园体验自然美景的几率将大大提升。关于园林景观美景度的研究在我国还刚刚起步，理论与实践的结合还需要通过大量的实际工作进行验证，今后需逐步完善园林景观美学理论体系。

(1) 园林景观意境美的评价方法和评价指标体系有待完善

园林美实质上是园林物质的自然美和园林文化艺术美的高度融合，园林文化集艺术学、美学、哲学、生态学等多种学科于一体的综合性文化，对园林美的判断离不开园林意境美的认知。

(2) 多学科交叉探索

现代美学是由多因素相互影响的一个处于变化中的开放系统和不断创新的复杂科学，园林景观评价涉及到艺术、环境、地理、人文、心理等学科，具有交叉性、复杂性和系统性等特征，需要多学科的知识背景为支撑（庄梅梅，孙冰，胡传伟，陈勇，2010）。

(3) 公众参与评价的形式与机会

园林景观的使用者是公众，只有公众才能决定他所欣赏或者享受的景观。园林景观美学评价需要更广泛的公众参与，才能避免评价的失真和错位（庄梅梅，孙冰，胡传伟，陈勇，2010）。

## 1.4 研究内容及技术路线

### 1.4.1 研究内容

#### 1.4.1.1 研究地概况

圆明园公园坐落在北京西郊海淀区，与颐和园相毗邻。它始建于康熙46年（1707年），由圆明、长春、绮春（万春）三园组成。有园林风景百余处，建筑面积逾16万 $m^2$，是清朝帝王在150余年间创建和经营的一座大型皇家宫苑，被誉为"万园之园"。历史上的圆明园占地 $350hm^2$（5200余亩），其中水面面积约 $140hm^2$（2100亩），圆明园的陆上建筑面积比故宫还多1万 $m^2$，水域面积等于一个颐和园，总面积等于8.5个紫禁城。19世纪被帝国主义侵略和掠夺，圆明园成为遗址。

1949年，中华人民共和国成立后，人民政府十分重视圆明园遗址的保护，先后征收了园内旱地，进行了大规模植树绿化。圆明园遗址从1956年始被保护，由市园林局收回土地并遍植树木，1976年正式成立圆明园管理处并进行绿化，清理古建基址，寻找、运回流散文物，整理史料，建馆展出园史。1979年被公布为北京市文物保护单位，1983年版《北京城市建设总体规划方案》明确把圆明园规划为遗址公园。1984年9月圆明园管理处与海淀区园内农民实现了联合，采取民办公助形式，依靠社会各方面力量，共同开发建设遗址公园。1988年圆明园公园被公布为全国重点文物保护单位。从1992年12月起，全面整修长春园山形水系，至此，圆明三园整个东半部（$200hm^2$）已初步连片建成遗址型城市公园。2000年3月，《圆明园遗址公园总体规划》经北京市规划委员会批复施行，如今的圆明园遗址公园，已是山青水碧，林木葱茂，花草芬芳，景色诱人，它不仅富于遗址特色，更具备公园功能，是一处进行爱国主义教育及群众游憩的好去处。目前，公园占地 $128.93hm^2$（其中公园管理部门及经营项目占地 $22.64hm^2$，复建古建占地 $0.62hm^2$，道路占地 $3.47hm^2$，农田 $13.19hm^2$，绿化用地 $89.01hm^2$）。圆明园公园目前被分为4个景区（三园一景区），即：以丰富的植物景观与多样水面组合的绮春园（万春园）景区、以开朗舒展的山水与幽静舒爽的园林景观取胜的长春园景区、以辽阔福海及曲折幽深环境引人入胜的圆明园福海景区和山水园林景观为主野趣自然的圆明园九洲景区。

圆明园公园位于北京市区中关村科技园区规划范围内，其东、南面为清华大学、北京大学，西南面为西苑边缘集团，北面为城市非建设地带，是市区中心大团与边缘集团之间隔离绿地的组成部分,也是中关村科技园内重要的大绿化环境,对北京市区生态环境的改善起着非常重要的作用。独特的资源与区位条件赋予了圆明园公园具有以下功能:参观凭吊、教育后人不忘国耻,热爱世界和平、国际友好交往的教育功能;历史研究、造园艺术科学考察及借鉴功能;促进东西方文化交流功能和社会公众的游览休憩功能。

1.4.1.2 研究内容

本书致力于从绿地构成群落的生态服务功能出发研究和探讨城市公园游憩机会谱(ROS)的构建方法,以达到引导游人在适宜的公园场所内参与需求的游憩活动并获得满意的游憩体验目的。重点研究与城市居民闲暇游憩活动相关的园林绿地空间环境质量相关因素,分析不同类型植物群落在滞尘降噪、产生空气负离子和控制空气微生物浓度等生态效益功能方面的差异程度,调查游人的游憩需求,将游憩空间的环境质量与游人的游憩需求相匹配,构建与游憩活动相适应的公园游憩机会谱系(ROS)。研究以圆明园公园为对象,通过在圆明园公园内设置固定的研究样点逐年逐月的测定园林植物群落生态效益因子的变化,分析圆明园公园不同群落类型和结构的环境质量变化特征,总结不同时间段的公园宜游区域,并分季节调查圆明园公园使用者的全年游憩行为,分析其游憩需求与行为特征,将公园中游憩活动与宜游场所进行逻辑加法运算处理,构建出整个圆明园公园的不同时间分布特征的游憩机会谱系,以引导游人参与期望的游览游憩活动。研究阐明了公园绿地景观单元的园林环境生态效应与该场所游憩活动的相关关系。

## 1.4.2 研究技术路线

本书所采用的技术路线如图 1-1 所示:研究从圆明园公园园林生态效益分析入手,分析公园自然环境、人文资源、社会活动环境与管理环境共同构成的园林游憩环境对游憩活动的适宜程度,对公园全年发生的游人游憩行为特征进行调查与判断,总结圆明园公园环境对游憩行为的支持力,进而构建以景观单元为主体的游憩机会谱(ROS)。

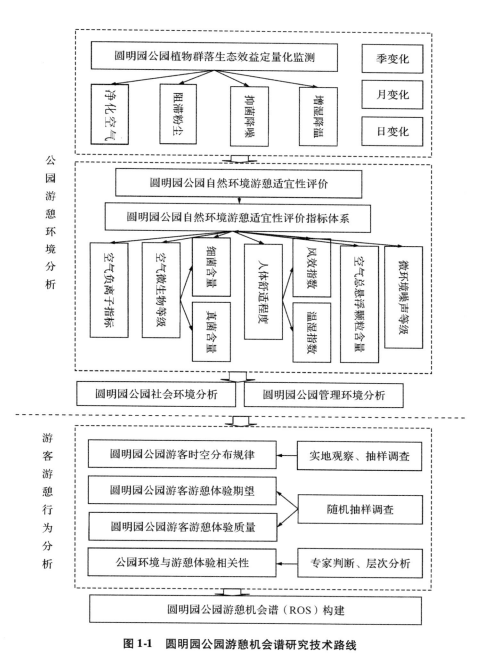

图 1-1 圆明园公园游憩机会谱研究技术路线

Fig. 1-1　Research route of ROS in Yuanmingyuan garden

# 2 北京圆明园公园微环境生态效益研究

构成城市公园园林游憩环境的要素有：山形、水系、植物、建筑、广场、道路和园林小品。山形因素是指平地、坡地和山地等土地变化，圆明园公园由于经过多年的水土流失及人为破坏，圆明园原有多座山体被整体挖平，山地已基本不存，山形主要包括平地、坡地、山丘和水体中的堤、岛、洲、渚等地貌；园林水体因素包括河、湖、溪、涧、池、沼、瀑、泉等，由于多年的堆积、填湖及水位变化，圆明园公园原有的水系结构已发生巨大改变，现仅存湖、溪、池、塘等水体景观；广场是具有集散功能且具有一定体量铺装的面积空旷场所，建筑指屋宇及各种工程设施，园林小品则包括雕塑、山石、石刻等。影响公园环境质量本底条件的决定因素是山形、水系和植物等自然条件，而建筑、广场、道路和园林小品等因素对公园自然环境的影响较小，决定公园游憩环境质量的主要因素是山形、水体和植物的组成情况，尤其是不同植物群落构成的绿色空间差异是决定公园中各个场所园林微环境（microenvironment）质量差异的主要因素。因此，研究城市公园游憩空间的微环境质量差异应主要分析其场所构成的园林植物群落提供的生态服务功能差别，即园林植物群落生态效益差异。

## 2.1 研究方法

### 2.1.1 样点设置

圆明园公园生态效益监测样点共设置了 22 处，样点设置时采用的是"典型抽样"加"均匀抽样"相结合的原则，均匀采样法，即网格布点法，这种布点法是将监测区域地面划分成若干均匀网状方格，采样点设在两条直线的交点处或方格中心；典型采样法，这种布点法是选取局部区域内某个具有代表性的点，这个点的典型性能够辐射到其周边圆周或近似圆周的区域。圆明园公园生态效益监测样点选择时充分考虑圆明园公园"典型"植物群落的构成特征，尽可能包含圆明园公园现有植物群落结构，采样点的植物种类基本涵盖了圆明园公园现有的主干植物种类，同时又充分考虑圆明园公园地形地貌特点，样点设置尽量"均匀"，避免因地物差异而造成监测误差。

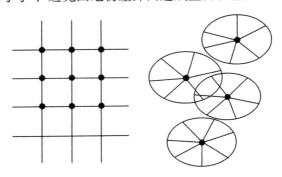

图 2-1　均匀采样法和典型采样法

Fig. 2-1　Symmetrical sampling and typical sampling methods

圆明园公园整体上可分为三园一景区，圆明园公园生态效益监测样点全部覆盖这四个景区。如表2-1所示，A~D样点位于圆明园公园的绮春园（万春园），E~K样点位于圆明园公园的长春园，L~Q样点位于圆明园福海景区，R~V样点位于圆明园公园的九洲景区。对照样点位于绮春园南宫门广场，临近城市主干道，为一般城市环境。

表 2-1　北京圆明园公园生态效益监测样点基本信息

Tab. 2-1　Information of sampling plots in Yuanmingyuan garden

| 样点 | 位置 | 群落类型 | 植物群落构成（种类+数量/棵） | 郁闭度 | 滨水 |
|---|---|---|---|---|---|
| A | 绮春园中和堂 | 乔+灌 | 柳树8 珍珠梅8 国槐7 连翘39 木槿15 金银木64 油松36 杜仲26 侧柏201 石榴5 榆叶梅11 紫叶李6 洋槐14 丁香12 桧柏69 白蜡2 迎春211 沙地柏15 紫薇7 黄刺梅4 山桃7 构树7 榆树2 龙爪槐4 臭椿2 | 0.55 | 否 |
| B | 天心水面 | 乔+草 | 国槐15 白皮松12 银杏9 月季115 油松8 合欢4 大花萱草350 玉兰7 柿树3 加杨1 苔草地被 | 0.65 | 是 |

38

(续)

| 样点 | 位置 | 群落类型 | 植物群落构成(种类+数量/棵) | 郁闭度 | 滨水 |
|---|---|---|---|---|---|
| C | 展诗应律 | 灌 | 山桃8 紫叶李6 珍珠梅7 丁香38 木槿52 桧柏13 碧桃11 龙爪槐2 江南槐1 紫薇4 火炬树82 海棠1 紫珠5 丝棉木1 枣树2 黄杨球60 迎春161 荆条2 连翘10 天目琼花3 羽叶丁香7 暴马丁香2 | 0.75 | 否 |
| D | 松风萝月 | 乔 | 油松64 黑枣10 构树30 国槐7 核桃174 柳树48 桑树10 榆树5 柿树15 枣树6 香椿25 臭椿7 银杏4 白蜡25 加杨67 梓树30 | 0.35 | 否 |
| E | 蔷园 | 乔+灌+草 | 珍珠梅63 白皮松59 桧柏2 天目琼花13 加杨8 柳树5 洋槐8 金银木23 泡桐8 杜梨4 柿子树2 紫叶李13 二月兰地被 | 0.25 | 是 |
| F | 思永斋 | 乔+灌+草 | 紫薇104 金银木67 白皮松61 黄栌7 碧桃14 栾树17 臭椿2 柳树3 国槐2 元宝枫1 杜梨3 银杏13 华山松10 洋槐410 榆树4 黑枣1 连翘50 油松31 紫叶李25 沙地柏78 紫薇74 桧柏4 榆叶梅58 土麦冬地被 | 0.65 | 否 |
| G | 映清斋 | 乔 | 侧柏5 白皮松88 白蜡26 油松7 加杨84 国槐129 柳树14 栾树7 山桃140 桧柏28 | 0.45 | 否 |
| H | 海岳开襟 | 草 | 月兰地被 | 0 | 是 |
| I | 流香渚 | 乔+灌+草 | 紫叶李3 山桃49 锦带23 油松72 国槐15 臭椿25 侧柏8 白皮松45 杏树55 银杏19 栾树18 柳树27 紫薇36 丁香102 沙地柏28 玉兰3 黄栌17 石榴2 金银木11 刺槐36 珍珠梅9 核桃2 连翘16 玉簪120 鸢尾85 | 0.65 | 是 |
| J | 法慧寺 | 乔+草 | 元宝枫96 刺槐52 加杨93 白皮松45 臭椿10 榆树8 侧柏65 油松68 国槐8 杜仲9 毛白杨16 柳树65 楸树40 银杏1 玉兰2 白蜡144 华山松25 二月兰地被 | 0.55 | 是 |
| K | 转湘帆 | 乔+灌 | 紫叶李1 金银木3 元宝枫5 碧桃21 锦带20 朴树1 榆树1 臭椿3 侧柏27 栾树9 白蜡81 加杨60 黄栌15 洋槐62 白皮松103 桧柏15 油松87 榆叶梅4 | 0.65 | 是 |
| L | 接秀山房 | 灌+草 | 木槿23 山桃81 碧桃5 蔷薇20 柳树52 元宝枫1 侧柏40 核桃7 臭椿37 榆树6 黄栌49 桧柏54 白蜡18 丝棉木1 柳树166 碧桃7 榆叶梅6 火炬树34 山桃16 黄杨球4 樱桃2 沙地柏13 早熟禾地被 | 0.85 | 是 |

（续）

| 样点 | 位置 | 群落类型 | 植物群落构成（种类+数量/棵） | 郁闭度 | 滨水 |
|---|---|---|---|---|---|
| M | 方壶胜境 | 乔 | 桧柏106 毛白杨31 核桃19 臭椿8 柳树77 构树127 油松1 黑枣1 白蜡57 刺槐45 丝棉木2 侧柏22 元宝枫19 | 0.75 | 是 |
| N | 三潭印月 | 乔+草 | 柳树29 洋槐59 油松85 白蜡1 榆树4 元宝枫6 杜仲3 银杏4 国槐25 臭椿5 早熟禾地被 | 0.25 | 是 |
| O | 平湖秋月 | 乔+草 | 桧柏68 油松67 柳树49 刺槐1 榆树1 银杏1 早熟禾地被 | 0.65 | 是 |
| P | 望瀛洲 | 灌 | 木槿20 碧桃30 山桃2 金银木47 核桃5 臭椿2 榆树5 黄栌2 丝棉木12 | 0.35 | 是 |
| Q | 湖山在望 | 乔+灌 | 木槿29 油松24 碧桃72 侧柏60 柳树63 紫薇10 构树21 白蜡5 桑树4 丝棉木1 水杉1 桧柏57 毛白杨30 银杏27 榆树3 黄刺梅10 连翘13 榆叶梅14 山桃7 | 0.65 | 否 |
| R | 曲院风荷 | 乔+草 | 加杨50 柳树30 洋槐110 核桃30 早熟禾、二月兰地被 | 0.35 | 否 |
| S | 镂月开云 | 草 | 早熟禾地被 | 0 | 否 |
| T | 九州清晏 | 乔+草 | 加杨57 柳树13 洋槐13 国槐1 栾树7 柿树5 桧柏32 毛白杨6 臭椿8 榆树3 早熟禾地被 | 0.45 | 否 |
| U | 上下天光 | 乔+草 | 加杨85 五角枫30 洋槐48 槐树2 桧柏11 核桃110 二月兰地被 | 0.35 | 是 |
| V | 杏花春馆 | 灌+草 | 辽梅山杏16 柳树41 杏46 山桃59 黄刺玫28 木槿54 早熟禾地被 | 0.35 | 否 |
| 对照 | 绮春园南宫门广场 | 乔 | 加杨17 | 0.15 | 否 |

注：本书中的郁闭度是指单位面积上林冠覆盖林地面积与林地总面积之比。

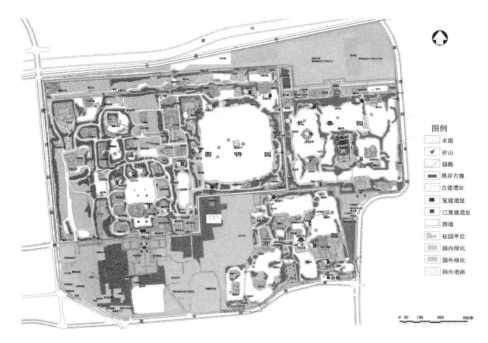

图 2-2 北京圆明园公园生态效益监测样点分布示意
Fig. 2-2　Distribution of sampling plots in Yuanmingyuan garden

圆明园公园园林环境生态效益监测样点均位于各景点或遗址区，监测之前调查了圆明园公园的植物景观构成情况，样点植物群落包含了公园主干植物材料，样点植被群落结构和郁闭度等信息能够反映公园的植被信息。

### 2.1.2　监测时间

监测时间从 2009 年 3 月至 2010 年 2 月，历时一年，每月取当月典型天气，以晴或多云为主，静风或微风，连续 3 天监测。

监测日每天从 7：00 至当日 19：00，每 2h 监测一次，每次在距离地面 1.2~1.5m 处同步测定三种公园各样点环境空气负离子、空气总悬浮颗粒物（TSP）、空气微生物（细菌和真菌）、空气温度、空气相对湿度、风速等指标。

圆明园公园植被种类调查及试验样地植被情况调查在夏季进行。

### 2.1.3　监测方法

（1）空气总悬浮颗粒物浓度监测

采用 P-5L2 型数字粉尘仪（北京市新技术应用研究所），该仪器适用于公共场所空气总悬浮颗粒物（TSP）的监测以及环境检测部门大气飘尘的快速测定,检测灵敏度 1CMP = 0.01mg/m³,检测范围 0.01~100mg/m³。P-5L2 型数字粉尘仪采用光散射原理设计,该设备体积小、重量轻、操作简便、稳定性好,适用于公共场所、户外空间大气可吸入颗粒物浓度的快速检测。该仪器符合劳动部标准《空气中粉尘浓度的光散射测定法》和环境空气质量标准(GB 3095—2012)关于大气质量监测的规定。

测定时间 1min。采样高度为 1.2m,每次测定时间为 1min,每个采样点变换不同的位置和方向连续读取 3 组重复值,然后按下式将所测得的空气总悬浮颗粒物(TSP)相对质量浓度(CMP)换算成质量浓度(mg/m³):

$$质量浓度(mg/m^3) = (R - B)K$$

式中:$R$ 为空气总悬浮颗粒物(TSP)测定值(CMP);$B$ 为仪器基底值(2CMP);$K$ 为质量浓度换算系数(0.01mg/m³/CMP)。

(2)空气负离子浓度监测

采用 DLY-5G 型双显抗潮湿空气正、负离子浓度测定仪(air ion detector)测定,每个方向待仪器显示的数值稳定后连续读取 3 组重复值。

该仪器经国家标准物质研究中心认证,测定离子浓度误差 ≤ ±10%,迁移率的误差 ≤ ±10%,量程为 10~1.99×10⁹ Ions/cm³(个/cm³),最高分辨率为 10Ions/cm³,最高迁移率为 0.15cm²/(V·s),取样空气流速为 180cm/s,响应时间常数约为 15s,误差离子浓度小于 10%。直接测定距地面 50cm 处的空气正、负离子浓度,进气口分别在互相垂直的 2 个方向各观测一次,待仪器读数稳定后每个方向取 3 组重复的波峰值。

(3)空气微生物(细菌和真菌)浓度测定

采用 JWL-ⅡC 新型固体撞击式多功能空气微生物测定仪进行测定,测定原理为撞击平皿法。该采样器是利用气体在旋转路径中运动时所产生的离心力,使空气微生物获得一定动量而撞击沉着在采集面上(钱乐,周明浩,甄世祺,陈连生,陈晓东,2012)。这种仪器不受环境气流的影响,采样量准确,是采集悬浮在空气中的微生物颗粒的首选方法(王兰萍,2005)。

本书严格遵照国家标准《公共场所空气微生物检验方法》(GB/T 18204.1—2000)关于公共场所空气中细菌总数、真菌总数测定方法的规定进行采样。具体操作过程如下:

①配制培养基:在无菌组培实验室提前配制细菌培养基。

细菌培养基为牛肉膏蛋白胨琼脂培养基:牛肉浸膏 3~5g,蛋白胨 20g,氯化钠 5g,琼脂 18g,蒸馏水 1000mL。

配制方法:制备好普通营养琼脂,调节 pH 至 7.2~7.4,分装于三角烧瓶中,121℃高压蒸汽灭菌 30min。于超净工作台中分装,向培养皿加注营养琼脂约4.5mL，将盛有培养基的培养皿用封口膜封好，放在37℃恒温培养箱培养24h做无菌检验后，冷藏保存备用。

培养真菌为察氏培养基：蔗糖30g，硝酸钠3g，亚磷酸钾1g，氯化钾，结晶硫酸镁0.5g，硫酸亚铁0.01g，琼脂20g，蒸馏水1000mL。

配制方法：配制好后分装于三角烧瓶，121℃高压蒸汽灭菌30min。向培养皿加注约4.5mL，将盛有培养基的培养皿用封口膜封好，放在30℃恒温培养箱培养36h做无菌检验后，冷藏保存备用。

②采样：用JWL-ⅡC型撞击式空气微生物检测仪采样，每个样点细菌、真菌各3个重复，每个采样3min。

③取样：按均匀布点的原则在圆明园公园内取22处样地，在公园外南门广场选取有代表性的1处样地，共选取了23个样地进行测定。测定时空气采样流量20L/min，采样时间3min，采样高度1m。每月上、中旬的晴朗天气对所选样地进行采样，各个样地按均匀布点原则均设3个样点，采样时间为7：00~19：00，每2h采样1次，每个样点重复3次。采样后应当及时盖上采样培养皿的皿盖，用封口膜封口。

④培养：将取了菌样的培养皿倒置，置于37℃恒温箱中培养24h后，检查细菌菌落数，在30℃培养箱内培养36h后检查真菌数量。

⑤菌落计算：将培养好的微生物计数后，用下面公式计算单位体积空气的微生物数量，研究的试验流量为20L/min。

单位空气细菌数表示为：

菌落形成单位$(CFU/m^3)$＝平皿平均菌落数(个)×1000／流量(L/min)×采样时间(min)

⑥评价：评价圆明园公园空气微生物状况按中国科学院生态中心推荐使用的空气微生物评价标准进行。

⑦植物群落抑菌率的计算：

抑菌率(％)＝(样地平均菌落数－对照样地平均菌落率)×100/对照样地平均菌落率

(4) 环境温度、湿度的监测

采用TAL-2型干湿球温度计(国产)测定样点空气温度和空气相对湿度。试验中，同时使用3部温度计置于样点范围距地面约50cm处，间距2~3m并避免阳光直射和置于路面。待仪器读数稳定后读取数值，3部温度计读数取算术平均值作为样点的空气温度和相对湿度，该试验与空气负离子测定同时同步进行。

(5) 声环境质量监测

环境噪声监测参考《城市区域环境噪声测量方法》(GB/T 14623)，同时使用 2 台 HS-5633 数字声级计直接测定。在选定样地群落内和进入或经过该区域的主要路径分别设置测试点,采取连续监测的方法,用慢档读取指标值。测量时环境处于无风或微风状态,并罩以球形泡沫防风护套,声级计离地面的垂直距离保持在 1.2~1.4m,与树木距离不小于 1m。

(6)环境风速测量

风速采用三杯风速测定仪监测,测量 2m 处的环境风速,每个样点连续读取 3 组数据。

### 2.1.4 数据分析

数据采用 Microsoft Excel 2007 进行编辑和处理,用 Microcal Origin 8.0 软件进行作图,采用 SPSS 软件(18.0 版本)进行统计分析。

## 2.2 圆明园公园植物群落的增湿降温效益

现代城市由于人流、车流密集,"城市热岛"效应常导致城市地区空气高温、干燥、污染物不易扩散。城市里的高温干燥气候还直接影响人们户外休闲活动的安全性和舒适性。绿色植物具有增加湿度和降低温度的生态效益,城市公园具有丰富的植被群落,增湿降温效益更为显著。目前已有许多研究证明了城市公园微环境小气候的存在(张岳恒,黄瑞建,陈波,2010)。鲍淳松等对杭州城市绿地小气候进行了四季观测,发现城市绿地可使环境气温降低 0.7~2.3℃,相对湿度提高 4%~15%(鲍淳松,楼建华,曾新宇,2001)。国内有许多学者对太原市、南京市、台北市、北京市、广州市、长沙市、合肥市、重庆市等城市园林绿地的增湿降温效益做过类似的研究,结果大同小异,研究发现城市绿地改善小气候效应最明显的就是降温和增湿两方面(苏泳娴,黄光庆,陈修治,陈水森,李智山,2011)。

城市公园中的植物通过遮挡太阳辐射,吸收地面辐射,从而降低空气温度。同时,由于植物通过蒸腾作用耗水散热,因而具有降温增湿作用,植物的降温增湿效应,尤其是炎热的夏季,可以起着显著改善小气候,提高微环境舒适度的作用。

### 2.2.1 空气温度和相对湿度的测定

对圆明园公园 14 种典型植物群落所形成小气候的环境湿热特征进行了实验测定,采用干、湿球温度计对圆明园公园 22 处样点和圆明园公园南宫门入口处的游人集散场所——绮春园南宫门广场 1 处对照样点进行气温与相对湿度的测定,从早晨 7:00 到下午 19:00,每隔 2h 分别测一次干球和湿球的温度,每次做 3 次重复,取算术平均值。测定时干、湿球温度计距离地面 50cm,直接测定环境气温,用空气湿度查算表将湿球温度与干球温度相比查出空气相对湿度。将不同类型植物群落的环境小气候特征进行对比分析,说明圆明园公园内部由不同类型植物群落所组成的微环境中小气候的差异性,对圆明园公园园林植物的降温、增湿作用做进一步验证。

## 2.2.2 植物群落降温效益

通常情况下,植物群落对自身构成微环境内温度影响主要的原因是一方面通过植物叶、冠阻挡太阳辐射,另一方面又阻挡了内部长波辐射的热散失(朱春阳,李树华,李晓艳,2012),从而使微环境中白天和夏季的气温低于植物群落外部,而夜间和冬天则相反。因植物群落构成的微环境内部昼夜温差较小,对群落内小气候可以起着缓和气温变化的作用。

圆明园植物群落一年中的小环境增湿效应监测结果见表 2-2(a),微环境的降温效应见表 2-2(b)所示。

### 2.2.2.1 植物群落不同季节温度变化特征

表 2-2(a) 北京圆明园公园植物群落增湿效益

Tab. 2-2(a) The effect of increasing humidity of plant communities in Yuanmingyuan garden

| 样点 | 位置 | 群落类型 | 环境实测与对照样地相对湿度差(%) | | | | | | | | | | | |
| --- | --- | --- | --- | --- | --- | --- | --- | --- | --- | --- | --- | --- | --- | --- |
| | | | 十二月 | 一月 | 二月 | 三月 | 四月 | 五月 | 六月 | 七月 | 八月 | 九月 | 十月 | 十一月 |
| A | 绮春园中和堂 | 乔+灌 | 1 | 0 | 0 | 1 | 2 | 5 | 11 | 2 | 9 | 10 | 6 | 5 |
| B | 天心水面 | 乔+草+水面 | 2 | 0 | 0 | 1 | 3 | 9 | 13 | 3 | 10 | 12 | 7 | 7 |
| C | 展诗应律 | 灌 | 1 | 0 | 0 | 2 | 3 | 8 | 10 | 5 | 7 | 5 | 3 | 5 |
| D | 松风萝月 | 乔 | 0 | 0 | 0 | 0 | 1 | 5 | 7 | -1 | 4 | 3 | 1 | 4 |
| E | 蔷园 | 乔+灌+草+水面 | 1 | 0 | 0 | 1 | 7 | 9 | 11 | 4 | 8 | 11 | 7 | 12 |
| F | 思永斋 | 乔+灌+草 | 4 | 0 | 0 | 3 | 5 | 9 | 10 | 10 | 12 | 7 | 4 | 11 |

（续）

| 样点 | 位置 | 群落类型 | 环境实测与对照样地相对湿度差(%) | | | | | | | | | | |
|---|---|---|---|---|---|---|---|---|---|---|---|---|---|
| | | | 十二月 | 一月 | 二月 | 三月 | 四月 | 五月 | 六月 | 七月 | 八月 | 九月 | 十月 | 十一月 |
| G | 映清斋 | 乔 | 2 | 0 | 0 | 0 | 2 | 4 | 8 | 0 | 4 | 5 | 3 | 9 |
| H | 海岳开襟 | 草+水面 | 0 | 0 | 0 | 0 | 4 | 5 | 7 | 2 | 6 | 3 | 2 | 8 |
| I | 流香渚 | 乔+灌+草+水面 | 4 | 0 | 0 | 3 | 5 | 12 | 14 | 4 | 14 | 14 | 10 | 14 |
| J | 法慧寺 | 乔+草+水面 | 2 | 0 | 0 | 1 | 5 | 9 | 12 | 2 | 10 | 10 | 8 | 11 |
| K | 转湘帆 | 乔+灌+水面 | 2 | 0 | 0 | 2 | 7 | 10 | 13 | 3 | 12 | 11 | 8 | 13 |
| L | 接秀山房 | 灌+草+水面 | 5 | 0 | 0 | 3 | 4 | 9 | 10 | 6 | 14 | 12 | 7 | 11 |
| M | 方壶胜境 | 乔+水面 | 5 | 0 | 0 | 2 | 3 | 8 | 10 | 4 | 11 | 10 | 8 | 11 |
| N | 三潭印月 | 乔+草+水面 | 2 | 0 | 0 | 1 | 3 | 6 | 6 | -1 | 2 | 6 | 4 | 9 |
| O | 平湖秋月 | 乔+草+水面 | 4 | 0 | 0 | 4 | 5 | 10 | 10 | 3 | 6 | 8 | 8 | 10 |
| P | 望瀛洲 | 灌+水面 | 2 | 0 | 0 | 1 | 4 | 7 | 8 | 2 | 5 | 6 | 7 | 9 |
| Q | 湖山在望 | 乔+灌 | 2 | 0 | 0 | 3 | 3 | 6 | 7 | 0 | 4 | 8 | 6 | 11 |
| R | 曲院风荷 | 乔+草 | 1 | 0 | 0 | 0 | 0 | 6 | 5 | -1 | 4 | 5 | 3 | 8 |
| S | 镂月开云 | 草 | -1 | 0 | 0 | -2 | 0 | 3 | 1 | -1 | 0 | 1 | 1 | 4 |
| T | 九州清晏 | 乔+草 | 1 | 0 | 0 | 0 | 2 | 5 | 5 | 2 | 7 | 7 | 3 | 8 |

(续)

| 样点 | 位置 | 群落类型 | 环境实测与对照样地相对湿度差(%) ||||||||||||
|---|---|---|---|---|---|---|---|---|---|---|---|---|---|
| | | | 十二月 | 一月 | 二月 | 三月 | 四月 | 五月 | 六月 | 七月 | 八月 | 九月 | 十月 | 十一月 |
| U | 上下天光 | 乔+草+水面 | 1 | 0 | 0 | 2 | 7 | 7 | 8 | 0 | 9 | 8 | 8 | 10 |
| V | 杏花春馆 | 乔+草 | 0 | 0 | 0 | 0 | 2 | 5 | 6 | -1 | 4 | 6 | 5 | 8 |
| | 平均 | | 2 | 0 | 0 | 1 | 4 | 7 | 9 | 2 | 7 | 8 | 5 | 9 |

表 2-2(b) 北京圆明园公园植物群落降温效益

Tab. 2-2(b) The effect of decreasing temperature of plant communities in Yuanmingyuan garden

| 样点 | 位置 | 群落类型 | 环境实测与对照样地温度差(℃) ||||||||||||
|---|---|---|---|---|---|---|---|---|---|---|---|---|---|
| | | | 十二月 | 一月 | 二月 | 三月 | 四月 | 五月 | 六月 | 七月 | 八月 | 九月 | 十月 | 十一月 |
| A | 绮春园中和堂 | 乔+灌 | -0.3 | 0.2 | 0.5 | 0.3 | -0.7 | -1.1 | -0.7 | -0.5 | -1.2 | -1.1 | -0.2 | 0.7 |
| B | 天心水面 | 乔+草+水面 | -0.1 | 0 | 1.3 | 0.8 | -0.7 | -1.1 | -1.5 | -0.7 | -1.6 | -1.5 | -0.9 | 1.4 |
| C | 展诗应律 | 灌 | -0.2 | 0.2 | 0.9 | 0.7 | -0.6 | -0.9 | -1.1 | -0.4 | -1.1 | -0.4 | -0.6 | 0.5 |
| D | 松风萝月 | 乔 | -0.1 | 0 | 0.3 | 0.4 | -0.4 | -1 | -0.1 | -0.4 | -1.4 | -0.5 | 0 | 0.4 |
| E | 蔷园 | 乔+灌+草+水面 | -0.6 | -0.1 | 0.5 | 0.4 | -0.9 | -0.9 | -1.4 | -0.6 | -1.9 | -1.2 | -0.2 | 0.7 |
| F | 思永斋 | 乔+灌+草 | -0.3 | 0.3 | 1.4 | 0.7 | -0.8 | -1.1 | -1.6 | -1 | -1.6 | -1.4 | -0.7 | 1.5 |
| G | 映清斋 | 乔 | -0.1 | 0.1 | 0.8 | 0.2 | -0.6 | -0.7 | -1.1 | -0.7 | -1.1 | -0.4 | -0.3 | 0.5 |
| H | 海岳开襟 | 草+水面 | -0.2 | -0.1 | 0.1 | -0.2 | -0.7 | -0.2 | -0.5 | -0.5 | -0.4 | -0.1 | -0.6 | 0.9 |

（续）

| 样点 | 位置 | 群落类型 | 环境实测与对照样地温度差（℃） | | | | | | | | | | | |
|---|---|---|---|---|---|---|---|---|---|---|---|---|---|---|
| | | | 十二月 | 一月 | 二月 | 三月 | 四月 | 五月 | 六月 | 七月 | 八月 | 九月 | 十月 | 十一月 |
| I | 流香渚 | 乔+灌+草+水面 | -0.5 | 0.2 | 0.7 | 0.8 | -1 | -1.2 | -1.8 | -1 | -2.9 | -1.7 | -1.3 | 1.4 |
| J | 法慧寺 | 乔+草+水面 | -0.3 | 0.2 | 0.5 | 1 | -0.9 | -1 | -1.4 | -0.9 | -1.8 | -1.2 | -0.4 | 0.7 |
| K | 转湘帆 | 乔+灌+水面 | -0.5 | 0.2 | 0.7 | 1 | -1.1 | -1.1 | -1.7 | -1 | -2.1 | -1.4 | -0.3 | 0.7 |
| L | 接秀山房 | 灌+草+水面 | -0.3 | 0.3 | 0.9 | 0.7 | -0.9 | -1.2 | -1.9 | -0.6 | -1.5 | -1.6 | -0.9 | 1.4 |
| M | 方壶胜镜 | 乔+水面 | -0.3 | 0.2 | 0.8 | 0.4 | -1.1 | -1.3 | -2.1 | -1 | -1.6 | -1.4 | -0.5 | 1.3 |
| N | 三潭印月 | 乔+草+水面 | -0.5 | 0 | 0.3 | 0.2 | -0.9 | -1 | -1.5 | -0.8 | -1.3 | -0.9 | -0.6 | 0.7 |
| O | 平湖秋月 | 乔+草+水面 | -0.6 | -0.1 | 0.7 | 0.4 | -1.1 | -1.3 | -1.9 | -1.3 | -2.1 | -1.3 | -1.1 | 0.5 |
| P | 望瀛洲 | 灌+水面 | -0.2 | 0.1 | 0.4 | -0.2 | -0.8 | -0.9 | -1.1 | -0.7 | -1.6 | -0.7 | -0.6 | 0.4 |
| Q | 湖山在望 | 乔+灌 | -0.3 | 0.3 | 0.8 | 0.8 | -1 | -1 | -1 | -0.9 | -1.6 | -1.2 | -0.3 | 0.4 |
| R | 曲院风荷 | 乔+草 | -0.1 | 0 | 0.3 | 0.2 | -0.6 | -0.8 | -0.7 | -0.5 | -1.4 | -0.6 | -0.1 | 0.3 |
| S | 镂月开云 | 草 | -0.1 | 0 | -0.1 | 0 | -0.1 | 0 | -0.2 | 0.1 | -0.5 | 0.3 | 0.3 | 0.2 |
| T | 九州清晏 | 乔+草 | -0.3 | 0.2 | 0.5 | 0.2 | -0.7 | -0.9 | -0.5 | -0.8 | -1.1 | -1.5 | 0 | 0.4 |
| U | 上下天光 | 乔+草+水面 | -0.3 | -0.3 | 0.3 | -0.2 | -0.9 | -1.1 | -0.9 | -1 | -1.3 | -1.7 | -0.2 | 0.5 |
| V | 杏花春馆 | 乔+草 | -0.2 | 0.2 | 0.3 | 0.2 | -0.4 | -1 | -0.2 | -0.6 | -1 | -1 | -0.1 | 0.3 |
| | 平均 | | -0.3 | 0.1 | 0.6 | 0.4 | -0.8 | -0.9 | -1.1 | -0.7 | -1.5 | -1.0 | -0.4 | 0.7 |

表 2-3　不同类型植物群落的温度气候特征方差分析
Tab. 2-3　Analysis of variance for temperature of different plant communities

| 差异源 | 离差平方和 | 自由度 | 均方 | 均方比 | $F_{0.05}$ |
|---|---|---|---|---|---|
| 组间 | 7.407 | 13 | 0.353 | 0.545 | 0.949 |
| 组内 | 156.618 | 242 | 0.647 | | |
| 总计 | 164.025 | 263 | | | |

从季节变化特征来看，秋、冬两季的温度变化不显著，但春、秋两季降温效果较明显，如方壶胜境遗址范围内"乔木＋水面"植物群落在六月份最高降日均降温 2.1℃，圆明园公园春季日均降温 0.9℃、夏季日均 1.2℃。对表 2-2(b)的实测结果按不同植物群落类型进行方差分析(表 2-3)，结果表明，圆明园公园一年四季各种植被类型的降温效果并无绝对差异，也就是说植物群落构成的差异，对公园降温效果的影响不大。由于公园绿色植物吸收太阳辐射热较多，地表为土壤反射热量少，从而使公园内白天和春、夏季的气温低于公园外。对照样地——城市广场尽管有一定的绿色植物，但由于为下垫面主要为硬质铺装，吸收太阳辐射热量少，地面反射热量较多，所以对照样地环境温度相比公园的绿色植物构成的环境温度要高一些。这一结果也说明城市公园园林植物降温效果的主要因素在于遮挡太阳辐射和吸收地面辐射这两大功能，而通过蒸腾作用耗水散热的效益在降温效益方面作用相对较小。植物遮挡太阳辐射和吸收地面辐射这两大功能主要与植物冠幅和整体绿量有关，增加公园整体绿量对公园微环境的降温效果会较显著。对于圆明园公园来说，树冠较大的植物群落和近水的植物群落所形成的环境降温效果相对明显。

表 2-4　不同类型植物群落的相对湿度气候特征方差分析
Tab. 2-4　Analysis of variance for humidity of different plant communities

| 差异源 | 离差平方和 | 自由度 | 均方 | 均方比 | $F_{0.05}$ |
|---|---|---|---|---|---|
| 组间 | 0.085 | 13 | 0.004 | 2.763 | 0.000 |
| 组内 | 0.352 | 242 | 0.0001 | | |
| 总计 | 0.437 | 263 | | | |

#### 2.2.2.2　植物群落降温效应日变化

由于公园内植物群落降低了风速，消弱了空气湍流和内部热量上下层的交换作用，所以在高温季节可以表现降温效应，又由于生长季植物通过蒸腾作用耗散水分而带走大量的热能，使群落构成的微环境内气温会低于周边空旷裸地或城市广场。从圆明园公园气温日变化(图 2-3)来看，公园内部的气温变化规律与公园外广场样地对照一致，呈现"两低一高"的趋势，从早晨

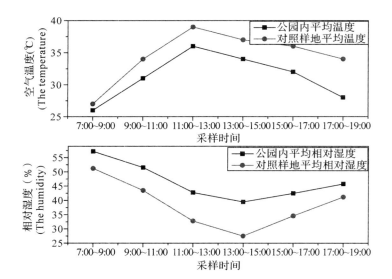

图 2-3 圆明园公园夏季温湿度日变化情况（8 月份）

Fig. 2-3 The temperature and humidity of fine days in summer (August)

7：00 开始逐渐上升，至 11：00~13：00 达到高峰，然后逐渐降低。

### 2.2.3 植物群落增湿效应

公园内植物对群落组成的微环境中相对湿度有着显著影响，由于环境内部风速低，与外部湍流交换弱，加上树冠与枝叶的阻挡，微环境中潮湿空气不易散失，从而使内部垂直空气湿度增大，所以通常情况下有植物栽植或生长的区域比空旷地相对湿度高。

#### 2.2.3.1 公园植物群落增湿效应季变化

与降温效果不同，圆明园公园不同植物群落的增湿效应有较明显的差异。如表 2-2（a）所示，对不同结构特征的植物群落的增湿效果（春、夏、秋三季）用方差比较进行多重比较分析（表 2-4），北京圆明园公园内部不同的植物群落的增湿效果相差很大。公园中不同结构特征的植物群落所形成的微环境湿热气候特征差异性较大，结果表明，北京圆明园公园内部不同的植物群落构成的微环境有不同的小气候特征，以高大乔木为主体的植物群落增湿效应显著，乔草结合型乔灌草结合型以及乔木加水面组成的乔木林型植物群落构成的环境小气候特征相似，对环境湿热特征的影响程度相对较高，在植物生长季具有较明显的增湿效果，这些群落的生长季增湿效率为 9%~14% 之间；而以灌木、草本为主体的灌草型植物群落也具有一定的增加环境相对湿度的作用，但效果和增湿程度不如以乔木为主体的植物群落，增湿效率为 3%~9% 之间。

## 2 北京圆明园公园微环境生态效益研究

研究结果同时表明,植物群落郁闭度与对微环境湿热特征有较显著的相关性(如表2-5所示),绿地中植物群落的增湿效应与群落中树种及群落郁闭度呈明显的正相关关系,植物群落郁闭度较高、植物群落结构较复杂的植物群落对环境湿热条件的影响较大,增湿效应越好,易形成局部小气候。

表2-5 圆明园公园植物群落与环境相对湿度的相关性分析
Fig. 2-5 The correlation analysis on plant communities and environment humidity in Yuanmingyuan garden

| 相关性分析 | 郁闭度 | 样地 |
| --- | --- | --- |
| 皮尔森指数 | 0.310** | -0.122* |
| 显著水平 α=0.05 | 0.000 | 0.047 |
| N | 264 | 264 |

注:*指显著度水平0.05相关系数。
\*\*指显著度水平0.01的相关系数。

郁闭度较高的高大乔木林,不但形成了一个良好的小气候环境,而且人们可以在林下自由活动,乔木林为主的植物群落易形成美丽的绿色林下景观。在圆明园公园游憩项目设置,尤其是夏季的避暑旅游活动项目设置时,可结合植物对小气候的改善,合理选择活动地点,有效地利用圆明园公园绿色植物的增湿降温效益,同时,也可对一些游憩活动场所进行适度的植物种植改造,选择合适的植物及配置方式,形成圆明园公园既有优美景观、又是避暑佳地的游憩空间。总体来看,圆明园公园在植物的生长季,尤其是春、夏高温季节,具有非常显著的宜人小气候特征,是北京市民及外地游客良好的休闲游憩场所。

#### 2.2.3.2 植物群落增湿效益日变化

春、夏两季,植物处于生长旺盛期,蒸腾作用显著,水分蒸发量大,空气中水汽含量多,植物群落内早晚相对湿度较大,中午相对湿度较小,呈"两高一低"曲线变化(图2-3)。在夏季正常天气情况下测定中,圆明园公园早晨7:00 空气相对湿度最大,日均57.8%(在"桑拿天,空气相对湿度达81%");随后空气相对湿度逐渐降低,相对湿度低点通常出现在13:00~15:00之间(草坪为主的群落也有出现在15:00~17:00之间的个别情况),由于夏季中午14:00左右日照强度最强,气温一般是一天中的最大值,地面土壤水分蒸发和植物蒸腾作用均达到最高峰值,因此植物群落和城市广场的空气相对湿度都表现为低值。随着日照强度与太阳辐射的减弱,绿地和城区的空气相对湿度才逐渐上升。因此,单从小气候角度来看,夏季城市公园最佳游憩时间是早7:00~11:00、下午15:00~17:00之间,这段时间内植物改善小气候的作用最为显著,游人更容易在公园环境中感受到"清凉夏天"。

## 2.2.4 植物群落增湿降温效益研究结果

北京圆明园公园植物群落在植物生长季时通过植物蒸腾、叶片反射太阳辐射吸收地面反射等作用，使得公园的温湿条件产生一定的改变，公园群落内微环境具有明显的小气候特征，春、夏、秋三季植物处于生长期时日平均气温比公园外环境公园低 0.9℃左右，夏季时降温效果更为显著，日最高气温比公园环境低 2℃左右。圆明园公园中以乔木为主的结构群落对公园微环境湿热条件的影响较大，增湿降温效益明显，易形成局部小气候。另外，随着植物群落郁闭度的增加，植物群落增湿效应表现得更加明显。植被群落降温效应最高的时间段出现在早晨 7：00 到中午 11：00 时之间，而增湿效在下午 15：00 到 19：00 时表现最明显。由于植物群落的增湿降温作用改善了圆明园公园的温湿环境，使得公园在湿热条件方面优于城区环境，也利于公园观光、游憩活动的开展。

## 2.3 圆明园公园植物群落的阻滞粉尘效益

随着城市的发展，城市公园作为城市绿地系统的重要组成部分，除具有满足城市居民休闲游憩需求之外，还有美化城市、生态服务的重要功能。每一处城市绿地、每一个休闲公园，均是城市"绿肺"。首都北京以"绿色北京"作为世界城市的建设目标之一，但空气质量等级常年处于二、三级标准（杜玲，张海林，陈阜，2011），空气中总悬浮颗粒物（total suspended particles，TSP）污染是限制北京空气质量提升的重要因素。短居或长住北京的居民无不希望在日常生活能融入自然、呼吸清新空气、休闲游乐、欣赏风景，城市公园因丰富的园林绿化植物可以阻滞、吸附大气中的可吸入颗粒物，降低空气中污染物浓度，因此成为人们近距离体验自然的主要场所，而城市公园园林植物的滞尘效应也成为其生态服务功能中重要的一环。

根据相关研究，大气中的灰尘颗粒物通过三种过程沉积在植物表面：在重力影响下的沉降作用、在涡流影响下的碰击作用和在降水影响下的沉积作用（闫娜，龚雪梅，张晓玮，唐艳梅，2012）。植物的滞尘效应主要是通过滞留、附着和黏附三种方式实现的（江胜利，金荷仙，魏彩霞，王东良，郭要富，2012）。乔、灌木通过树冠降风使大气中的大颗粒灰尘随机降落到植物叶片表面上或地面而产生滞尘效应，植物叶片表面粗糙、沟状、被毛等生理结构特征也能滞留一定量的灰尘，还有些植物通过分泌黏性的油脂和汁液可吸附飘尘。不同植物的生物学特性不同，其滞尘方式在侧重上亦有所不同，因此不同植物群落因组成成分差异，滞尘能力可能会有所不同。

## 2.3.1 研究材料与方法

通过对圆明园公园植被状况的实际调查,选择有代表性的 14 种植物群落进行滞尘效应监测,这 14 种植物群落包含了圆明园公园特有的近水情况,能够基本代表并反映圆明园公园的植物群落的构成情况。

采用 P-5L2 型数字粉尘采样仪测定不同类型植物群落的大气总悬浮颗粒物(TSP)的含量,在距地面 1.2m 处取样,每次测定时间为 1min,每个采样点变换不同的位置和方向连续读取 3 组重复值,然后将所测得的空气总悬浮颗粒物(TSP)相对质量浓度(CMP)换算成质量浓度。

研究于 2009 年 9 月至 2010 年 8 月,每月上、中旬(7~18 日之间)选择晴朗无风或微风天气在实验样地监测空气总悬浮颗粒物浓度,每次连续 6 天监测。监测时间从上午 7:00 开始,每 2h 监测一次,至下午 19:00 结束。

## 2.3.2 植物群落空气悬浮颗粒物浓度季节变化

北京圆明园公园 14 种典型植物群落空气颗粒物浓度具有明显的季节变化,而且这种季节变化与植物群落的结构特征有关。总体上来看,空气颗粒物浓度最低的季节是夏季,夏季 14 种典型植物群落总悬浮颗粒物(TSP)的浓度显著低于其他三个季节,其次为秋季,而春、冬两个季节 TSP 浓度相差不大(图 2-4)。

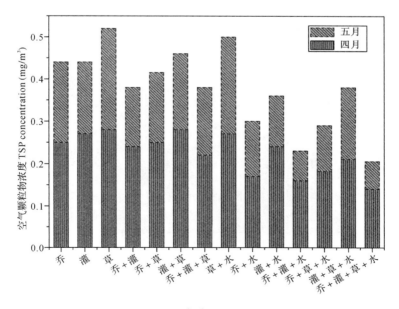

(a)春季 Spring

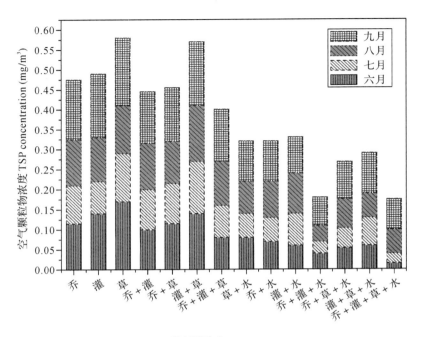

(b)夏季 Summer

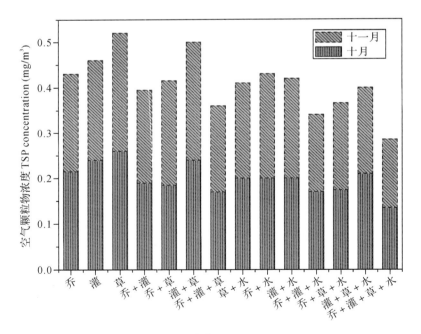

(c)秋季 Autumn

## 2 北京圆明园公园微环境生态效益研究

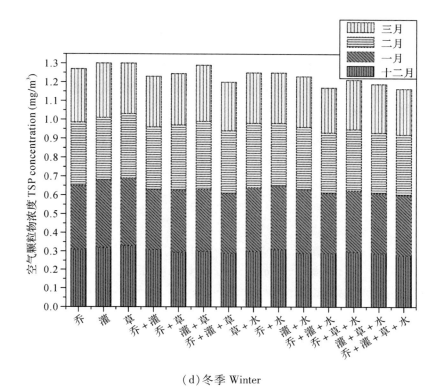

(d) 冬季 Winter

**图 2-4　圆明园公园植物群落空气总悬浮颗粒物浓度季节变化**

**Fig. 2-4　Seasonal variations of TSP concentrations of plant communities in Yuanmingyuan garden**

通过对圆明园公园空气悬浮颗粒的季节变化规律进行分析，结果显示空气悬浮颗粒在冬、春季浓度最高、污染最重，夏、秋季浓度低、污染较轻。由于北京冬季气候干燥，逆温层厚，逆温天气频率多，而且持续时间较长，空气污染物不易扩散，而春季多风、空气扬尘多，偶有沙尘天气，大气环境不佳以致公园小气候中的空气颗粒物的浓度也较高。另外，北京冬、春季城区采暖以天然气和煤为主，尤其是在冬季化石燃料引起的空气污染情况较严重。受大环境影响，圆明园公园微环境在冬、春两季空气悬浮颗粒物浓度较多。公园冬季小气候条件下空气颗粒物浓度高还与植物群落在此时的生理表现有关。冬季多数植物处于休眠状态，多数植物落叶、休眠甚至枝干干枯，植物降低空气颗粒物的能力就明显不如植物生长季。冬季时植物群落内空气悬浮颗粒物浓度日均值非常接近[图2-4(d)]也说明植物的滞尘的功能主要是由植物的叶片来完成的。春季由于植物处于枝叶萌动、初长期，植物叶片未完全长大，所以滞尘能力也较有限。北京夏季雨水多、空气湿润、大气悬浮颗粒物减少，而且公园中的植物处于生长季，枝繁叶茂，生理活性强，所以降尘效果也明显。秋季时虽然植物也处于生长季，但生理活性减弱，加之降水少，因此整体上空气悬浮颗粒物浓度比夏季稍高。随着冬、春、夏、秋的季节转换，植物由休眠期过渡到生长季，公园中植物群落的滞尘效应表现得越来越明显。

表 2-6 不同类型植物群落各季滞尘能力特征方差分析表

Tab. 2-6 Analysis of variance for dust retention capacity of plant communities in seasons

| 季节 | | 差异源 | 离差平方和 | 自由度 | 均方 | 均方比 | $F_{0.05}$ |
|---|---|---|---|---|---|---|---|
| 春季 | 四月 | 组间 | 0.043 | 13 | 0.003 | 4.083 | 0.026 |
| | | 组内 | 0.006 | 8 | 0.001 | | |
| | | 总计 | 0.049 | 21 | | | |
| | 五月 | 组间 | 0.05 | 13 | 0.004 | 19.399 | 0 |
| | | 组内 | 0.002 | 8 | 0 | | |
| | | 总计 | 0.051 | 21 | | | |
| 夏季 | 六月 | 组间 | 0.035 | 13 | 0.003 | 12.992 | 0.001 |
| | | 组内 | 0.002 | 8 | 0 | | |
| | | 总计 | 0.037 | 21 | | | |
| | 七月 | 组间 | 0.019 | 13 | 0.001 | 3.759 | 0.034 |
| | | 组内 | 0.003 | 8 | 0 | | |
| | | 总计 | 0.022 | 21 | | | |
| | 八月 | 组间 | 0.014 | 13 | 0.001 | 5.343 | 0.012 |
| | | 组内 | 0.002 | 8 | 0 | | |
| | | 总计 | 0.016 | 21 | | | |
| 秋季 | 九月 | 组间 | 0.02 | 13 | 0.002 | 5.214 | 0.013 |
| | | 组内 | 0.002 | 8 | 0 | | |
| | | 总计 | 0.023 | 21 | | | |
| | 十月 | 组间 | 0.02 | 13 | 0.002 | 4.007 | 0.028 |
| | | 组内 | 0.003 | 8 | 0 | | |
| | | 总计 | 0.023 | 21 | | | |
| | 十一月 | 组间 | 0.017 | 13 | 0.001 | 7.657 | 0.004 |
| | | 组内 | 0.001 | 8 | 0 | | |
| | | 总计 | 0.019 | 21 | | | |

（续）

| 季节 | | 差异源 | 离差平方和 | 自由度 | 均方 | 均方比 | $F_{0.05}$ |
|---|---|---|---|---|---|---|---|
| 冬季 | 十二月 | 组间 | 0.003 | 13 | 0 | 1.644 | 0.244 |
| | | 组内 | 0.001 | 8 | 0 | | |
| | | 总计 | 0.004 | 21 | | | |
| | 一月 | 组间 | 0.003 | 13 | 0 | 6.547 | 0.006 |
| | | 组内 | 0 | 8 | 0 | | |
| | | 总计 | 0.003 | 21 | | | |
| | 二月 | 组间 | 0.002 | 13 | 0 | 1.622 | 0.25 |
| | | 组内 | 0.001 | 8 | 0 | | |
| | | 总计 | 0.003 | 21 | | | |
| | 三月 | 组间 | 0.004 | 13 | 0 | 2.063 | 0.154 |
| | | 组内 | 0.001 | 8 | 0 | | |
| | | 总计 | 0.006 | 21 | | | |

对各月不同植物群落的滞尘效应采用 SPSS18.0 进行单因素方差分析后发现（表2-6），在显著水平为 0.05（$\alpha = 0.05$）时，不同的植物群落类型在春、夏、秋三季的滞尘能力差异性显著，在冬季时植物群落的滞尘能力差别不大。这一结果表明，圆明园公园植物群落在非生长季时，减尘、滞尘的能力差异性不大。而当公园中植物处于生长季时，对来自游客活动、大气飘尘、交通污染等污染源的空气颗悬浮粒物具有巨大的阻挡、吸纳作用，其中乔灌草结合型植物群落的滞尘能力最佳，草坪与地被的滞尘能力明显落后于乔、灌群落，可见提高公园中游览景点的绿量，有助于降低微环境中的空气悬浮颗粒物的浓度。

如图 2-5 所示，圆明园公园各种植物群落类型进行综合比较，乔灌草结合型植物群落阻滞空气粉尘的能力最强，近水面的植物群落空气悬浮颗粒物浓度比远、无水面的植物群落明显低。除去水面因素的影响，植物处于生长季时，圆明园公园植物群落的滞尘效益由高到低的排序为：乔灌草型、乔灌型、灌草型、乔草型、乔木型、灌木型、草地地被型。结构复合型、高郁闭度、近水面的植物群落的滞尘能力明显高于其他群落。究其原因，乔灌草结合型植物群落结构复杂、郁闭度高、绿量值大，植物吸纳空气颗粒物能力也就最强，空气悬浮颗粒物受群落构成的微环境影响效果明显，颗粒物浓度自然低于公园中其他群落类型。另外，植物群落结构越复杂，空气悬浮颗粒物不容易进入并扩散或进入时大大消减，靠近水面的群落中由于空气相对潮湿，减少了二次扬尘现象，所以近水面的植物群落空气悬浮颗粒物不易聚集。公园中近水面的地点比不靠近水面的景点通常受空气粉尘污染程度会小一些，更适合开展游憩活动。

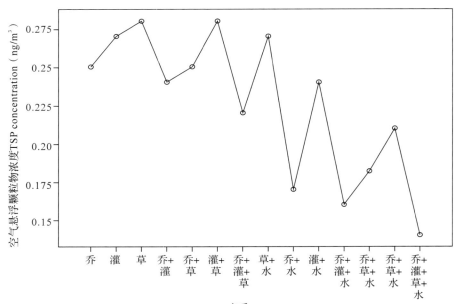

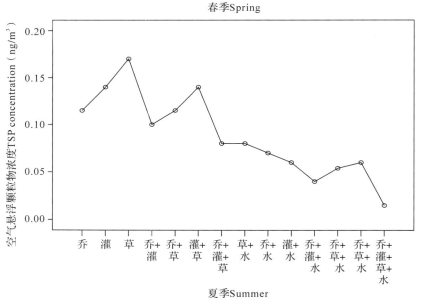

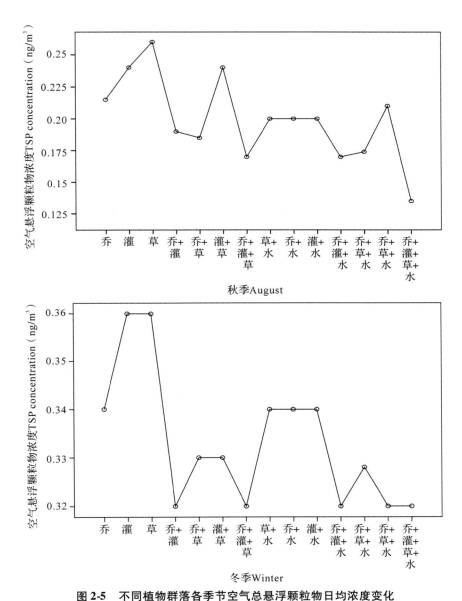

图 2-5 不同植物群落各季节空气总悬浮颗粒物日均浓度变化

Fig. 2-5 Average changes of TSP concentration of plant communities in seasons

## 2.3.3 空气悬浮颗粒物浓度日变化

通过对圆明园公园空气悬浮颗粒物的日变化监测,做出了平均质量浓度日变化图(图2-6)。四季中圆明园植物群落空气悬浮颗粒物浓度白天日变化曲线均呈"V"形,即"双峰单谷"型,空气悬浮颗粒物浓度均为早晚高、下午低的日变化特征。与冬、春、秋三季的公园空气悬浮颗粒物浓度日变化曲线相比，夏季日变化曲线弧度大。夏季圆明园公园白天大多数时间空气颗粒物浓度最低，与对照样点的差距最大，而且夏季公园白天低谷均比其他三季持续时间长。在游客有效游览参观、休闲游憩活动的时间内，即7：00～19：00期间空气悬浮颗粒物浓度的变化趋势是：从早上7：00～9：00空气悬浮颗粒物浓度一般均较高，为每日的高峰，随着气温的升高，空气悬浮颗粒物浓度开始下降，春、夏、秋三季一般到下午13：00～15：00降到一天中最低值，冬季在11：00～13：00出现一天中最低值，然后基本保持不断上升趋势。所以，在春、夏、秋三季，公园中每天最清洁的时间段是下午15：00左右。冬季公园内部白天空气悬浮颗粒物浓度较高，与对照样点差距不大，空气悬浮颗粒物浓度日变化幅度小，低谷出现的时间较其他三季有所提前。研究还发现，植物群落结构复杂程度和郁闭度的大小对公园空气悬浮颗粒物的日变化有一定的影响，而且天心水面、蔷园、流香渚等样点没有表现出特别明显的单峰曲线。

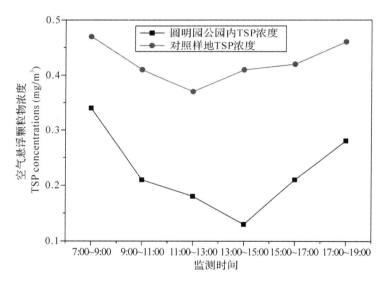

**图 2-6　圆明园公园与对照样地空气悬浮颗粒物浓度日变化比较**

**Fig. 2-6　Diurnal variations of TSP in Yuanmingyuan garden and contrast sample plot**

导致公园植物群落总体空气悬浮颗粒物浓度日变化曲线均呈"V"形规律的主要原因可能是：白天光照强，气温高，特别是13：00～15：00气温达到最高，这时空气对流加强，空气湍流运动利于空气悬浮颗粒物的扩散，使其浓度达到最低。清晨是城市低空排放的高峰期，傍晚由于地面形成逆温环境使空湍流活动减弱从而限制了污染源扩散，加之早晚气温低不利于空气悬浮颗粒物的扩散，使其聚集增多，所以清晨和傍晚时空气颗粒物悬浮浓度达到高峰。

### 2.3.4 影响植物群落空气悬浮颗粒物水平的环境因素

植物群落的滞尘能力除与群落结构特征有关以外，还受时间、温度、湿度、季节、群落郁闭度、是否近水等环境条件的影响（郭二果，2008）。用圆明园公园植物群落一年内的空气悬浮颗粒物浓度和微环境因子数据作相关分析，共选用7个微环境因子：季节、温度、空气相对湿度、群落类型、郁闭度、风速、测定时间。

温度、相对湿度、郁闭度、风速等定量因子为实测数据，季节、群落类型、测定时间等定性因子属性确定标准如下：

物候期：1为秋季，2为春季，3为夏季；在前文方差分析中，冬季不同植物群落与空气悬浮颗粒物浓度的差异性不显著，所以冬季数据不参与相关性分析。

监测时间分为6级：时间为7:00~19:00，每2h为一级。

群落类型：1为乔木群落，2为灌木群落，3为草本地被，4为"乔木+灌木"群落，5为"乔木+草本地被"群落，6为"灌木+草本地被"群落，7为"乔木+灌木+草本地被"群落，8为"草本地被+近水面"群落，9为"乔木+近水面"群落，10为"灌木+近水面"群落，11为"乔木+灌木+近水面"群落，12为"乔木+草本地被+近水面"群落，13为"灌木+草本地被+近水面"群落，14为"乔木+灌木+草本地被+水面"群落。

空气悬浮颗粒物的浓度受诸多环境因素的影响，相关分析结果（表2-7，$n=1056$）表明，在7个微环境因子中，影响空气悬浮颗粒物较大的指标有温度、相对湿度、植物群落结构和群落郁闭度，空气悬浮颗粒物一般与空气相对湿度、群落郁闭度呈显著负相关，和研究确定的群落结构类型梯度呈显著相关，与空气温度度呈显著正相关，而与季节、环境风速呈一定程度的负相关关系。从相关分析的结果可以看出，低温、低湿、郁闭度低的植物微环境中空气悬浮颗粒物浓度会相对较高，相反，在高温、相对度湿大、郁闭度高的植物群落构成的微环境中空气悬浮颗粒物浓度一般会较低。

表 2-7　空气悬浮颗粒物与微环境因子的相关性分析

Tab. 2-7　Correlation analysis of TSP and micro-environmental factors

| | 相关系数 | 季节 | 温度 | 相对湿度 | 群落类型 | 郁闭度 | 风速 | 时间 |
|---|---|---|---|---|---|---|---|---|
| TSP | 皮尔森相关系数 Pearson correlation | -0.314* | 0.450** | -0.491** | -0.768** | -0.447** | -0.250* | 0.115 |
| | 显著水平 Sig. (2-tailed) | 0.012 | 0.000 | 0.000 | 0.000 | 0.000 | 0.031 | 0.174 |

\* 显著度水平在 0.05 水平的相关系数。

\*\* 显著度水平在 0.01 水平的相关系数。

## 2.3.5　公园植物群落滞尘效应研究结果

(1) 北京圆明园公园植物群落内空气悬浮颗粒物浓度具有明显的季节变化性。总悬浮颗粒物浓度夏、秋两季低，尤其是夏季最低，春、冬季较高。

(2) 北京圆明园公园植物群落空气悬浮颗粒物总体在白天的日变化趋势呈"双峰单谷"型：清晨和傍晚时空气悬浮颗粒物的浓度较高，春、夏、秋三季低谷出现在 13:00～15:00，冬季低谷在 11:00～13:00 时段。公园内进行游憩体验最好选择上述空气颗粒物浓度的低谷时间。

(3) 按照我国国家环境空气质量标准（GB 3095—2012）标准，北京圆明园公园植物群落一年中除冬季个别月份外，空气悬浮颗粒物浓度均达到二级标准。夏季时圆明园公园空气悬浮颗粒物浓度较低，其间乔灌草型、乔灌型、乔灌结合水面型植物群落的空气悬浮颗粒物达到国家一级标准，公园夏季环境非常适宜外出游憩。

(4) 14 种典型植物群落空气颗粒物水平相比，冬季 14 种典型植物群落空气颗粒物浓度相差不大，夏季乔灌草型、乔灌型、乔灌结合水面型植物明显低于其他类型植物群落。

(5) 空气颗粒物与空气相对湿度度呈显著负相关，而与空气温度度呈显著正相关，与郁闭度呈负相关，而且接近水面的植物群落构成的微环境中空气悬浮颗粒物浓度明显低于远离水面的植物群落，所以郁闭度较高、亲近水域的植物群落构成的环境更适合开展游憩活动。

## 2.4 圆明园公园植物群落抑菌效益

### 2.4.1 空气真菌和细菌种类

空气微生物一般包括细菌、真菌、病毒、放线菌、酵母等，它们常与气溶胶、颗粒物等结合在一起在空气中散布，并污染环境甚至诱导疾病发生与传播，因此从公园游人游憩利用角度看，空气微生物是空气污染物。空气微生物的来源比较复杂，土壤扬尘、水面起雾、动物体表物质脱落等情况发生时，微生物附着在这些物质的微粒上随气流传播（韩佳，王中卫，2012）。由于空气微生物是气挟微生物，随着大气流动而飘移，因此通过研究其公园分布的规律性可对引导游人合理利用游憩环境有一定的指导意义。方治国等（2004）学者在研究城市环境时指出了大多数国内城市的空气真菌和空气细菌的种类，如表2-8所示。必须说明的一点是，由于不同城市所处的地理位置和微环境差异，不同地区的城市中一般会存在不同的优势菌类，例如曼切奈尔（Mancinell）报道了美国西部科罗拉多州城市中19个属的细菌中微球菌居首位，其次是葡萄球菌（Mancinell R L 等，1978）；中国科学院谢淑敏等学者在研究京津地区大气微生物时发现，微球菌属细菌为第一优势菌，葡萄球菌属细菌次之，芽孢杆菌属细菌为第三优势菌（谢淑敏，洪俊华，关妙姬，1988）。由于绿地空气细菌、真菌菌落计数所占比例约为90%，而放线菌只占很小的一部分（周连玉，乔枫，2011），所以研究空气微生物含量（浓度）变化一般只计算空气细菌和真菌的菌落数量。

表2-8 城市区常见空气真菌和空气细菌种类（方治国等，2004）
Tab. 2-8 Airborne fungi and airborne bacteria in urban area

| 序号 | 空气真菌 | 学名 | 空气细菌 | 学名 |
| --- | --- | --- | --- | --- |
| 1 | 枝孢属 | *Cladosporum* | 革兰氏阳性菌 | Gram-positive |
| 2 | 青霉属 | *Penicillium* | 微球菌属 | *Micrococcus* |
| 3 | 链格孢属 | *Alternaria* | 芽孢杆菌属 | *Bacillus* |
| 4 | 曲霉属 | *Aspergillus* | 葡萄球菌属 | *Staphylococcus* |
| 5 | 拟青霉属 | *Paecilomyces* | 放线菌属 | *Actinomyces* |
| 6 | 根霉属 | *Rhizopus* | 气球菌属 | *Aerococcus* |
| 7 | 毛霉属 | *Mucor* | 节杆菌属 | *Arthrobacter* |
| 8 | 木霉属 | *Truhogerma* | 短杆菌属 | *Brevibacterium* |
| 9 | 脉孢菌属 | *Nearospora* | 肉杆菌属 | *Carnobacterium* |
| 10 | 酵母 | *Yeasts* | 纤维单胞菌属 | *Cellulomonas* |

## 2.4.2 空气微生物不同季节日变化特征

2.4.2.1 圆明园植物群落空气细菌含量日变化

(1) 春季

研究对圆明园公园 14 种典型植物群落的空气细菌和真菌的日变化情况进行了监测，其日变化特征如图 2-7(a)所示，圆明园公园春季植物群落空气细菌浓度变化趋势上体现出较为显著的变化特征，圆明园公园春季 14 种典型植物群落空气细菌含量日变化规律基本一致，日变化曲线总体上呈双峰型，两个高峰分别出现在早上 9：00 和下午 17：00 左右，白天低谷期出现在 13：00～15：00 左右，公园绿地空气细菌浓度平均在 459～532CFU/m³ 之间变化，日均变化幅度为 73CFU/m³。

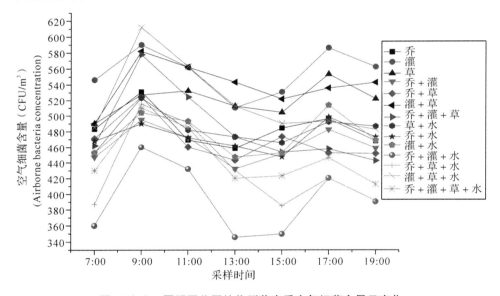

图 2-7(a)　圆明园公园植物群落春季空气细菌含量日变化

**Fig. 2-7(a)　The diurnal variations of airborne bacteria concentration in spring**

将圆明园公园植物群落各样点空气细菌平均变化与对照样地的春季细菌日变化情况进行比较[图 2-8(a)]，圆明园公园春季植物群落在一天不同时段所表现的抑菌效率不同，早晚时间段不如下午 13：00～15：00 时段的抑菌率高。一天中，公园内部空气细菌含量明显低于对照样地的，植物群落表现出较强的抑菌作用。

2 北京圆明园公园微环境生态效益研究

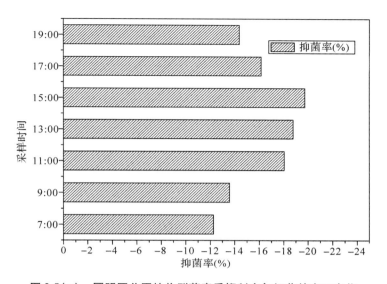

**图 2-8(a)** 圆明园公园植物群落春季抑制空气细菌效率日变化

**Fig. 2-8(a)** The diurnal variations of inhibitory rates on airborne bacteria of plant communities in spring

北京圆明园公园绿地环境中的空气细菌春季白天日变化趋势总体上呈"双峰型"变化趋势的主要原因可能为：春季凌晨与傍晚时气候较寒冷，人为活动干扰少，上午8：00后人群活动加剧，细菌人为来源增多，在9：00左右绿地植物群落空气细菌含量达到最大值；随着植物光合作用等生理活动增强，植物分泌抑菌物质的能力逐渐增强，同时随着光照强度逐渐增加，紫外线的杀菌作用逐渐增强；且气温升高，大气的稳定度受到一定的破坏，空气对流加强，空气颗粒物等携菌粒子随气流的运动被带到大气上层扩散而被稀释(胡庆轩，车凤翔，叶斌严，李军保，1992)，使得空气细菌含量大幅度下降，在下午13：00~15：00出现一天中第二个低谷值。15：00以后，日照强度逐步减弱，紫外线杀菌作用降低，此时的温度适合细菌生长，所以在17：00左右公园环境中的空气细菌浓度达到下午最大值。春季傍晚过后气温降低，不适于细菌繁殖，空气细菌含量开始迅速减少。

春季时以灌木为主的群落，包括灌木群落($573CFU/m^3$)、灌草群落($556CFU/m^3$)、乔灌草群落($541CFU/m^3$)等，空气细菌含量相对较高，其次是草本地被植物群落($475CFU/m^3$)，乔木为主体的植物群落空气细菌含量较低；近水的植物群落与不近水的同类植物群落相比，空气细菌含量相对较低。春季公园所有植物群落中近水的乔灌群落空气细菌含量最低($364CFU/m^3$)。春季时，灌木群落近地郁闭度高、环境复杂，为细菌存活提供的机会多，所以灌木群落相对含菌量较高,而乔木群落由于春季枝叶刚刚生长,群落透光性好,紫外线的杀菌能力较强,所以春季乔木群落含菌量最低。近水的植物群落在北京春季偏旱的季节环境湿度相对较高更适宜植物生长,植物的生理活动较强,所表现的抑菌能力比同类非近水群落较强。在圆明园公园绿地内,所有群落类型区域的空气细菌浓度(平均 484CFU/m³)均远远低于对比样点(610CFU/m³)。

(2)夏季

夏季植物群落空气细菌日变化规律如图 2-7(b)所示,早上 7:00~9:00 之间空气细菌含量最高或较高,中午 13:00 左右最低,午后 15:00 以后有渐渐升高的趋势。夏季圆明园公园绿地空气细菌含量平均在 327~442 CFU/m³ 之间浮动,变化幅度达 115CFU/m³。通过与对照样地对比,夏季公园植物群落的抑菌效率如图 2-8(b)所示,植物群落在夏季表现的抑菌效率很高,公园绿地对空气细菌的平均抑菌率为 49.13%,早、晚抑菌效率相对低一些,上午 7:00~9:00 的对空气细菌的平均抑菌效率为 44.08%,下午 15:00~17:00 的平均抑菌效率为 41.60%,中午 11:00 左右的绿地抑菌效率最高,达 54% 以上。

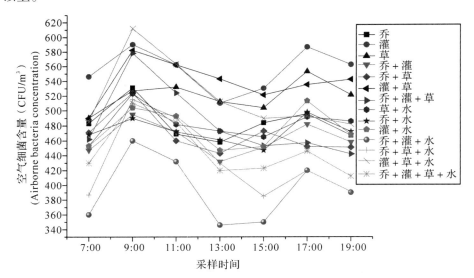

图 2-7(b)　圆明园公园植物群落夏季空气细菌含量日变化

Fig. 2-7(b)　The diurnal variations of airborne bacteria concentration in summer

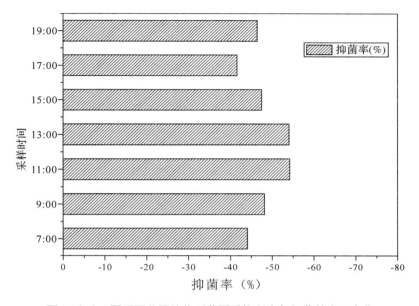

图 2-8(b) 圆明园公园植物群落夏季抑制空气细菌效率日变化
Fig. 2-8(b) The diurnal variations of inhibitory rates on airborne bacteria of plant communities in summer

圆明园公园夏季空气细菌含量变化情况与公园植物群落抑菌效率的日变化曲线正好一一对应，7：00~9：00 和 15：00~17：00 之间植物群落的抑菌效用低，所以空气中细菌含量就高，而中午 11：00~13：00 时间段内植物群落的抑菌效率高，空气中细菌浓度也就相对较低。夏季植物生理活动强，植物分泌杀菌素的能力强，所以植物生长旺盛时抑菌作用也最强。早晚空气细菌含量高的原因主要是这个时间段内城市车流量、人流量大，空气粉尘含量高所造成的。

夏季时圆明园公园植物群落空气微生物含量日变化曲线中只有草本地被群落和近水的草本地被群落的空气细菌含量较高，其他植物群落的空气细菌含量均较低($370CFU/m^3$)，公园内样地的植物群落空气细菌含量远低于公园外广场样地($765CFU/m^3$)。

(3) 秋季

秋季圆明园绿地植物群落空气细菌日变化特征并不明显，早上 9：00 和下午 15：00 是较高，中午 13：00 明显降低外，其余时段相对变化平缓，空气细菌含量在 413~489 $CFU/m^3$ 之间浮动，变化幅度不大[图 2-7(c)]。

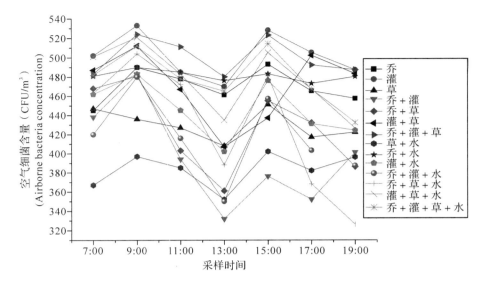

图 2-7(c) 圆明园公园植物群落秋季空气细菌含量日变化
Fig. 2-7(c) The diurnal variations of airborne bacteria concentration in autumn

进入秋季后，植物生理活动减慢，公园绿地的抑菌效率减弱，公园绿地平均抑菌率为15.71%，抑菌效率明显低于春、夏两季，而且抑菌效率与前两季不同的是，早、晚时间段抑菌效率高，而中午时的抑菌作用反而相对低一些[图2-8(c)]。出现这种情况的原因主要是：在秋季，公园绿地植物群落的生理代谢活动减弱，植物本身分泌杀菌素产生的抑菌作用不如这一时间段内紫外线的杀菌作用强，一天中日照强度的改变速度是公园秋季植物群落空气细菌变化的主要影响因素。因秋季7：00~9：00和15：00~17：00这两个时间段内太阳辐射的改变速度最大，所以这时公园空气细菌含量的变化也最明显。

秋季圆明园公园植物群落中草本地被群落空气细菌含量较低，而结构越复杂的群落反而空气细菌含量较高。这与秋季结构复杂的植物群落内空气温度较高、相对湿度较高，所以植物群落本身内具有的和被人为带来的细菌繁殖较多，所以，在植物生命活动逐渐减弱的秋季，公园结构越复杂的植物群落内空气微生物含量越高。

(4) 冬季

冬季受气候影响，圆明园公园绿地植物群落空气细菌含量总体水平较低，日变化幅度在182~234CFU/m³之间，总体变化趋势为上午9：00逐渐升高，早上9：00最高，中午13：00左右有一个小高峰，其余时间圆明园绿地植物群落的空气细菌含量基本呈现下行趋势[图2-7(d)]。冬季公园内部空气细菌含量的变化趋势与幅度与公园外广场的对照样地的变化基本一致[图2-8

## 2 北京圆明园公园微环境生态效益研究

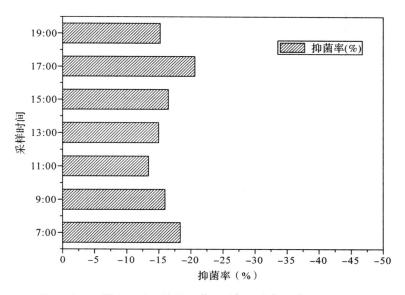

**图 2-8(c)** 圆明园公园植物群落秋季抑制空气细菌效率日变化

**Fig. 2-8(c)** The diurnal variations of inhibitory rates on airborne bacteria of plant communities in autumn

(d)]。

冬季气温低，细菌活性低，所以空气细菌数量较春、夏、秋三季低。冬季公园的空气细菌浓度变化主要受温度、日照影响，公园植物生理活性较低使杀菌作用降低，所以公园内外部空气细菌含量的变化趋势基本一致。

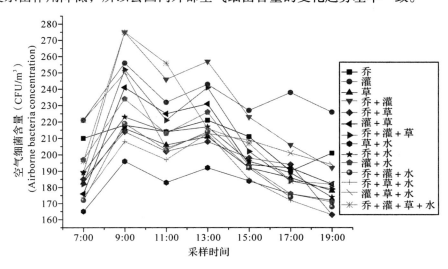

**图 2-7(d)** 圆明园公园植物群落冬季空气细菌含量日变化

**Fig. 2-7(d)** The diurnal variations of airborne bacteria concentration in winter

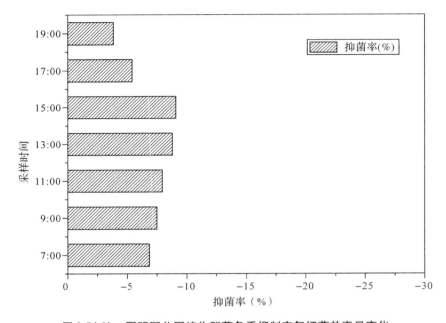

图 2-8(d)　圆明园公园植物群落冬季抑制空气细菌效率日变化
Fig. 2-8(d)　The diurnal variations of inhibitory rates on airborne bacteria of plant communities in winter

由上述四个季节空气细菌日变化趋势可以看出,北京圆明园公园绿地植物群落内的空气细菌总量在植物的日变化趋势总体上呈早晚高、中午前低的"双峰型"。圆明园公园绿地植物群落四季日变化特征体现了植物对微环境内空气细菌浓度的影响规律。在植物生长季节植物通过生理活动分泌或释放杀菌物质,从而抑制微环境中空气细菌的生长,而且这一过程中植物生理生化速度越快则抑菌能力越强,空气细菌浓度越小。在植物生长季,绿色植物表现出很强的抑菌能力,使公园植物群落构成的微环境中空气细菌含量显著低于公园外的对照样地。在春、夏、秋三季,公园植物群落的平均抑菌率达18.12%、49.13%和15.34%。

而植物在冬季因为其生理生化作用停止或异常缓慢,其对环境的影响作用有限,在此情况下,空气中的细菌浓度主要受光照强度、空气温湿度、环境风速等环境因素影响,所以冬季公园内环境空气细菌含量与公园外广场样地表现的日变化特征基本一致,空气细菌含量的差异性较小。

## 2.4.2.2 圆明园公园植物群落空气真菌含量日变化

(1) 春季

春季圆明园公园植物群落内空气真菌含量日变化曲线总体上呈现出"二峰二谷"型，高峰出现在早上 7:00～9:00、午后 15:00 左右，低谷时间是上午 11:00、傍晚 19:00[图 2-9(a)]。春季圆明园公园绿地内空气真菌平均变化幅度为 88～133CFU/m³，平均含量为 100CFU/m³，相比公园外广场对照样地的 148CFU/m³，表现出较强的真菌抑制效率。

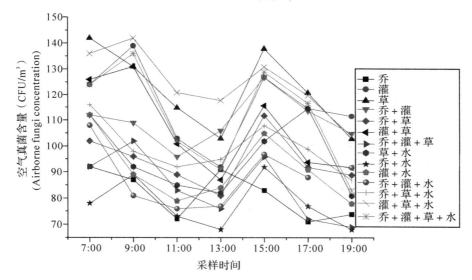

**图 2-9(a)　圆明园公园植物群落春季空气真菌含量日变化**

**Fig. 2-9(a)　The diurnal variations of airborne fungi concentration in spring**

(2) 夏季

夏季圆明园植物群落空气真菌含量在上午 9:00、下午 15:00 左右各出现一次高峰，中午 11:00～13:00 期间为低谷期，真菌含量日变化变化规律不太明显，各时间点的测定数据有数量上的少量差异[图 2-9(b)]。夏季圆明园公园绿地内空气真菌平均变化幅度为 83～103CFU/m³，平均含量为 86CFU/m³，而公园外广场对照样地为 285CFU/m³，公园绿地平均真菌抑制率达 69.83%，表明在植物生长旺盛季节，公园中的园林植物构成的微环境具有很强的抑制真菌效应。

(3) 秋季

秋季植物群落空气真菌日变化曲线仍呈现出一定的"二峰二谷"型变化趋势，早晨 7:00 为高峰，上午 9:00 出现一个低谷，中午 11:00～13:00 出现高峰，下午 15:00～19:00 为另一个低谷出现期[图 2-9(c)]。秋季圆明园

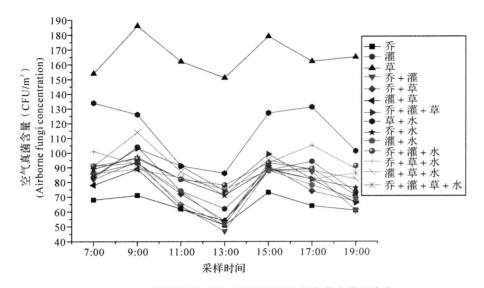

**图 2-9(b)** 圆明园公园植物群落夏季空气真菌含量日变化

**Fig. 2-9(b)** The diurnal variations of airborne fungi concentration in summer

公园绿地内空气真菌平均变化幅度为 94~117CFU/m³，平均含量为 104CFU/m³，相比公园外广场对照样地的 157CFU/m³，真菌抑制效率不如春、夏两季。

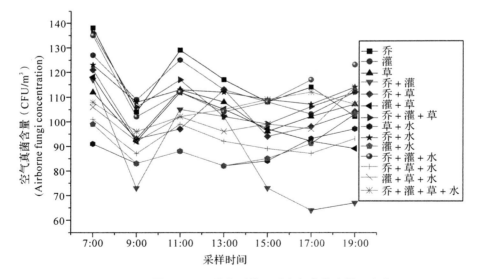

**图 2-9(c)** 圆明园公园植物群落秋季空气真菌含量日变化

**Fig. 2-9(c)** The diurnal variations of airborne fungi concentration in autumn

（4）冬季

冬季时圆明园公园植物群落空气真菌含量双峰型变化不明显，仅有近水面的一些植物群落日变化曲线略显双峰趋势，其余植物群落呈单峰变化，在上午呈上升趋势，高峰出现在中午11：00～13：00，下午基本为下降趋势，最低值出现在7：00和19：00[图2-9(d)]。冬季圆明园公园绿地内空气真菌平均变化幅度为51～69CFU/m³，平均含量为60CFU/m³，与公园外广场对照样地平均空气真菌含量（84CFU/m³）相比，相差并不大，表明在植物非生长季，公园内外的空气真菌环境差异不大，这也间接地说明了园林植物对空气真菌的抑制作用。

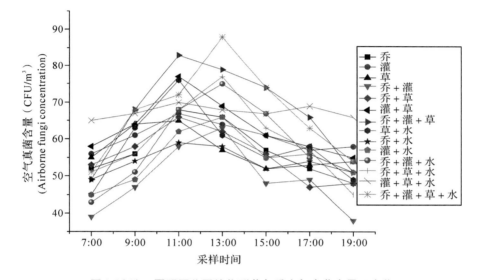

**图2-9(d) 圆明园公园植物群落冬季空气真菌含量日变化**
**Fig. 2-9(d) The diurnal variations of airborne fungi concentration in winter**

圆明园公园绿地环境空气真菌四季日变化特征说明了空气真菌浓度与空气温湿度、植被郁闭度等环境条件具有一定的相关关系。在春、夏、秋三季植物处于生长状态，公园环境中的空气细菌含量呈"二峰二谷"型日变化，早晚空气湿度大，适于真菌生存，所以早晚时空气真菌浓度多为高峰点，随着日照强度逐渐增强，空气真菌浓度开始下降，但随着温度的升高，真菌繁殖速度也加快，所以中午或下午15：00时左右，空气真菌又会有一个高峰点，之后气温降低，真菌繁殖速度减缓，逐渐到达一个低点。冬季公园环境空气真菌日变化趋势也说明了温度、湿度条件对其含量的影响。冬季一般下午13：00～14：00时间段温度和相对湿度较为适宜生存和繁殖，所以真菌浓度出现了最高值。

本书证实了"空气温度和相对湿度对空气微生物的存活力有影响(方治国,欧阳志云,胡利锋,王效科,苗鸿,2004)"这一结论,随着空气温度升高,空气中空气微生物水平必然发生一定程度的改变,而相对湿度的增加会提升空气细菌和真菌的水平。

#### 2.4.2.3 不同结构类型植物群落空气微生物含量日变化特征分析

对圆明园公园14种典型植物群落的空气微生物含量特征进行分组方差分析[表2-9(a)、表2-9(b)],不同结构类型植物群落之间空气微生物含量有显著差异,尤其是在植物生长的春、夏、秋三季,不同群落间的差异性非常显著。

(1)植物群落与空气细菌含量

表2-9(a)为不同结构类型群落样点的空气细菌在各季节的浓度均值,对植物群落各季节空气细菌浓度进行的差异性分析[表2-10(a)],结果表明,平均细菌浓度由低到高分别是乔灌结构、乔草结构、乔灌草结构、乔木群落、灌草结构、灌木丛、草本地被,近水的植物群落细菌浓度值(均值为372CFU/$m^3$)低于非近水的植物群落(均值为413CFU/$m^3$)。这一结果说明组成结构相对复杂一些的植物群落具有很好的抑菌能力,单一结构的植物群落抑菌效果较差。另外,与国内一些相关研究不同,研究发现尽管近水区域空气相对湿度高一些,但近水的植物群落抑菌能力更好,群落组成的微环境空气细菌浓度较非近水的相同植物群落的低,这说明近水的植物群落空气相对干净,携菌颗粒物少,所以环境中细菌含量相对较少,这也间接说明空气细菌与空气粉尘等颗粒物含量有着正相关关系。

表2-9(a) 圆明园公园植物群落不同季节空气细菌浓度

Tab. 2-9(a) The concentration of airborne bacteria in different seasons in Yuanmingyuan garden

单位:CFU/$m^3$

| 群落结构类型 | 乔 | 灌 | 草 | 乔+灌 | 乔+草 | 灌+草 | 乔+灌+草 | 草+水 | 乔+水 | 灌+水 | 乔+灌+水 | 乔+草+水 | 灌+草+水 | 乔+灌+草+水 | 对照样地 |
|---|---|---|---|---|---|---|---|---|---|---|---|---|---|---|---|
| 春 | 484 | 555 | 520 | 462 | 468 | 539 | 484 | 482 | 473 | 476 | 394 | 431 | 520 | 447 | 610 |
| 夏 | 359 | 406 | 627 | 310 | 343 | 375 | 328 | 474 | 380 | 370 | 351 | 338 | 408 | 352 | 765 |
| 秋 | 470 | 501 | 430 | 397 | 427 | 471 | 500 | 383 | 481 | 446 | 416 | 429 | 477 | 479 | 582 |
| 冬 | 209 | 235 | 196 | 227 | 195 | 206 | 209 | 181 | 200 | 201 | 192 | 187 | 213 | 217 | 256 |
| 均 | 381 | 424 | 443 | 349 | 358 | 398 | 380 | 380 | 383 | 373 | 338 | 346 | 404 | 373 | 553 |

表 2-10(a)　圆明园公园植物群落不同季节空气真菌含量方差分析
Tab. 2-10(a)　Variance analysis on the concentration of airborne bacteria in different seasons

| 季节 | 差异源 | 平方和 SS | 自由度 df | 均方 MS | 均方比 $F$ | 显著性 $F_{0.05}$ |
|---|---|---|---|---|---|---|
| 春季细菌 | 组间 | 166 306.816 | 13 | 12 792.832 | 10.921 | 0.000 |
| | 组内 | 98 395.143 | 84 | 1171.371 | | |
| | 总计 | 264 701.959 | 97 | | | |
| 夏季细菌 | 组间 | 583 582.571 | 13 | 44 890.967 | 20.309 | 0.000 |
| | 组内 | 185 677.429 | 84 | 2210.446 | | |
| | 总计 | 769 260.000 | 97 | | | |
| 秋季细菌 | 组间 | 128 700.622 | 13 | 9900.048 | 8.049 | 0.000 |
| | 组内 | 103 314.857 | 84 | 1229.939 | | |
| | 总计 | 232 015.480 | 97 | | | |
| 冬季细菌 | 组间 | 20 067.429 | 13 | 1543.648 | 3.135 | 0.001 |
| | 组内 | 41 354.571 | 84 | 492.316 | | |
| | 总计 | 61 422.000 | 97 | | | |

(2)植物群落与空气真菌含量

对圆明园公园的 14 种典型植物群落的空气真菌浓度进行差异性比较,结果如表 2-9(b)、表 2-10(b)所示,圆明园公园不同结构类型植物样点的空气真菌浓度均值有显著性差异。春、夏两季以乔木结构为主体的植物群落在所有群落结构中具有最低的真菌浓度,秋季时以草本地被为主体的植物群落具有较低的真菌浓度,同时,近水的植物群落空气真菌浓度明显高于非近水的植物群落,表明空气相对湿度对真菌的存活有很大的影响。冬季公园内外空气真菌含量相差不大,但春、夏、秋三季植物处于生长状态时公园植物群落具有较强的抑制真菌生长的作用,这三季公园内环境空气真菌浓度明显低于对照样地的。方差分析的结果还表明,植物群落结构相对复杂的环境空气真菌的浓度会相对较高。

春、夏两季以乔木结构为主体的植物群落空气真菌含量低与春季风速较大,夏季太阳辐射强度大,而且以乔木为主体的植物群落空间相对开阔、流通良好的环境利于空气携菌物质的扩散的微环境特征有关。结构越复杂的植物群落,其微环境内空气相对湿度大、风速低,阴湿且又相对稳定的环境利于空气真菌的繁殖和生存,所以,结构类型复杂的多层植物群落空气真菌含量高。群落结构越复杂,其微环境空气真菌浓度会越高,而群落结构相对简单，其微环境内空气真菌浓度会偏低，这说明了植被密植的环境空气真菌会较高。而较高的真菌含量环境，极有可能成为包含比较危险的致病源或者传播疾病的媒介，可能对人体健康带一定的负面影响，所以在公园内人群活动相对密集的区域，应慎用乔灌草复合植物群落或者是密植的园林造景方式。

本书也证实乔灌草复合型植物群落微环境内的细菌含量低而真菌含量高，表明园林植物生理生化过程中分泌的杀菌物质对空气细菌有更好的抑制作用，由于空气微生物中细菌占的比例最大，所以综合来看，还是结构相对复杂的园林植物群落的抑菌效应更为显著。

表 2-9(b)　圆明园公园植物群落不同季节空气真菌含量

Tab. 2-9(b)　The concentration of airborne fungi in different seasons in Yuanmingyuan garden

单位：$CFU/m^3$

| 群落结构类型 | 乔 | 灌 | 草 | 乔+灌 | 乔+草 | 灌+草 | 乔+灌+草 | 草+水 | 乔+水 | 灌+水 | 乔+灌+水 | 乔+草+水 | 灌+草+水 | 乔+灌+草+水 | 对照样地 |
|---|---|---|---|---|---|---|---|---|---|---|---|---|---|---|---|
| 春 | 81 | 116 | 122 | 110 | 94 | 107 | 84 | 96 | 78 | 91 | 88 | 99 | 125 | 112 | 100 |
| 夏 | 64 | 83 | 166 | 75 | 77 | 76 | 86 | 114 | 84 | 78 | 89 | 85 | 90 | 84 | 86 |
| 秋 | 116 | 114 | 104 | 86 | 103 | 101 | 111 | 88 | 112 | 90 | 114 | 93 | 101 | 106 | 104 |
| 冬 | 57 | 61 | 57 | 49 | 56 | 63 | 67 | 58 | 54 | 55 | 59 | 60 | 67 | 67 | 60 |
| 均 | 80 | 93 | 112 | 80 | 82 | 87 | 87 | 89 | 82 | 79 | 88 | 84 | 96 | 92 | 88 |

表 2-10(b)　圆明园公园植物群落不同季节空气真菌含量方差分析

Tab. 2-10(b)　Variance analysis on the concentration of airborne fungi in different seasons

| 季节 | 差异源 | 平方和 SS | 自由度 df | 均方 MS | 均方比 $F$ | 显著性 $F_{0.05}$ |
|---|---|---|---|---|---|---|
| 春季细菌 | 组间 | 20 733.347 | 13 | 1594.873 | 8.941 | 0.000 |
|  | 组内 | 14 983.714 | 84 | 178.378 |  |  |
|  | 总计 | 35 717.061 | 97 |  |  |  |
| 夏季真菌 | 组间 | 54 987.959 | 13 | 4229.843 | 22.649 | 0.000 |
|  | 组内 | 15 687.429 | 84 | 186.755 |  |  |
|  | 总计 | 70 675.388 | 97 |  |  |  |
| 秋季真菌 | 组间 | 9606.214 | 13 | 738.940 | 6.706 | 0.000 |
|  | 组内 | 9256.286 | 84 | 110.194 |  |  |
|  | 总计 | 18 862.500 | 97 |  |  |  |

（续）

| 季节 | 差异源 | 平方和 SS | 自由度 df | 均方 MS | 均方比 F | 显著性 $F_{0.05}$ |
|---|---|---|---|---|---|---|
| 冬季真菌 | 组间 | 2717.194 | 13 | 209.015 | 2.823 | 0.002 |
| | 组内 | 6219.429 | 84 | 74.041 | | |
| | 总计 | 8936.622 | 97 | | | |

（3）植物群落与空气微生物含量相关性

表 2-11 植物群落空气微生物与环境因子的相关性分析

Tab. 2-11 Correlation analysis of airborne microbes in micro-environmental factors

| 项目 | 相关系数 | 春季细菌 | 春季真菌 | 夏季细菌 | 夏季真菌 | 秋季细菌 | 秋季真菌 | 冬季细菌 | 冬季真菌 |
|---|---|---|---|---|---|---|---|---|---|
| 群落郁闭度 | 相关系数 | -0.126 | -0.032 | -0.616** | -0.546** | 0.309 | 0.153 | 0.208 | -0.229 |
| | 显著水平 | 0.576 | 0.887 | 0.002 | 0.009 | 0.162 | 0.497 | 0.352 | 0.306 |
| 植物群落类型 | 相关系数 | -0.395** | 0.020 | -0.209* | -0.076 | -0.003 | -0.151 | -0.169 | 0.240* |
| | 显著水平 | 0.000 | 0.845 | 0.039 | 0.455 | 0.978 | 0.137 | 0.096 | 0.017 |

\* 显著度水平在 0.05 水平的相关系数。

\*\* 显著度水平在 0.01 水平的相关系数。

已有相关研究证明，空气微生物含量与环境中的空气温度、相对湿度和空气悬浮颗粒物浓度呈一定的正相关关系（方东，欧阳夏骏，梅卓华，2002；郭二果，2008；孙平勇，刘雄伦，刘金灵，戴良英，2010）。研究将植物群落郁闭度、植物群落结构类型与空气微生物含量进行了相关分析（如表2-11），夏季植物群落微环境中空气微生物浓度与群落郁闭度呈较强负相关性，春季空气细菌含量与植物群落结构特征有一定的相关性。研究结果表明，植物群落结构特征与空气微生物的相关关系不是时时同步不变的，空气微生物的变化更多受大气环境整体气候特征的影响。

## 2.4.3 植物群落空气微生物含量季变化特征分析

由于空气微生物中空气细菌比空气真菌数量高出4~10倍，在空气微生物总量中占绝对多数，所以植物对空气细菌的抑制作用就整体表现为对微生物总的抑制。圆明园公园植物群落内空气微生物含量随着季节改变发生明显变化（图2-10、表2-12），与对照样地差异最大的是夏季（6~9月份），空气微生物含量平均最高出现于春季（4~5月份）和秋季（10~11月份），冬季（12月至次年3月份)空气微生物含量最低且与对照样地的差异最小。研究结果表明,植物群落在夏季的抑制细菌能力最强,冬季的抑菌能力最弱。植物对空气细菌的抑制作用明显,而对空气真菌的抑制作用表现不明显,这与植物生长季时群落内静风及温湿度条件适宜真菌孳生有关。

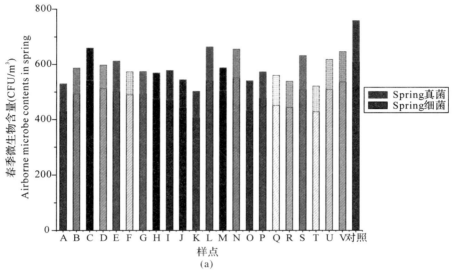

(a)

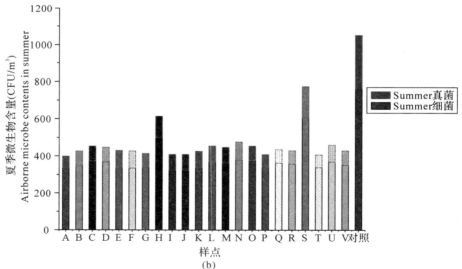

(b)

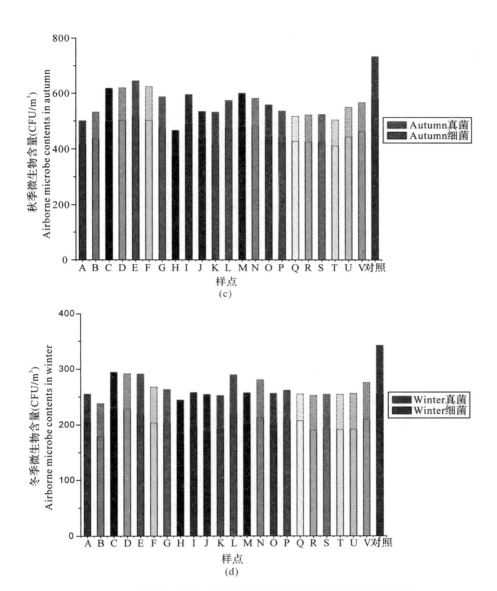

图 2-10 圆明园公园绿地植物样地空气微生物浓度季变化特征

Fig. 2-10 Seasonal variation of average airborne microbe contents

表 2-12 圆明园公园绿地样点不同季节空气细菌含量

Tab. 2-12 The concentration of airborne bacteria in different seasons in Yuanmingyuan garden

单位：CFU/$m^3$

| 样点 | A | B | C | D | E | F | G | H | I | J | K | 对照 |
|---|---|---|---|---|---|---|---|---|---|---|---|---|
| 春季 Spring | 432 | 493 | 542 | 513 | 503 | 490 | 495 | 475 | 472 | 444 | 408 | 610 |
| 夏季 Summer | 339 | 347 | 373 | 368 | 337 | 335 | 339 | 501 | 324 | 325 | 339 | 765 |
| 秋季 Autumn | 418 | 436 | 501 | 502 | 517 | 502 | 476 | 377 | 490 | 440 | 415 | 582 |
| 冬季 Winter | 208 | 179 | 231 | 229 | 220 | 203 | 205 | 185 | 198 | 191 | 194 | 256 |
| 样点 | L | M | N | O | P | Q | R | S | T | U | V | |
| 春季 Spring | 542 | 504 | 552 | 434 | 479 | 451 | 444 | 510 | 428 | 509 | 537 | |
| 夏季 Summer | 370 | 363 | 380 | 377 | 342 | 363 | 358 | 606 | 338 | 368 | 352 | |
| 秋季 Autumn | 477 | 482 | 482 | 447 | 443 | 426 | 424 | 422 | 411 | 443 | 462 | |
| 冬季 Winter | 222 | 203 | 213 | 204 | 207 | 208 | 190 | 194 | 192 | 192 | 211 | |

## 2.4.4 圆明园公园植物群落空气微生物浓度年变化特征

### 2.4.4.1 空气细菌浓度季节变化特征

图 2-11（a）呈现了圆明园公园样点和对照样点一年中各月份的空气细菌浓度变化情况，公园绿地空气细菌浓度明显低于对照样地，公园绿地样点空气细菌浓度的年变化特征与对照样点的差异性比较显著。圆明园绿地空气细菌浓度的年动态变化基本上呈双峰曲线，5 月和 11 月空气细菌浓度较高，其他月份相对较低，公园绿地空气细菌浓度的变化过程大致为：1 月至 5 月持续上升，5 月达到一年中的第一次高峰；5 月至 7 月逐渐降低，7 月至 9 月处于低谷，其中 8 月份平均最低；9 月至 11 月逐渐上升，11 月达到一年中的第二次高峰；11 月之后的冬季，空气细菌浓度迅速低。

圆明园公园绿地空气细菌浓度出现上述年内动态变化除了北京市城市大气环境整体变化的影响外，可能主要与公园植物群落构成的微环境条件有关。4 月至 5 月正值春季，气温回升比较快，对照样地的空气细菌的含量升高幅度远大于公园绿地中空气细菌的增速。5 月中上旬时北京气温达到 20℃以上，为细菌的繁殖提供了条件，并且春季北京大气扬尘现象严重增加了空气细菌的附着体（空气悬浮颗粒物）的含量。加之空气中花粉、飞毛、飞絮弥散增加了空气气溶胶的含量，也为空气细菌的存活和传播提供了有利条件，所以 5 月份时公园内的空气细菌浓度达到一个高峰值。6 月至 9 月，时值北京夏季，

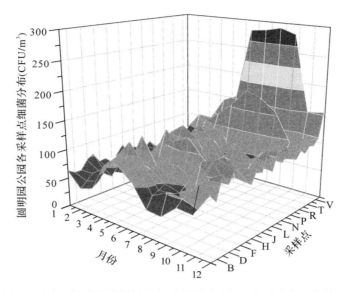

图 2-11(a) 圆明园公园绿地与对照样地空气细菌浓度年变化特征

Fig. 2-11(a) Annual variation of average airborne bacteria contents

公园中的植物的生理活动与生态功能最为旺盛,植物杀灭和抑制空气细菌的作用明显。10 月至 11 月北京进入秋季,部分树木开始落叶,植物生理活动处于低缓的状态,杀灭和抑制空气细菌的效应减弱,公园绿地空气细菌浓度又有开始升高,11 月份达到高峰值。12 月至次年 3 月期间为北京的冬季,大部分植物枝叶枯黄或已经落叶,尽管植物生理活动和生态功能均处于较低的水平,但由于冬季不适合空气细菌的生存与繁殖,大部分细菌在温度接近于冰点时会失去活力,所以冬季公园内空气细菌浓度与城区环境基本一致,均是空气细菌减少的状态。

2.4.4.2 空气真菌浓度年变化特征

由图 2-11(b)中可以看出,圆明园公园内的空气真菌浓度年变化特征与公园外对照样地有较明显的差异。在冬季,公园绿地空气真菌浓度与对照样地相差不大,但春、夏、秋三季显著低于对照样地,尤其是夏季,公园内外的空气真菌浓度均是一年中最高时期,但公园绿地中的空气真菌浓度还是显著低于对照样地。夏季公园绿地植物抑制真菌的效率最高。公园绿地在植物生长期保持相对稳定的空气真菌浓度与公园绿地群落组成的温湿环境相对稳定有关,在群落结构复杂和郁闭度的密植植物环境中,容易形成相对稳定的温暖潮湿的环境,在这种环境下真菌更容易孳生,而相对通透、空旷、郁闭度的绿地环境中空气真菌浓度改变会大一些。

图 2-11(b) 圆明园公园绿地与对照样地空气真菌浓度年变化特征
Fig. 2-11(b) Annual variation of average airborne fungi contents

### 2.4.5 圆明园公园植物群落抑菌效益研究结论

圆明园公园内空气微生物浓度日变化说明公园绿地环境具有较强的抑菌作用，公园环境相对于城区环境具有相对较少的含菌条件；空气微生物含量与植被群落结构类型具有一定的相关性，以乔木为主体的植物群落微生物含量相对较低，而结构复杂、密植、郁闭高的植物群落中含菌量相对较高，公园在创造健康适游环境应充分考虑绿地结构对空气微生物的影响。

公园植物群落本身的季节性变化、群落结构组成状况会影响公园绿地微环境条件下的空气微生物季节性变化特征。

公园环境空气微生物含量主要受城市大气整体环境变化影响，但公园绿地植被构成的确对微环境条件下的空气含菌量有一定的杀灭抑制作用，公园绿地微环境的微生物浓度与城区环境有较大差异，绿地植被在创造健康清洁微环境方面具有很大的作用。

公园绿地环境一年中空气微生物浓度在不同月份有显著差异，春、夏、秋三季植物能发挥较好的抑菌效应，是适游的时期，尤其是夏季公园环境相对健康宜人，圆明园公园夏季环境空气质量更适合开展户外游憩活动。

## 2.5 圆明园公园植物群落的降噪效益

噪声会影响人的身心健康，已有研究证实：在50dB以下的环境噪声对人没有负影响，50dB以上则开始影响人的精神和心理健康，当环境噪声达到70dB时就会对人的身体造成对明显危害，高分贝噪音的长期干扰令人产生厌恶心理状态、甚至精神分裂（陈龙，谢高地，盖力强，裴厦，张昌顺，张彪，肖玉，2011）

园林植物降低环境噪声的功能，植物通过茎干和枝叶通过对声波的吸收与阻尼作用、反射和衍射衰减、屏障效应等，使传入园林绿地微环境中的噪声得到衰减，从而使环境噪声强度减弱。国内外已有学者对植物的降噪作用进行研究，一般认为，针叶类植物降低低频噪声效果好，阔叶类植物降低高频噪声效果好，中等叶子类植物对中频噪声有很好的衰减效果（明雷，郑洁，程浩，张振国，2012）。多数研究证实由乔、灌、草构成的多层群落比单层宽植物群落的降噪作用显著。

城市公园环境中的噪声主要来自于公园相临交通干道及公园内部游览车辆产生的交通噪声、宣传活动播放的背景音乐、密集人群活动所产生的社会活动噪声。在夏季，公园中的蝉鸣声有时也能成为游览环境中的噪声源。

### 2.5.1 材料与方法

#### 2.5.1.1 实验对象选取

圆明园公园植物群落降噪效应选择公园内"乔、灌、草、乔灌、乔草、灌草、乔灌草"等7种、22个植物群落作为监测实验对象，群落中植物多为中龄，均生长健康，为结构类型相对稳定、能代表公园植物群落特征的典型群落。

#### 2.5.1.2 群落降噪实测方法

实验测量从2009年3月至2010年2月，每月选取上、中旬三天时间连续监测，天气条件均为风速5m/s以下且无雷电、雨雪。本实验使用2台HS-5633数字声级计，测量前对声级计进行校正。2台声级计同时测量，测量中声级计距地面的垂直距离为1.2m，时间计权为慢反应，测量时传声器加泡沫防风罩。

具体实验设计如下：

将公园各植物群落的主要游客流向的入口方向路缘处为零点，将数字声级计Ⅰ固定置于零点处，沿公园游道纵向每间隔5m处设一测定点，用数字声级计Ⅱ测量群落内距零点处5m、10m、15m处的噪声值。每测量点定时测量时间为 30s，每点连续监测 5 组数据，最终取平均值。计算得出不同距离的噪声衰减量与衰减率。

植物群落噪声衰减量 $\Delta L$ = 测试距离噪声值 $L'$ – 该处零点噪声值 $L_0$

植物群落噪声衰减率 $\Delta T$ = 植物群落噪声衰减量 $\Delta L$/该处零点噪声值 $L_0$

以群落宽度($x_1$)、群落类型($x_2$)、群落郁闭度($x_3$)为自变量，噪声总衰减值为因变量($y$)，建立趋势回归分析方程。

### 2.5.2 植物群落降噪效应测量结果分析

本研究对北京圆明园公园的白天声环境质量状况进行了全年连续监测，22 个公园内部样点与公园外部对照环境样点的测定结果如表 2-13 所示。

表 2-13　北京圆明园公园植物群落全年声环境质量监测结果
Tab. 2-13　The results of measuring environmental noise in Yuanmingyuan garden

单位：dB(A)

| 样点 | 四月 | 五月 | 六月 | 七月 | 八月 | 九月 | 十月 | 十一月 | 十二月 | 一月 | 二月 | 三月 |
|---|---|---|---|---|---|---|---|---|---|---|---|---|
| A | 50.1 | 48.2 | 44.2 | 55.3 | 45.5 | 46.2 | 51.2 | 53.2 | 53.6 | 54.3 | 55.6 | 57.4 |
| B | 43.1 | 41.1 | 40.1 | 47.5 | 44.6 | 42.6 | 46.1 | 50.4 | 52.7 | 51.2 | 52.3 | 54.3 |
| C | 51.2 | 50.3 | 46.3 | 53.6 | 48.3 | 47.2 | 52.7 | 56.8 | 58.1 | 57.2 | 56.8 | 55.1 |
| D | 48.3 | 47.6 | 43.6 | 50.1 | 44.5 | 43.2 | 45.3 | 50.1 | 54.3 | 55.2 | 54.6 | 55.6 |
| E | 49.2 | 50.1 | 46.1 | 52.3 | 47.2 | 46.2 | 51.4 | 55.3 | 57.3 | 56.8 | 55.7 | 57.3 |
| F | 42.1 | 41.3 | 40.3 | 49.6 | 38.3 | 40.6 | 45.3 | 48.1 | 49.6 | 49.1 | 50.1 | 50.7 |
| G | 47.5 | 45.8 | 41.8 | 51.2 | 40.3 | 41.1 | 47.8 | 48.6 | 50.4 | 49.4 | 50.6 | 51.1 |
| H | 56.2 | 58.2 | 54.2 | 56.1 | 55.4 | 55.8 | 58.2 | 61.2 | 58.4 | 57.6 | 56.3 | 58.6 |
| I | 40.4 | 40.1 | 36.1 | 48.5 | 37.4 | 38.5 | 45.1 | 49.1 | 49.7 | 50.7 | 51.2 | 51.6 |
| J | 47.3 | 46.3 | 42.3 | 50.2 | 40.6 | 41.3 | 49.5 | 52.6 | 53.6 | 52.7 | 51.7 | 50.8 |
| K | 41.2 | 40.7 | 36.2 | 47.2 | 37.9 | 38.1 | 46.3 | 48.7 | 50.1 | 50.6 | 50.4 | 51.1 |
| L | 49.6 | 46.3 | 42.3 | 49.3 | 41.6 | 40.6 | 45.8 | 49.3 | 55.2 | 56.3 | 56.7 | 57.2 |
| M | 45.8 | 41.2 | 37.2 | 45.1 | 39.1 | 38.6 | 45.3 | 51.2 | 50.4 | 51.2 | 50.6 | 50.2 |
| N | 50.2 | 48.2 | 44.3 | 49.2 | 42.6 | 42.3 | 52.6 | 58.1 | 57.1 | 56.8 | 54.3 | 56.3 |
| O | 47.4 | 45.4 | 41.4 | 46.3 | 40.1 | 40.7 | 47.4 | 49.1 | 49.2 | 51.2 | 51.3 | 50.2 |
| P | 50.4 | 48.2 | 44.2 | 51.2 | 43.6 | 43.1 | 49.1 | 50.6 | 52.1 | 53.1 | 55.1 | 56.7 |
| Q | 43.8 | 40.1 | 40.1 | 45.2 | 38.7 | 39.1 | 46.3 | 48.5 | 50.6 | 51.2 | 50.8 | 50.7 |
| R | 50.2 | 47.2 | 43.2 | 48.2 | 42.6 | 40.7 | 51.2 | 54.3 | 54.2 | 55.6 | 54.7 | 55.1 |
| S | 57.2 | 58.2 | 54.2 | 60.3 | 56.6 | 56.1 | 63.2 | 60.1 | 58.1 | 57.4 | 56.2 | 58.6 |

(续)

| 样点 | 四月 | 五月 | 六月 | 七月 | 八月 | 九月 | 十月 | 十一月 | 十二月 | 一月 | 二月 | 三月 |
|---|---|---|---|---|---|---|---|---|---|---|---|---|
| T | 45.3 | 44.2 | 40.2 | 49.2 | 38.6 | 39.1 | 50.3 | 53.2 | 53.4 | 53.8 | 53.4 | 54.1 |
| U | 48.6 | 46.5 | 42.5 | 51.3 | 41.1 | 41.6 | 52.4 | 51.3 | 50.3 | 51.2 | 52.2 | 53.6 |
| V | 51.2 | 47.3 | 43.3 | 50.6 | 43.7 | 42.9 | 57.2 | 58.4 | 57.6 | 56.8 | 55.5 | 58.1 |
| 平均 | 48.0 | 46.5 | 42.9 | 50.3 | 43.1 | 43.0 | 50.0 | 52.7 | 53.5 | 53.6 | 53.5 | 54.3 |
| 对照 | 67.6 | 63.2 | 60.7 | 66.8 | 65.8 | 62.8 | 68.4 | 64.2 | 61.4 | 63.7 | 62.9 | 63.8 |

监测结果表明，圆明园公园内声环境质量明显好于对照样地——绮春园南宫门外广场的，公园外部环境一年中的日平均噪声响度差异性不大，测量时间段噪声的等效连续 A 声级平均值均在 60dB(A)以上；公园内部秋、冬两季环境噪声平均 53.1dB(A)，而春、夏两季公园内环境昼间噪声响度除七月份外均保持在 50dB(A)以下，七月份受公园蝉鸣声影响公园环境噪声平均值为 50.3dB(A)。公园环境噪声响度除受公园内部较少的噪声源影响外，还与公园园林植物发挥的降噪作用紧密相关。园林植物通过枝、叶、干等对声波进行反射、折射和衍射，从而造成环境噪声的衰减。已有研究证实越是枝叶浓密的植物其作用效果越明显（刘磊，2012），研究也表明在植物生长旺盛季节植物发挥降噪效应的能力强于非生长季时期。

2.5.2.1 不同结构类型植物群落的降噪效应

将 7 种植物群落及对照样点噪声衰减量与衰减率的结果比较（如表 2-14 所示），研究结果表明，与硬质铺装的广场相比，公园中的植物群落对噪声的衰减量远高于自然声衰减，植物群落在公园环境中发挥着重要的降噪作用。

在 7 种植物群落中，不同结构类型的植物群落发挥的降噪能力不同，由表 2-13 可以看出，公园中植物群落的降噪能力由强到弱的结构类型是："乔+灌+草"、"乔+灌"、"乔+草"、"灌+草"、"乔"、"灌"和"草"。公园中草坪与地被的降噪能力最弱，春季时距噪声源方向 15m 的距离，噪声衰减率才 1.80%，而乔灌草复合型植物群落在此距离的噪声衰减率达 9.04%；在植物生长旺盛的夏季，两者的噪声衰减率达 8 倍之多。

研究也证实，复层结构降低噪声效果好于单层结构。由表 2-14 中可以看出，除春季外，乔木单一结构降低噪声值均高于灌木和草本地被单一结构植物群落，乔木在春季时降噪效果低与春季时多数枝叶处于萌发状态，枝叶茂盛程度低于灌木从而导致枝叶吸收、反射声波的能力弱有关。

有研究提出城市绿地的降噪效果通常在 5~15dB(A)之间，相比交通道路绿化等植被降噪效果（苏泳娴，黄光庆，陈修治，陈水森，李智山，2011），圆明园公园绿地测定的降噪效果不是很显著。圆明园公园植物群落内距主要噪声源 15m 距离的噪声衰减量均不到 10dB(A)，距主要噪声源 10m 距离的噪声衰减率也不足 10%，这一点与公园环境噪声源的产生特点息息相关，由于公园噪声主要来自公园内部游人活动或者公园管理活动，而游人活动具有集散不定特征，所以公园内部的噪声也具有发生随机性、零散性的特点。为了营造安静、舒适的游憩环境，除了通过合理的游览组织减少噪声源以外，通过营造降噪植物群落，也可以一定程度上降低城市公园内的噪声干扰。公园内植物群落是一种生态隔声途径，合理的植物配置可以构建宁静、清新的游憩场所。

表 2-14 　圆明园公园不同植物群落降噪效果

Tab. 2-14　Noise reduction function of different plant communities in Yuanmingyuan garden

| 季节 | 群落结构 | 5m | | 10m | | 15m | |
|---|---|---|---|---|---|---|---|
| | | 衰减量 [dB(A)] | 衰减率 (%) | 衰减量 [dB(A)] | 衰减率 (%) | 衰减量 [dB(A)] | 衰减率 (%) |
| 春季 | 乔 | 0.75 | 1.59 | 1.65 | 3.52 | 2.55 | 5.42 |
| | 灌 | 0.93 | 1.79 | 1.93 | 3.71 | 2.85 | 5.48 |
| | 草 | 0.40 | 0.68 | 0.63 | 1.07 | 1.05 | 1.80 |
| | 乔+灌 | 0.85 | 1.83 | 2.53 | 5.49 | 3.97 | 8.59 |
| | 乔+草 | 0.96 | 1.96 | 2.44 | 5.01 | 3.67 | 7.51 |
| | 灌+草 | 0.88 | 1.74 | 2.08 | 4.12 | 3.35 | 6.64 |
| | 乔+灌+草 | 0.97 | 2.12 | 2.92 | 6.32 | 4.17 | 9.04 |
| | 平均 | 0.85 | 1.76 | 2.17 | 4.49 | 3.28 | 6.80 |
| 夏季 | 乔 | 1.76 | 3.77 | 4.11 | 8.81 | 5.78 | 12.43 |
| | 灌 | 1.35 | 2.69 | 3.00 | 6.02 | 4.96 | 9.92 |
| | 草 | 0.46 | 0.82 | 0.93 | 1.64 | 1.66 | 2.94 |
| | 乔+灌 | 2.29 | 4.62 | 5.94 | 12.31 | 8.01 | 16.66 |
| | 乔+草 | 1.51 | 3.20 | 4.00 | 8.47 | 6.19 | 13.15 |
| | 灌+草 | 1.59 | 3.36 | 3.35 | 7.07 | 5.89 | 12.46 |
| | 乔+灌+草 | 2.29 | 4.71 | 5.78 | 11.98 | 8.06 | 16.71 |
| | 平均 | 1.65 | 3.43 | 4.09 | 8.54 | 6.09 | 12.73 |

(续)

| 季节 | 群落结构 | 5m | | 10m | | 15m | |
|---|---|---|---|---|---|---|---|
| | | 衰减量[dB(A)] | 衰减率(%) | 衰减量[dB(A)] | 衰减率(%) | 衰减量[dB(A)] | 衰减率(%) |
| 秋季 | 乔 | 1.67 | 3.20 | 4.18 | 8.02 | 5.73 | 11.01 |
| | 灌 | 1.03 | 1.88 | 2.53 | 4.67 | 4.38 | 8.01 |
| | 草 | 0.30 | 0.48 | 0.75 | 1.22 | 1.35 | 2.19 |
| | 乔+灌 | 1.43 | 2.67 | 4.97 | 9.24 | 7.13 | 13.25 |
| | 乔+草 | 1.62 | 2.96 | 3.70 | 6.77 | 5.91 | 10.78 |
| | 灌+草 | 1.70 | 3.04 | 3.98 | 7.16 | 5.73 | 10.31 |
| | 乔+灌+草 | 1.53 | 2.85 | 5.12 | 9.55 | 7.33 | 13.62 |
| | 平均 | 1.42 | 2.62 | 3.78 | 6.99 | 5.68 | 10.46 |
| 冬季 | 乔 | 0.68 | 1.27 | 1.82 | 3.40 | 3.03 | 5.66 |
| | 灌 | 0.64 | 1.12 | 1.48 | 2.58 | 2.59 | 4.54 |
| | 草 | 0.40 | 0.69 | 0.74 | 1.27 | 1.33 | 2.28 |
| | 乔+灌 | 0.97 | 1.79 | 2.24 | 4.14 | 3.63 | 6.71 |
| | 乔+草 | 0.99 | 1.80 | 1.60 | 2.93 | 2.68 | 4.91 |
| | 灌+草 | 0.66 | 3.21 | 1.71 | 2.94 | 2.71 | 4.65 |
| | 乔+灌+草 | 0.73 | 1.34 | 2.43 | 4.48 | 3.98 | 7.30 |
| | 平均 | 0.79 | 1.04 | 1.75 | 3.19 | 2.91 | 5.29 |

#### 2.5.2.2 植物群落不同季节的降噪效应比较分析

对公园植物群落不同季节的降噪能力通过方差分析进行比较（如表2-15所示），冬季和春季，植物群落距主要噪声来源方向垂直距离5m处的降噪效果无差异，而夏、秋两季则差异明显。这表明植物群落对短距离的噪声衰减主要通过叶片对声能的反射和吸收。春、冬两季，多数植物处于完全落叶或新叶萌生阶段，植株叶片较少、树冠较小，所以降噪能力不如夏、秋两季，而且植物群落降噪能力差异性不大。这与张庆费等研究得出的"叶生物量决定植物降噪能力"的结论相一致（张庆费，郑思俊，夏檑，吴海萍，张明丽，李明胜，2007）。距主要噪声来源方向垂直距离10m、15m处各植物群落降噪效果差异性明显，表明植物枝、干对远距离噪声的衰减起到了重要作用。通过各季公园内噪声响度水平与对照样点的直观比较，公园植物群落在春、夏、秋三季的降噪能力强，而冬季植物群落的降噪能力不如其他三季。

表 2-15 不同类型植物群落各季降噪特征方差分析表

Tab. 2-15 Analysis of variance for noise retention capacity of plant communities in seasons

| 内容 | 季节 | | 春季 | | | | | 夏季 | | | |
|---|---|---|---|---|---|---|---|---|---|---|---|
| | 差异源 | | 离差平方和 | 自由度 | 均方 | 均方比 | $F_{0.05}$ | 离差平方和 | 自由度 | 均方 | 均方比 | $F_{0.05}$ |
| 衰减量 | 5m | 组间 | 1.136 | 6 | 0.189 | 0.740 | 0.621 | 22.625 | 6 | 3.771 | 8.769 | 0.000 |
| | | 组内 | 9.473 | 37 | 0.256 | | | 34.834 | 81 | 0.430 | | |
| | | 总计 | 10.609 | 43 | | | | 57.459 | 87 | | | |
| | 10m | 组间 | 16.625 | 6 | 2.771 | 2.605 | 0.033 | 169.469 | 6 | 28.245 | 11.054 | 0.000 |
| | | 组内 | 39.353 | 37 | 1.064 | | | 206.976 | 81 | 2.555 | | |
| | | 总计 | 55.979 | 43 | | | | 376.444 | 87 | | | |
| | 15m | 组间 | 33.539 | 6 | 5.590 | 4.397 | 0.002 | 259.437 | 6 | 43.239 | 13.300 | 0.000 |
| | | 组内 | 47.040 | 37 | 1.271 | | | 263.334 | 81 | 3.251 | | |
| | | 总计 | 80.579 | 43 | | | | 522.771 | 87 | | | |
| 衰减量 | 5m | 组间 | 6.165 | 6 | 1.028 | 0.862 | 0.532 | 98.571 | 6 | 16.428 | 9.283 | 0.000 |
| | | 组内 | 44.114 | 37 | 1.192 | | | 143.344 | 81 | 1.770 | | |
| | | 总计 | 50.279 | 43 | | | | 241.915 | 87 | | | |
| | 10m | 组间 | 85.199 | 6 | 14.200 | 2.769 | 0.025 | 762.642 | 6 | 127.107 | 10.326 | 0.000 |
| | | 组内 | 189.741 | 37 | 5.128 | | | 997.046 | 81 | 12.309 | | |
| | | 总计 | 274.939 | 43 | | | | 1759.687 | 87 | | | |
| | 15m | 组间 | 174.627 | 6 | 29.105 | 4.611 | 0.001 | 1212.293 | 6 | 202.049 | 11.606 | 0.000 |
| | | 组内 | 233.523 | 37 | 6.311 | | | 1410.185 | 81 | 17.410 | | |
| | | 总计 | 408.150 | 43 | | | | 2622.477 | 87 | | | |

（续）

| 季节 | | | | 秋季 | | | | 冬季 | | | |
|---|---|---|---|---|---|---|---|---|---|---|---|
| 衰减量 | 5m | 组间 | 6.966 | 6 | 1.161 | 4.604 | 0.001 | 3.147 | 6 | 0.524 | 0.367 | 0.898 |
| | | 组内 | 9.331 | 37 | 0.252 | | | 114.480 | 80 | 1.431 | | |
| | | 总计 | 16.297 | 43 | | | | 117.627 | 86 | | | |
| | 10m | 组间 | 63.410 | 6 | 10.568 | 6.535 | 0.000 | 18.005 | 6 | 3.001 | 12.519 | 0.000 |
| | | 组内 | 59.835 | 37 | 1.617 | | | 19.415 | 81 | 0.240 | | |
| | | 总计 | 123.245 | 43 | | | | 37.420 | 87 | | | |
| | 15m | 组间 | 111.628 | 6 | 18.605 | 12.499 | 0.000 | 43.026 | 6 | 7.171 | 16.450 | 0.000 |
| | | 组内 | 55.074 | 37 | 1.488 | | | 35.310 | 81 | 0.436 | | |
| | | 总计 | 166.703 | 43 | | | | 78.336 | 87 | | | |
| 衰减量 | 5m | 组间 | 25.173 | 6 | 4.196 | 4.416 | 0.002 | 169.859 | 6 | 28.310 | 1.607 | 0.156 |
| | | 组内 | 35.156 | 37 | 0.950 | | | 1426.574 | 81 | 17.612 | | |
| | | 总计 | 60.330 | 43 | | | | 1596.433 | 87 | | | |
| | 10m | 组间 | 231.820 | 6 | 38.637 | 6.228 | 0.000 | 66.398 | 6 | 11.066 | 12.340 | 0.000 |
| | | 组内 | 229.520 | 37 | 6.203 | | | 72.639 | 81 | 0.897 | | |
| | | 总计 | 461.339 | 43 | | | | 139.037 | 87 | | | |
| | 15m | 组间 | 407.721 | 6 | 67.953 | 10.812 | 0.000 | 158.932 | 6 | 26.489 | 16.300 | 0.000 |
| | | 组内 | 232.544 | 37 | 6.285 | | | 131.628 | 81 | 1.625 | | |
| | | 总计 | 640.265 | 43 | | | | 290.560 | 87 | | | |

植物群落内不同测量距离的噪声衰减量随着距离（群落宽度）增大而增加，随着群落郁闭度的增大而增加。对圆明园公园植物群落衰减不同季节噪声衰减量与主要噪声来源方向垂直距离、群落郁闭度、群落结构特征进行相关性分析，结果表明，植物群落对噪声的衰减与三者具有较显著的正相关性。以噪声在群落中的衰减量为 $Y$，以距离为 $X_1$、郁闭度为 $X_2$、群落结构特征为 $X_3$，进行回归分析，得到植物群落各季节的降噪能力拟合方程，结果如表 2-16 所示。春、冬两季，植物群落的降噪能力主要与距噪声源的垂直距离有关；而夏、秋两季，植物的降噪能力主要决定于群落的郁闭度和与距噪声源的垂直距离。植物群落的结构特征在冬季对植物的降噪能力影响较小。

研究表明，植物群落郁闭度、植物群落宽度对公园绿地植物群落降噪能力的影响较大。植物群落对环境噪声的衰减主要是通过植物叶、枝、干对声波的反射和吸收引起的。对于面积相同、结构类型相同的植物群落，群落郁闭度越高、植物栽植越密集，群落对声波的反射和吸收面也就越多，群落降噪效果越好。在公园设计读书、静修、对弈等需要安静环境的场所时，应考虑植物群落生长到结构稳定时，群落的郁闭度、群落宽度、群落整体绿量（叶面积量）等特征。群落结构以复层结构为优，尽量选择乔木作为主体，可适当增加种植密度，形成吸声效果较好的绿色空间。

表 2-16 植物群落各季降噪效果与群落特征的拟合方程

Tab. 2-16 Coefficient equations of noise reduction function and plant community characteristics in seasons

| 季节 | 与噪声衰减量（$Y$）的相关系数 | | | 拟合方程 | 拟合系数 |
| --- | --- | --- | --- | --- | --- |
| | 距离 ($X_1$) | 郁闭度 ($X_2$) | 群落结构 ($X_3$) | | ($R^2$) |
| 春 | 0.684 | 0.320 | 0.245 | $Y = 0.243X_1 + 1.903X_2 + 0.163X_3 - 1.925$ | 0.615 |
| 夏 | 0.688 | 0.461 | 0.193 | $Y = 0.443X_1 + 5.182X_2 + 0.199X_3 - 3.803$ | 0.706 |
| 秋 | 0.751 | 0.414 | 0.191 | $Y = 0.425X_1 + 4.075X_2 + 0.179X_3 - 3.329$ | 0.756 |
| 冬 | 0.800 | 0.343 | 0.137 | $Y = 0.222X_1 + 1.650X_2 + 0.059X_3 - 1.476$ | 0.763 |

注：群落结构赋值如下：1＝乔、2＝灌、3＝草、4＝乔＋灌、5＝乔＋草、6＝灌＋草、7＝乔＋灌＋草。

### 2.5.3 本节小结

圆明园公园绿地具有显著的降噪能力，每种植物群落对噪声都具有一定衰减降低作用，净衰减值随着群落宽度的增加而增加，但公园绿地的降噪能力受环境噪声产生特点的影响较大，距主要噪声来源方向垂直 15m 的净衰减量均不足 10dB(A)，而 10m 处的降噪率也低于 10%。有研究表明一般宽 30m 的群落能达到较好降噪效果（郑思俊，夏檑，张庆费，2006），但公园环境与一般社区和道路等噪声源产生特点不同，公园绿地距离衰减作用不如交通道路、居住社区等绿地环境。

植物群落结构特征、郁闭度、宽度、噪声源特征等因子是决定公园绿地降噪效应的主要影响因子。不同组成结构的植物群落降噪能力不同，其中乔、灌、草复合结构植物群落降噪能力最强，其次为乔灌类、乔草类、灌草类复合结构，再次为乔木类和灌木类单层结构，草坪与地被类植物群落降噪能力最差，这一点与国内的多数研究得到的结论相同（陈龙，谢高地，盖力强，裴厦，张昌顺，张彪，肖玉，2011）。在相同郁闭度条件下，乔、灌结合的复层植物群落降噪能力强于单一的乔木群落和灌木群落，这表明乔木的上层树冠可以与群落中下层灌木结合致使浓密的各层枝叶相互交错，形成立体隔离声音的屏障，从而对声波的吸收、反射作用加大形成较好的噪声衰减效果。

各类型群落的降噪能力均随群落宽度（距主要噪声来源方向垂直距离）的增加而增加，而且复层结构的植物群落降噪率增加速度快于单层植物群落，其中乔灌草结构植物群落降噪率增加最快，其群落宽度每增加 5m，其降噪率平均增加 5.71%，远高于其他植物结构类型植物群落。

植物群落郁闭度与群落降噪能力呈正相关关系，植物群落郁闭度越高，噪声声波通过群落时所遇到的反射和吸收面也就越多，植物群落降噪效果也越好。

由于植物群落具有降噪效应，通过合理搭配植物，形成复层植物群落带，可以有效地降低公园环境中的噪声。在公园设计需要安静环境的游憩空间时，选择乔、灌、地被相结合的搭配种植，并适当增加种植密度，可有效地提高公园绿地微环境中的声环境质量。

## 2.6 圆明园公园绿地空气负离子水平

空气负离子水平（浓度）是指单位体积空气中的负离子数目，单位为 Ions/$cm^3$（个/$cm^3$）。按照世界卫生组织关于清新空气的规定，清新空气中空气负离子的浓度不应低于 1000~1500Ions/$cm^3$（赵瑞祥，2002）。高思显等（1988）提出城镇空气清洁区的空气负离子水平应在 300~500Ions/$cm^3$。有研究表明，当空气负离子浓度大于或等于正离子-浓度时，会使人感到舒适，空气负离子浓度达到 700Ions/$cm^3$ 以上时空气质量将有益于人体健康，当浓度达到 10 000 Ions/$cm^3$ 以上时有医学上的治疗作用（王洪俊，2004）。

### 2.6.1 研究材料与方法

#### 2.6.1.1 样点设置

研究选取了 22 处圆明园公园样点内和 1 外公园外对照样点，具体样地见 2.1.1 一节。采样点均处于公园绿地植物群落样地的 20m×20m 的中心。

#### 2.6.1.2 测量方法

研究采用 DLY-5G 型大气离子测量仪测定空气正、负离子浓度，测量时间为 2009 年 3 月至 2012 年 2 月的每月上、中旬，为减少气象条件干扰，尽可能选择气象条件相对稳定、静风、微风或风速和风向变化不大的天气里进行测量。每次测量从早晨 7:00 始至下午 19:00 止，每隔 2h 进行一次测量，在每个采样点按东、南、西、北、中五个方向分别读数 3 次，采样高度为距地面 1.5m（人体呼吸线高度），读数取 4 个方向的平均值为此样点的空气正、负离子浓度值。3 天内重复测量试验一次。

采用 TAL-2 型干湿温度计同步测量采样点空气温度和空气相对湿度。具体操作方法见 2.1.3。

### 2.6.2 结果与分析

#### 2.6.2.1 空气负离子浓度日变化特征

圆明园公园绿地空气负离子浓度测量期间，公园绿地空气负离子浓度的春、夏、秋三季的日变化特征如图 2-12（a）所示。测定时间内（7：00～19：00）多数样地的空气负离子浓度变化均呈较明显的"三峰三谷型"，早上 7：00、中午 11：00、下午 15：00 分别为公园绿地空气负离子浓度的高峰值，上午 9：00、中午 13：00 和晚上 19：00 分别为空气负离子浓度的低谷值。早上 7：00～9：00 期间，公园绿地空气负离子浓度呈下降趋势，9：00～11：00 期间空气负离子浓度呈逐渐升高趋势，在中午 11：00 左右达到第二个峰值，随后负离子浓度逐步降低，在 13：00 左右达到低点，随后空气负离子浓度又开始升高，在下午 15：00 前后达到第三个峰值，多数情况下第三个峰值多高于前两个峰值。对照样点的空气负离子浓度与公园绿地样地呈现基本相同的变化趋势。公园绿地冬季空气负离子浓度呈"双峰型"[图 2-12（b）]，冬季清晨时公园绿地的空气负离子浓度平均为 681Ions/$cm^3$，随着时间推移而呈上升趋势，中午 11：00 左右达到高峰值，这时的平均空气负离子浓度为 893Ions/$cm^3$，在中午 13：00 左右时会略有下降（个别样地此趋势不明显），之后在下午 15：00 左右再次达到一天中的高峰值，平均空气负离子浓度为 835Ions/$cm^3$，之后空气负离子浓度随着时间推移呈下降趋势。

另外，图 2-12 也表明公园绿地样点的平均空气负离子浓度要显著高于对比样点，与此同时，前者的浓度波动幅度也要显著高于后者的。公园的空气负离子数量变化相对较高且波动幅度比较大是因为公园绿地有大绿量值的存在而造成负离子浓度值的显著差异，这也说明公园绿地具有增加空气负离子的作用，使公园内部区域的环境质量显著优于公园外部对比样点。

植物在生长季日出至早 7：00 之前，城市人群及车辆等设施的活动还处于较少阶段，空气中的粉尘含量低，空气中的负离子被粉尘中正离子中和的几率少，所以此时空气负离子保持较高水平，但上午 7：00～9：00 间，正是上班及人流的高峰期，公共交通车辆开始增加，空气粉尘增多，以至空气中离子发生碰撞使电荷被中和的机率大大提升，所以一般 7：00～9：00 时间段内，城市环境中的空气负离子浓度呈下降趋势。上午 9：00～11：00，太阳辐射强度的不断增强促进空气发生电离，加上植被冠层光合效率的提升也进一

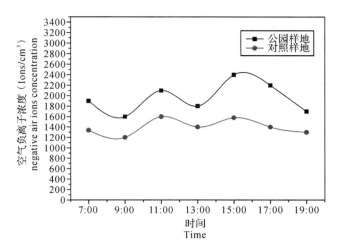

(a)春、夏、秋三季

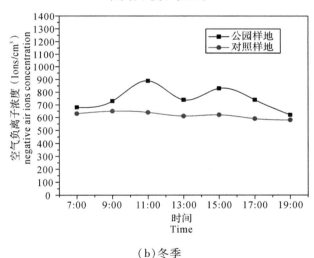

(b)冬季

图 2-12 不同季节圆明园公园空气负离子浓度日变化特征（Ions/cm³）

Fig. 2-12 Diurnal variation of NAI concentration in different seasons

步促进了植物叶片尖端放电效应的加强，这促进了公园绿地区域空气负离子的浓度不断提升而达到峰值。植物处于生长季时，在中午 11：00～13：00 之间多数植物会因高温而发生生理活动的"午休"现象，此时植被光合效率显著下降，因此影响环境中空气负离子浓度也呈现短暂迅速下降的状态。13：00～15：00，植被的光合效率会恢复并逐渐提升，一般在下午 15：00 左右植物的光合作用效率达到一天中的高峰，所以此时空气负离子也相应保持较高水平。下午 15：00 以后，太阳辐射强度和与植物光合作用强度逐渐减弱，至 19：00（日落之前）空气负离子浓度也会不断地下降。正是由于植物生长季白天光合作用的影响及太阳辐射等环境因子变化的综合影响,公园绿地空气负离子浓度在植物生长季才呈现"三峰三谷"曲线特征。在植物非生长季(冬季)时,公园空气负离子浓度主要受太阳辐射强度的影响而发生相同变化趋势的特征。

#### 2.6.2.2 空气负离子浓度周年月变化特征

圆明园公园空气负离子含量周年随季节变化比较大,公园绿地内平均空气负离子含量在夏季(六、七、八、九月)最高,平均浓度均超过2000Ions/cm³,其中七月份公园空气负离子浓度最高,月均2851Ions/cm³,比同期对照样地高出1100Ions/cm³。秋季空气负离子含量低于夏季的,十月份平均空气负离子浓度为1889Ions/cm³,十一月份为1920Ions/cm³。春季公园空气负离子含量低于夏、秋两季,四月份为全年中空气负离子浓度最低月份,平均空气负离子浓度为785Ions/cm³,五月份平均空气负离子浓度为1496Ions/cm³。冬季(十二、一、二、三月)公园空气负离子浓度较低,平均浓度不足1000Ions/cm³。

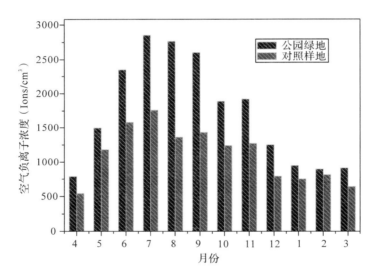

图 2-13　圆明园公园空气负离子浓度月变化(Ions/cm³)

Fig. 2-13　Monthly variation of negative air ions concentration

如图 2-13 所示,圆明园公园绿地空气负离子含量在植物的生长季明显高于植物的非生长季。在植物生长季时,圆明园公园空气负离子含量的最大值达到2940Ions/cm³,而非生长季时空气负离子含量最大值为930Ions/cm³。公园绿地的空气负离子浓度均显著高于同期对照样地的。

一般研究认为,空气负离子产生的机理主要是由宇宙射线与地壳物质的放射线照射,紫外线辐射及光电效应,雷电、风暴、瀑布、海浪的冲击所发生的"喷筒电效应",植物的"尖端放电"作用及光合作用,以及个别植物释放萜烯类、芳香类物质及自身静电场作用而产生的（邵海荣等，2005；林金明，宋冠群，赵利霞，2006）。由于城市环境中大气组成、太阳辐射强度、下垫面构成等大环境条件基本相同，空气负离子水平差异主要由小环境条件所决定，因此空气负离子产生的主因之一——植被条件的差异成为决定城市区域局部小环境空气负离子水平差异的主要因素。

圆明园公园绿地面积占公园总面积的51%，有植物200余种，乔、灌木总数523 894株，草坪及地被面积超过50hm$^2$，大量的绿色植被使得公园成为城市中空气负离子高水平区域。夏、秋两季是绿色植物旺盛生长的季节，尤其是圆明园的植物多数均有十年树龄，多数植物树势稳定、生长繁茂，高绿量值及多样化绿地结构促进了公园绿地中空气负离子水平显著高于城区。春季，尽管多数植物已开始萌芽生长，但由于北京多数天气处于多风、少雨的气候条件下，风沙及扬尘加之早春花卉形成空气中大量花粉类物质的存在中和了空气中负离子，使得春季时空气负离子水平不高，尤其是春季风沙较高的四月，空气负离子水平最低。植被休眠的非生长季中，各月份间空气负离子水平相差不多，由于公园环境中人流及车辆活动密度小于外部城区环境，公园环境的清洁程度整体上高于城区环境，所以公园内部样地的空气负离子水平也高于对比样地的。

#### 2.6.2.3 不同生境植物群落空气负离子含量变化特征

图 2-14 呈现了圆明园公园不同生境类型植物群落空气负离子浓度一周年的逐月变化特征，近水的植物群落一年中空气负离子浓度的变化幅度明显高于远离水面的植物群落，结构类型复杂的植物群落空气负离子浓度的变化幅度也高于结构类型简单的植物群落。如图 2-14 所示，不同生境类型植物群落中近水的乔灌草、近水的乔灌等复层结构类型和近水的乔木单层结构类型的植物群落空气负离子浓度变化幅度最大，夏季7、8月份是公园绿地空气负离子浓度高的季节，这三种生境类型的植物群落中空气负离子的浓度均达到3000Ions/cm$^3$左右，显著高于其他结构类型的植物群落。

公园不同生境类型植物群落空气负离子平均浓度值由大到小的排序为：近水的乔灌草复层结构类型的植物群落＞近水的乔灌结构类型的植物群落＞近水的乔木单层结构植物群落＞乔灌草复层结构类型的植物群落＞近水的乔草复层结构植物群落＞乔草复层结构植物群落＞乔灌复层结构植物群落＞近水的灌草复层结构植物群落＞乔木单层结构植物群落＞灌草复层结构植物群落＞近水灌木单层结构植物群落＞近水草坪地被＞灌木单层结构植物群落＞草坪地被。公园绿地中近水的乔灌草复层结构植物群落的月均空气负离子浓度值为1628Ions/cm$^3$，约为草坪地被植物群落的2倍。近水生境的植物群落中

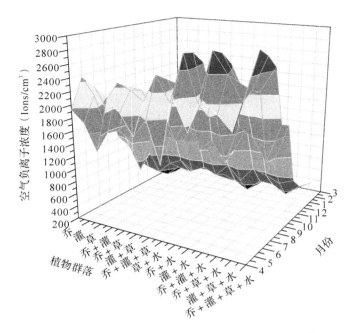

图 2-14 不同生境植物群落空气负离子浓度月变化(Ions/cm³)

Fig. 2-14 Monthly variation of NAI of plant communities in different ecological zones

空气负离子浓度一般情况下均高于远离水面的植物群落。

在不同结构组成的植物群落中,复层群落结构的植物群落中空气负离子浓度显著高于单层植物群落的空气负离子浓度,公园绿地各类型群落构成的绿地区域的空气负离子浓度都显著高于同期公园外部对比样点的。在公园绿地不同类型的复层植物群落中,乔灌草结构群落具有最高的空气负离子水平,乔草、乔灌结构次之,具有最低空气负离子浓度的是灌草结构。在公园绿地单层植物群落中,草坪和地被植物构成的绿地空气负离子浓度亦高于对比样点,而单层乔木植物群落除冬季外,其他季节均具有较高的空气负离子水平。

对各类型植物群落空气负离子浓度的方差分析(表2-16)表明,夏、秋两季,群落结构类型对于公园绿地空气负离子水平的影响极显著,而在冬、春两季,不同结构类型的植物群落中空气负离子水平的差异性并不显著。在植物生长旺盛季节,不同结构类型的植物群落中空气负离子浓度差异性很大,近水的植物群落空气负离子含量高于远离水面的植物群落,复层结构的植物群落空气负离子含量高于单层结构植物群落,结构类型越复杂的植物群落中空气负离子的浓度会越高。而在植物的非生长季(冬季)和植物叶片生长非旺盛期(春季),公园绿地中各类型的植物群落中空气负离子的浓度的差异性不大,这也说明绿地植物中空气负离子浓度的高低与植物绿量值大小有较强的关联性。总体来看,空气负离子浓度的季节差异性还是比较显著的。

表 2-17 公园不同季节空气负离子浓度方差分析

Tab. 2-17 Variance analysis of negative air ions concentration in different seasons

| 季节 | 差异源 | 平方和 SS | 自由度 df | 均方 MS | 均方比 $F$ | 显著性 $F_{0.05}$ |
|---|---|---|---|---|---|---|
| 春 | 组间(月份) | 796 633.182 | 13 | 61 279.476 | 0.391 | 0.962 |
|   | 组内 | 4 702 610.000 | 30 | 156 753.667 | | |
|   | 总计 | 5 499 243.182 | 43 | | | |
| 夏 | 组间(月份) | 9 201 587.955 | 13 | 707 814.458 | 9.874 | 0.000 |
|   | 组内 | 5 304 420.000 | 74 | 71 681.351 | | |
|   | 总计 | 14 506 007.955 | 87 | | | |
| 秋 | 组间(月份) | 2 410 588.636 | 13 | 185 429.895 | 3.946 | 0.001 |
|   | 组内 | 1 409 600.000 | 30 | 46 986.667 | | |
|   | 总计 | 3 820 188.636 | 43 | | | |
| 冬 | 组间(月份) | 254 761.364 | 13 | 19 597.028 | 1.252 | 0.261 |
|   | 组内 | 1 157 875.000 | 74 | 15 646.959 | | |
|   | 总计 | 1 412 636.364 | 87 | | | |

#### 2.6.2.4 空气负离子浓度与空气温湿度和郁闭度的关系

国内外许多研究认为,空气负离子浓度与空气温度、空气相对湿度有一定的关联性,如吴际友对南方城市园林、吴楚材对南方森林游憩区的空气负离子进行研究,提出空气负离子浓度与空气温度呈显著负相关,与空气相对湿度呈显著正相关(吴际友,2003;吴楚材,郑群明,钟林生,2001),而德国学者瑞格(Reiter)(Reiter,1985)、我国学者邵海荣(1994)、叶彩华(2000)等在对不同地区空气负离子浓度进行研究后发现其与温度呈正相关,与相对湿度呈负相关关系。

本研究通过对圆明园公园植物群落样地内部四季的空气负离子浓度与空气温湿度、植被郁闭度进行相关性分析发现,空气负离子水平与其他因子之间的相关性受季节因素影响(结果如表2-17所示)。公园绿地中空气负离子浓度与空气温度在春季时呈显著正相关关系($P<0.01$),仅在夏季呈现一定的负相关性,秋季两者相关性不显著,冬季二者又呈一定程度的正相关关系($P<0.01$);空气负离子浓度与环境空气相对湿度在春季相关性不强,但在夏、秋、冬三季均呈现正相关关系($P<0.01$),也就是说公园绿地中空气相对湿度

越高,空气负离子浓度均相应增加;空气负离子浓度与绿地植物郁闭度在植物生长季呈正相关关系,在夏季为高度正相关($P<0.01$),秋季为显著正相关($P<0.05$),冬季公园绿地中空气负离子浓度与植被郁闭度相关性不大。这也表明,绿地空气负离子水平与空气温度、空气相对湿度及植被郁闭度的关联性是受季节因素影响的,空气负离子水平与空气温度、空气相对湿度及植被郁闭度的关联在不同季节呈现一定规律的变化。

表2-17 不同季节圆明园公园空气负离子浓度、空气温度、相对湿度及郁闭度之间的相关性

Tab. 2-17  Correlation among NAI concentration, air temperature, air relative humidity, and canopy density in different seasons

| 季节<br>Season | 空气负离子与郁闭度<br>CD and $A_{RH}$ | 空气负离子与温度<br>NAI and $A_T$ | 空气负离子与相对湿度<br>NAI and $A_{RH}$ |
|---|---|---|---|
| 春 | 0.238 | 0.860** | 0.024 |
| 夏 | 0.474** | -0.193 | 0.502** |
| 秋 | 0.381* | 0.062 | 0.495** |
| 冬 | 0.139 | 0.328* | 0.469** |

注:*为相关显著水平$P<0.05$,**为相关显著水平$P<0.01$。

对四季空气负离子浓度与显著相关的因子进行逐步回归分析后得出的回归方程如下:

春季:$Y_{NAI}=55.095X_{AT}-420.215$

夏季:$Y_{NAI}=690.103X_{CD}+1772.935X_{ARH}+1112.164$

秋季:$Y_{NAI}=292.625X_{CD}+3835.275X_{ARH}-34.086$

冬季:$Y_{NAI}=1.734X_{AT}+1575.169X_{ARH}+377.525$

式中:$Y_{NAI}$为空气负离子浓度值;$X_{CD}$为郁闭度值;$X_{AT}$为环境空气温度值;$X_{ARH}$为空气相对湿度值。

春季,环境气温与地温的高低直接影响植物萌芽返青、恢复生理活性的速度,进而对环境中的空气负离子水平起到了决定性的影响。夏、秋两季,公园绿地植被的郁闭度与空气相对湿度对负离子浓度的变化有较大的影响,郁闭度较大的植物群落内空气负离子水平比郁闭度较小的植物群落的高出约1.5倍,一般情况下郁闭度值越高的植物群落绿量值会越大,绿量值高的绿地释放负离子的能力会越强,加之郁闭度值大的植物群落内空气流动性小,使得绿地释放出的负离子不易扩散,从而使环境中空气负离子浓度保持在较高水平;绿地中相对湿度一般随着郁闭度值的增加逐渐增大,相对湿度大的植物群落内空气粉尘受空气水分影响大大减少了扬尘现象,空气中的负离子被空气粉尘中正离子中和的几率大大降低,进而使绿地中的空气负离子水平保

持着较高的稳定程度,以致空气负离子浓度值随空气湿度相对增加而逐渐增大。冬季时,公园绿地环境中的空气负离子浓度主要受太阳辐射影响,因而与植被郁闭度无相关性,但与环境温度与相对湿度的变化情况基本一致,因此也呈现一定程度的相关性。

### 2.6.3 关于空气负离子水平特征与绿地结构、环境因子关系的讨论

#### 2.6.3.1 空气负离子浓度与植物群落结构及类型的讨论

城市绿地中不同结构类型绿地空气负离子水平差异极显著这一点已被国内外有许多研究证明,多数研究均认为乔灌草复层结构绿地空气负离子浓度最高,通常认为决定绿地空气负离子水平决定因子是绿地的绿量值,单位绿地面积中植物叶面积越大,植物对太阳辐射的利用率也越高,从而使植物具有较高的光电效率和放电效率,进而使绿地中空气负离子水平保持在较高水平(潘剑彬,2012)。本研究的结果也证实了这一点,城市公园绿地乔灌草复层植物群落在所有群落结构中具有最高的空气负离子水平的根本原因是这种群落结构条件下的单位绿量值最大,与其他复层结构、单层结构的植物群落相比,乔灌草复层植物群落的单位绿量值大,在相同覆盖率绿地中,复层结构植物群落对太阳辐射的利用效率大,圆明园公园的多数植物群落为"明亮型"绿地,阳光多数都能透过树冠照射到下层叶片,植物叶片发生光合作用与光电效应的形态是立体式的,以至绿量值高的植物群落中空气负离子浓度也会保持在较高水平,因此复层群落结构植物群落中空气负离子浓度显著高于单层结构群落。

有研究认为常绿针叶树木的叶具有尖端放电的功能,使空气发生电离而增加空气负离子浓度;同时常绿针叶乔木释放出的芳香挥发性物质也能使空气发生电离,进而使其群落周围空气负离子浓度较高(蒙晋佳,2005)。但本研究在实验测量过程中发现,相同郁闭度条件下的常绿针叶林为主体的群落类型条件空气负离子浓度并不高于落叶阔叶乔木为主体的植物群落,常绿针叶林为主体的群落空气负离子浓度低于阔叶树为主体的植物群落的原因可能是在植物生长季,后者的单位绿量值高于前者。但决定乔灌草结构植物群落高负离子水平的绿量合理值及群落构成比例还有待通过在圆明园公园内的进一步观测试验来验证。

本研究通过近水与非滨水植物群落负离子水平的比较分析还证实,近水的植物群落与非近水的植物群落区域空气负离子浓度差异较大。近水植物群落空气负离子浓度较高的原因一方面是由于北方缺水环境条件下园林中近水区域有较高的空气湿度而使植物生长条件好,生活力强、光合效率高、产生

空气负离子的能力也强，另一方面是由于近水区域较高的空气湿度及相对清洁的环境，对空气负离子的生活力保持有一定的贡献。本研究也证实北方园林中近水植物群落有利于营造清洁、富氧的小环境条件。

2.6.3.2　空气负离子浓度与空气温湿度、郁闭度等因子相关性的讨论

公园绿地空气中的负离子随时都在不断产生和消失的交替中，绿地空气负离子浓度受其所处微环境因子及其自身特征的影响而呈现一定的规律性变化特征，这些因子主要包括太阳辐射、空气湿度、温度、水环境、人类活动、植被群落结构及其郁闭度等。关于空气负离子浓度与气温、相对湿度的相关性，多数研究认为负离子水平与气温呈负相关而与相对湿度呈正相关，如陈佳瀛等分析了上海城市外环林带和植物园空气离子与温度、相对湿度等因子的关系，得出空气负离子浓度与空气相对湿度成正相关而与温度成负相关的特征，其中空气湿度因子在对城市空气负离子的影响起主要作用（陈佳瀛，宋永昌，陶康华，倪军，2006），赵雄伟等研究北戴河刺槐林空气负离子分布规律时也得出类似结论（赵雄伟，李春友，葛静茹，刘峰，李德成，陈殿合，杨建民，2007）；章志攀等提出天目山国家级自然保护区空气负离子浓度变化特征与空气负离子呈极显著的负相关，与相对湿度呈极显著的正相关，与气温呈显著负相关（章志攀，俞益武，张明如，杜晴洲，陈建新，毛凤成，2008）；张双全等分析了神农谷国家森林公园内森林游憩区的空气负离子浓度，也得出空气负离子浓度日变化与气温呈显著的负相关，与空气相对湿度呈显著的正相关（张双全，谭益民，吴章文，2011）。但也有不同的研究的结论，例如，朱春阳等分析北京城市带状绿地空气负离子水平及其影响因子时得出，空气负离子浓度与相对湿度呈显著正相关，与温度在不同季节呈现截然相反的相关性：春、冬季正相关、夏季负相关（朱春阳，李树华，李晓艳，2012）；王继梅（2007）等指出负离子浓度与气温和相对湿度均呈正相关，其中相对湿度为主导因子。除温、湿度外，也有研究指出空气负离子浓度与生境的风速、噪声、粉尘含量、光照强度呈负相关关系（朱春阳，李树华，李晓艳，2012）。本研究也得出在不同季节，公园绿地空气负离子浓度与空气温度、相对湿度具有不尽相同的关联特征。圆明园公园绿地中空气负离子浓度与空气温度在冬、春季呈显著正相关，在夏季呈负相关，在秋季呈不相关；空气负离子浓度与空气相对湿度在夏、秋、冬三季呈正相关，在春季呈不相关。

在冬、春季公园绿地空气负离子浓度主要受太阳辐射等环境因子影响，因此这一时期空气温度与空气负离子水平趋于正相关变化，但在植被生长旺盛的夏季，绿地空气负离子浓度主要影响因子为植被的生理活动特征，当温度过高对绿色植物叶片本身进行的多种生理生化起抑制作用，使植物避免因

太阳直射、温度过高而生理失活，因此夏季绿地空气负离子浓度与气温多呈负相关的关系。公园绿地空气负离子浓度与空气相对湿度多数情况下呈现出正相关的特征，其原因一方面可能是相对湿度大的区域粉尘含量较低，负离子不易被中和，另一原因可能是由于叶片光合作用能够产生氧气，负离子与水分子具有较强的亲和性，从而保持较高的空气负离子水平。

有研究表明，季节变动、群落特征共同影响负离子水平，其中群落特征因素对负离子浓度的影响大于季节因素（刘新，吴林豪，张浩，王祥荣，2011）。郁闭度是反映林分密度的指标，为单位面积上林冠覆盖林地面积与林地总面积之比。国内外多数研究结果显示绿地郁闭度越高，绿地空气负离子含量越大（邵海荣等，1986；郭圣茂等，2002；胡译文等，2011）。如陶宝先等分析了南京地区杉木、马尾松、麻栎、毛竹4种林分中空气负离子含量的变化，得出在林分特征指标中对空气负离子含量影响最大的是郁闭度（陶宝先，张金池，2012）。本研究也证实公园绿地空气负离子浓度与绿地植被郁闭度在植物生长季呈正相关关系。我国北方温带、寒温带地区城市绿地多为空间开敞、透光通风性好的"明亮型"绿地，郁闭度高的绿地植物叶片净光合效率高，空气负离子含量也就相应较高。但对于非城市环境、特别是南方热带、暖温带地区的非"明亮型"林地，郁闭度越高的绿地植物的光合效率并不一定越高，空气负离子浓度与绿地植被郁闭度未必一定呈显著正相关关系。

本研究针对城市公园绿地的四季生态服务功能进行定量化综合研究，通过定量分析得出公园绿地在植物生长季郁闭度、空气相对湿度与空气负离子水平的回归方程，研究表明通过合理设置城市公园绿地郁闭度，可以有效增加空气负离子浓度，从而提高公园绿地区域微环境中的空气质量。空气负离子浓度受环境因子影响较大，本研究结果表明，空气负离子浓度与气温、相对湿度之间的相关性受季节因素影响。目前国内外相关研究对空气负离子的检测检测技术或方法以及仪器设计结构存在一定差异，这给空气负离子的测定和研究造成了很大困难（章银柯，王恩，林佳莎，包志毅，2009），对空气负离子相关标准的研究与制定还有待深入。

## 2.6.4 本节小结

绿地植被群落结构特征与公园绿地空气负离子浓度间具有显著的关联性，多数情况下，复层植被群落内空气负离子浓度大，而单层植被群落内空气负离子浓度小。公园绿地的单位面积绿量值大小是影响绿地空气负离子水平的主要因素，单位面积绿量越大，绿地空气负离子就能愈加保持在较高水平。

植被的郁闭度对城市公园绿地空气负离子浓度具有显著的影响。多数情况下，植被的郁闭度越高，绿地空气负离子浓度会愈大，而以绿地环境中空气温湿度为代表的微环境小气候改变可以直接影响植物群落内空气负离子的水平。

公园区域不同的生境内具有显著的空气负离子浓度差异。滨水区绿地的空气负离子水平显著高于远离水面的同质绿地，静态水体也能对绿地空气负离子浓度产生影响。

太阳辐射是北方公园绿地冬、春季影响绿地空气负离子浓度的主要因素，但在夏、秋两季，影响绿地空气负离子水平的决定因素是植被条件与特征，外部因素通过促进和影响绿色植物的光合作用、呼吸作用等生理活动强度而促进绿地微环境条件下的空气负离子浓度。

植被郁闭度、植物群落结构、季节因素是公园绿地产生负离子效应的主要因素，创造宜游的公园游憩环境一定要综合考虑这些因素对绿地生态效益的影响。

## 2.7 本章研究结论

①在增湿降温效应方面，圆明园公园植物群落通过植物蒸腾、叶片反射太阳辐射吸收地面反射等因素的共同作用，使得公园各类型结构的绿地微环境中温湿条件发生改变，形成明显的小气候特征，尤其在春、夏、秋三季植物处于生长期时增湿降温效益明显，使得公园在湿热条件方面优于城区环境，也有利于公园观光、游憩活动的开展。

②在滞尘效益方面，圆明园公园植物群落具有降低空气悬浮颗粒物浓度的显著作用，尤其是乔灌草型、乔灌型、乔灌结合水面型植物群落的阻滞粉尘效果最佳，公园植物夏季滞尘能力强，公园环境适宜外出游憩。

③在抑菌效益方面，圆明园公园绿地环境表现较强的抑菌效应，公园中乔木为主体的植物群落微生物含量相对较低，而结构复杂、密植、郁闭度高的植物群落中含菌量相对较高，绿地植被在创造健康清洁微环境方面具有很大的作用。

④在降噪效应方面，圆明园公园绿地具有显著的降噪能力，植物群落结构特征、郁闭度、宽度、噪声源特征等因子是决定绿地降噪效应的主要影响因子。植物群落郁闭度与群落降噪能力呈正相关关系，不同组成结构的植物群落降噪能力也不同。

⑤产生空气负离子方面，公园绿地是影响绿地空气负离子水平的主要因素。绿量越大、植被的郁闭度越高、越靠近水体的场所，绿地空气负离子就愈加能保持在较高水平。

# 3 圆明园公园环境游憩适宜性评价

## 3.1 城市公园环境游憩适宜性评价的目的和意义

游憩适宜性是指游憩地客观条件相对于游憩行为发生的重要性；环境游憩适宜性是指构成环境的因子对场所内发生的游憩活动的影响程度。环境游憩适宜性评价是指通过深入分析游憩场所环境构成要素与功能发挥的特征，对场所中各环境因子是否支持开展游憩活动进行分析、评估，以确定环境对游憩活动是否适宜、适宜程度和适宜等级。"对旅游区来说，不同地段旅游适应性评价是在对该旅游区自然环境进行监测的基础上，寻求旅游区发展最佳场所利用方式的方法"（张吉儒，潘东，2008）。而对于游憩地不同地段的环境游憩适宜性分析，也是建立在对场所环境特征进行监测的基础上的，探讨环境对游憩活动、游憩行为的敏感性与支持度。

游憩场所的环境适宜性评价是游憩地规划与设计的基础，也是该场所游憩机会谱确定的基础，游憩适宜性评价的目标是根据游憩场所的游憩资源、环境特征以及场所对使用者游憩需求的支持程度，划分游憩环境的适宜性等级。游憩场所的规划不能只从游憩资源利用的角度出发，还应综合地考虑场所的自然、社会等综合因素对游憩行为的支持能力，即必须考虑"环境的游憩适宜性"。

城市公园游憩活动总是发生在公园中一些特定场所和空间内部的，科学地评估城市公园游憩环境的价值，确定公园绿色空间微环境构成及生态服务功能上的差异，以公园绿色空间的微环境质量差异程度确定公园从事游憩活动的适宜性程度，能使公园场所的自然与人文资源能够被科学合理地利用，环境效应得以更好地发挥，并且便于引导游人参与各类游憩活动。其具体意义概括如下：

(1) 指导公园绿色空间的科学合理利用；

（2）引导并教育社会公众关注自然环境，并尽可能合理使用；

（3）最大化利用公园园林植物群落生态效益，合理组织游人活动，构建城市公园宜游绿色空间；

（4）以环境质量影响游憩区域的游憩规划，创造清洁健康、舒适宜游的游憩空间。

## 3.2 园林微环境游憩适宜性评价的原理及方法

人们对风景的认识和评价是有个体差异的，但对健康环境的需求却是共性的。微环境游憩适宜性分析是基于人的游憩活动对环境的要求以宜人健康为第一要务，风景、尺度、形态、色彩等美学、生态学、园林学标准都应在其后的认知基础上的。城市公园微环境游憩适宜性分析通过对公园内以园林植物为主体，由动物、建筑、水体、地形地貌共同构成的绿色空间的全面调研与评价，运用环境学、园林生态学原理以及相应的方法，分析公园内由园林植物群落构成的各类微环境绿色空间生态效益与环境质量差异，了解各环境要素与游人活动的制约，按照对人类身体健康程度的影响对各类植物群落构成的公园微环境进行区分，从而使公园的利用主体对公园的使用方式与公园的自然生态系统相协调。

关于游憩场所环境适宜性的方面研究早在美国风景园林大师麦克哈格（L. McHarg）的著作《设计结合自然》（Design with Nature）中有详细阐述，他将场所的水文、地形、地质、生物等特征分别按照对特定用途的适宜性程度划出深浅不同的等级图，并将这些图进行等权重叠加，得出最终的适宜性分析图（王忠君，2004）。这种环境适宜性分析的方法基本原理不曾改变，但分析的方法及手段却有了长足的发展。首先，分析指标由单一的环境因子发展到呈层级结构，形成复合的类因子加权评分，在图层叠加方面GIS（地理信息系统）地理信息技术得到了广泛应用。

本研究以圆明园公园绿色空间各类植物群落所产生的微环境生态效益分析为基础，结合相应的国家正式颁布或学术机构的环境质量标准来确定公园绿色空间的环境等级，通过多因子层面复合叠加评价城市公园环境游憩适宜程度，并对圆明园公园游憩环境的游憩功能适宜性进行整体与分区、分时评价。

## 3.3 评价体系构建及评价因子选取

### 3.3.1 城市公园环境游憩适宜性评价体系

评价的对象是公园的环境，公园环境由空气、土壤、水体、小气候、生

## 3 圆明园公园环境游憩适宜性评价

物等自然因素和文化遗存、风土习俗等人文因素共同构成，对其游憩适宜性评估实质就是对与游人活动密切联系的环境要素的全面评判。前文已述，因构成城市公园绿色空间的植被、地形等条件影响，公园会有地段性的微环境特征差异，对公园环境游憩适宜性评价的结果正是为了指出公园绿地微环境对游人游憩活动的影响程度。因此，城市公园环境游憩适宜性评价体系中应包含对公园绿地微环境构成要素的描述及相应指标的分级标准。

城市公园中每处相对独立的游憩空间是公园自然环境及游憩吸引物等各因素的集合，构成公园游憩场所环境的因素既有独立的自然和社会文化等物理因素，又有各因素组合而形成的游人体验感受因素，即风景美学因素。对公园场所环境游憩适宜性的评价应从这三个方面进行，所以城市公园环境游憩适宜性评价体系应由自然、社会、美学三个因子构成一级指标，每一级指标下由最能体现该指标特征、最具有代表性、最能反映公园环境差异的因子组成二级指标(如图 3-1 所示)。选取二级评价指标方面最重要的方面是代表性，即在每一类一级因子中选择最具有代表性、最能反映环境特征和场所景观价值的因子作其二级指标，二级指标的代表性采用专家评议法确定。本研究确定城市公园环境游憩适宜性评价体系以自然、美学、社会三个因子为类因子；自然因子包括小气候舒适度、环境清洁度(空气负离子水平)、声环境质量、空气总悬浮颗粒物水平、空气微生物含量(空气菌环境质量)5 个反映微环境自然条件质量差异的因素为基础因子；美学因子主要是游人对场所风景美感质量的态度，选择风景美景度为基础因子；社会环境因内容过于广泛，如场所拥挤度、游客满意度、原生文化协调度等因素都是社会环境包含的内容，本研究仅选择最能代表公园场所社会特征的场所人文资源吸引力作为社会因素的总载体，指标为人文景观丰富度，主要从场所文化资源/遗址保存度、可达性、展示程度等方面加以衡量。

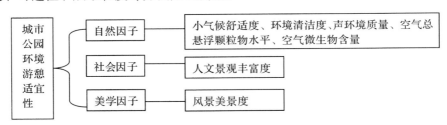

**图 3-1 城市公园环境游憩适宜性评价体系**

**Fig. 3-1 The system of recreation suitability evaluation on environment in urban parks**

## 3.3.2 城市公园环境游憩适宜性评价标准

在评价城市公园环境是否与游憩活动、游憩行为的要求相适应时,需要明确各项评价指标的内容及评价标准值,由于本评价体系中多数指标要素属非国家或地方、行业规定的标准,其指标体系构成的新颖性、多样性决定了评价标准也具有多样类型。本指标体系所采用的标准类型有:

(1)正式标准:已正式颁布实施的最新国家、行业和地方规定所涉及的标准,如空气环境质量评价的参考标准为《环境空气质量标准》(GB 3095—2012)。

(2)推荐标准:将学术机构、团体或学者个人根据研究整理、公开发表的学术领域内的相关学术成果作为推荐评价标准,如中南林业科技大学吴楚材、吴章文两位教授及石强等学者推荐的空气负离子评价标准。

(3)类比标准:参照同类型的相应正式或推荐指标,进行类比评价确定的新的质量等级。

(4)背景值或临界值:背景值指评价因子在对照样点区域值;临界值指学术研究确定的阈值,如空气负离子浓度达到 700 个/$cm^3$ 以上时对人体健康有益,达到 10 000 个/$cm^3$ 以上对一些疾病具有治疗作用(赵雄伟,李春友,葛静茹,杨建民,刘筱秋,2007)。

表3-1 列出了公园环境游适宜性评价指标及标准构成。

**表 3-1 公园环境游憩适宜性评价指标及标准构成**

**Tab. 3-1 Indicators and standards of recreation suitability evaluation on environment in urban parks**

| 类因子 | 基础因子 | 评价方法与标准 |
|---|---|---|
| 自然因子 | 小气候舒适度 | 风效指数与温湿指数 |
| | 环境清洁度 | 空气负离子安倍系数分级(CI 值)、森林空气负离子评价标准(FCI) |
| | 环境噪声响度 | 《城市区域噪声标准》(GB 3096—2008) |
| | 空气总悬浮颗粒物(TSP)水平 | 《环境空气质量标准》(GB 3095—2013)、《欧盟空气质量标准及清洁空气法案》(2008-50-EC) |
| | 空气微生物含量 | "中科院大气微生物含量标准"等学术机构标准 |
| 美学因子 | 风景美景度 | 视觉景观价值评估 |
| 社会因子 | 景点文化吸引力 | 人文景观丰富度评估(遗址保存度、可达性、展示程度等) |

# 3 圆明园公园环境游憩适宜性评价

圆明园公园作为城市公园的一种特殊类型——遗址公园，构成公园场所游憩环境的不仅有自然条件，还有深厚的皇家园林文化因素和游人综合感受的风景美学因素，公园中每处相对独立的游憩空间都是上述三因素的组合，对其场所微环境的游憩程度进行评估适用本研究确定的"城市公园环境游憩适宜性评价标准"。

## 3.4 圆明园公园自然环境质量游憩适宜性评价

### 3.4.1 圆明园公园环境小气候游憩适宜性

#### 3.4.1.1 小气候游憩适宜性评价指标选取

气候因素是环境中的一个重要部分，也是人类社会赖以生存的外部因子之一。气候研究中通常将水平范围 105~107m、垂直范围为 100~105m、时间以年为周期出现的气候特点称为大气候。影响一个地区的大气候的因子有：大气环流、太阳辐射和下垫面性质（大陆或海洋）。人类目前还不能通过影响这些因子来改变气候，但通过改变局部环境气候特点使之最大限度地适宜人类活动却是可以做到的，这就是与大气候相对应的小气候的特征。小气候是指因大气下垫面不均一性以及人类和生物活动所产生在局部地区近地气层所形成的微环境气候特征。通常情况下，特殊地形和植物种植是小气候形成的主要因素，衡量小气候的常见指标有：光照强度、温度、湿度和风速，其中温度、湿度和风速是影响人体舒适度的重要因素。

由于城市公园绿色植物具有改善小气候的生态效应，城市公园较城市其他区域更能够提供令人舒适的小气候条件。气候过冷或过热会对人体循环系统和新陈代谢造成负影响而使人感到不舒适，适宜的气候能消除人的疲劳而令人感到愉悦，因此，可以从小气候人体舒适度角度来衡量气候条件适宜游憩的程度。气候条件对游憩活动具有很大的影响，舒适的气候条件下，人们乐意到访并参与游憩活动，不舒适的气候对游人的体力、精力、心理都会产生消极的影响，甚至还可能影响游人的健康。如在静风状态下，气温在17~28℃时人会感到舒适，这种气候适宜开展户外活动；而当气温在17℃以下或28℃以上时，人体的感受是过冷或过热的气候特征（刘清春，王铮，许世远，2007），不舒适的环境气候感受会影响人们户外活动的动机与行为。因此分析、评价城市公园环境中的小气候游憩性很重要，一方面有助于公园管理者安排游憩项目，另一方面也帮助游人选择适宜的游憩时间和场所。

评价城市公园等游憩区的气候适宜性主要通过两种方法：第一种是分析

地域气候资料,判断区域环境是否适合旅游(范业正,郭来喜,1998;刘清春,王铮,许世远,2007);另外一种方法是以环境人体舒适度为依据对气候适宜性作定量评价,这种方法很适合微环境小气候的研究(刘敬伟,2007;田志会,郑大玮,郭文利,赵新平,王志华,2008;王敏珍,郑山,王式功,尚可政,2012)。人体舒适度是根据人体与环境之间的热交换原理,从人体热量平衡角度来描述不同气象环境下人体舒适感的生物气象指标。特吉望(Terjung,1966)最早提出人体舒适度指数的概念,后来这一概念得以发展,形成风效指数(wind effect index)、不适指数(DI)、温湿指数等一系列生物气象指标。目前用于气候人体舒适度分析的常用的评价指标有温湿指数、风效指数、体感指数等(何静,田永中,高阳华,明小鸿,陈志军,杨世琦,2010a;王德瀚,1986)。如刘实等(2005)以净月潭国家森林公园为研究对象,提出6~9月是其游憩适宜季节,吴章文等(2003)通过风效指数研究发现亚热带地区的森林公园竟然24h均处于舒适宜游状态。

气候主要由气温、湿度、风力、日照、气压等气象要素决定(范业正,郭来喜,1998),而对人体产生生理影响的气象要素主要是气温、湿度、风力和日照,它们直接影响人体与环境的水热交换,进而影响人体对气候的直观感受。舒适的气候是指人体在不借助任何御寒或避暑措施情况下生理活动正常进行的气候条件(孙根年,马丽君,2007),人体主要通过出汗量、皮肤感受和肌体可承载的变化负荷来感受气候变化。温湿指数THI(temperature humidity index)和风效指数$K$(wind effect index)能够表征人体对气候的体感程度,也是衡量气候舒适程度的指标。

温湿指数的本质是经相对湿度订正后的温度,风效指数既考虑了体表的散热也考虑了太阳辐射后人体的增热,是人的体表温度在33℃时体表接受太阳辐射后人体的增热量与散热量之差,反映了体表与周围环境之间的热交换,正为吸热,负为散热(何静,田永中,高阳华,明小鸿,陈志军,杨世琦,2010b)。

温湿指数THI和风效指数$K$通常采用下列公式来计算(刘清春,王铮,许世远,2007):

$$THI = (1.8t + 32) - 0.55(1 - f)(1.8t - 26)$$
$$K = -(10\sqrt{V} + 10.45 - V)(33 - t) + 8.55S$$

式中:$t$为摄氏温度;$f$为相对湿度(以百分数表示);$V$为风速,m/s;$S$为一天中的日照时数,h/d。

因为温湿指数和风效指数可以用来表征环境小气候的舒适或宜人程度,在众多的气候舒适度或适宜性评价方法中,这两种指标因监测数据方便、计算简单、结果准确而得到较为广泛的应用。本研究也选择这两项指标来评估公园小气候特征，以此来评判环境游憩的适宜程度。

### 3.4.1.2 小气候游憩适宜度分级标准

根据气候温湿指数和风效指数两个综合指标对应的环境气候舒适度，将城市公园环境小气候游憩适宜度分为 5 个等级，即"最适宜、适宜、较适宜、较不适宜、不适宜"，其分级标准如表 3-2 所示。温湿指数（THI）和风效指数（$K$）这两项指标中，以向下兼容为原则，即有一项指标为下一级，则指标确定的适宜为下一级。最适宜游憩的环境小气候温湿指数（THI）和风效指数（$K$）指示范围内都给人"舒适"的感觉，这种体表感觉在有些研究中被认为是适宜疗养的气候条件（范业正，郭来喜，1998），温凉或温暖为适宜游憩气候，稍冷或干热为较不适宜游憩气候，寒冷或闷热的气候为较不适宜游憩气候，不适宜的气候给人的身体感觉是非常冷或极炎热。这两个指标是相对于健身、赏景、娱乐等大众型休闲游憩行为而言的，对于游人在极端环境中从事的如滑雪、冬泳等极限性体验活动不适用此标准。

表 3-2  城市公园环境小气候游憩适宜性分级标准

Tab. 3-2  Grade standards on recreation suitability of micro-climate in urban parks

| 温湿指数（THI） | | | 风效指数（$K$） | | |
|---|---|---|---|---|---|
| 指数范围 | 人体感受 | 游憩适宜性 | 指数范围（kcal/m² · h） | 人体感受 | 游憩适宜性 |
| <35 | 极寒冷 | 不适宜 | <1400 | 皮肤冻伤 | 不适宜 |
| 35~40 | 非常冷 | 不适宜 | -1200~-1400 | 寒冷刺骨 | 不适宜 |
| 40~45 | 很冷 | 较不适宜 | -1000~-1200 | 寒冷 | 较不适宜 |
| 45~55 | 寒冷 | 较不适宜 | -800~-1000 | 冷 | 较不适宜 |
| 55~60 | 稍冷 | 较适宜 | -600~-800 | 稍冷 | 较适宜 |
| 60~65 | 温凉 | 适宜 | -300~-600 | 温凉 | 适宜 |
| 65~70 | 舒适 | 最适宜 | -200~-300 | 舒适 | 最适宜 |
| 70~75 | 温暖 | 适宜 | -50~-200 | 温暖 | 适宜 |
| 75~80 | 干热 | 较适宜 | +80~-50 | 暖热 | 较适宜 |
| 80~83 | 闷热 | 较不适宜 | +160~+80 （32~35.7℃） | 热 | 较不适宜 |
| 83~85 | 炎热 | 较不适宜 | +160~+80 （≥35.8℃） | 炎热 | 较不适宜 |
| >85 | 极炎热 | 不适宜 | ≥+160 | 极酷热 | 不适宜 |

注：根据《西安旅游气候舒适度与客流量年内变化相关性分析》（孙根年，马丽君，2007）整理。

### 3.4.1.3 圆明园环境小气候游憩适宜度分析

结合对圆明园公园 2009 年 4 月~2010 年 3 月 22 个园内样点和 1 处园对照样地的全年空气温度、相对湿度、风速的测定结果,计算出各月的平均温湿指数和风效指数值(如表 3-3 所示)。研究表明圆明园公园绿地的小气候舒适性特征与园外环境实际上相差不大,园内环境仅比园外环境的气候舒适性略有改善,这说明环境的舒适程度更多的受区域大气候条件所决定。公园绿地对户外空间的人体舒适度改善作用远远不及"室内空调"的作用,所以不能过度期待公园绿地在区域整体气候条件过热或过冷的恶劣条件下起到"城市空调"的作用,公园绿地不可能在炎热的夏天成为冷库而在寒冷的冬天成为温室,公园绿地对仅在一定范围内环境内小气候起到调节作用。这一结果也说明,城市公园气候游憩适宜性也主要决定于城市区域的整体气候条件的支持程度。

表 3-3 圆明园公园一年不同月份白天小气候温湿与风效指数比较
Tab. 3-3 Micro-climate THI and $K$ degrees in the daytime of a year

| 样点 | 四月 | | 五月 | | 六月 | | 七月 | | 八月 | | 九月 | |
|---|---|---|---|---|---|---|---|---|---|---|---|---|
| | THI | $K$ | THI | $K$ | THI | $K$ | THI | $K$ | THI | $K$ | THI | $K$ |
| A | 62 | -165 | 74 | 16 | 84 | 151 | 89 | 171 | 86 | 169 | 84 | 153 |
| B | 62 | -215 | 74 | 3 | 83 | 135 | 89 | 167 | 86 | 161 | 84 | 145 |
| C | 62 | -213 | 75 | 7 | 83 | 143 | 90 | 173 | 86 | 171 | 84 | 167 |
| D | 62 | -209 | 74 | 5 | 84 | 163 | 89 | 173 | 85 | 165 | 83 | 165 |
| E | 61 | -219 | 75 | 7 | 83 | 137 | 90 | 169 | 85 | 155 | 84 | 151 |
| F | 62 | -217 | 74 | 3 | 83 | 133 | 90 | 161 | 86 | 161 | 83 | 147 |
| G | 62 | -213 | 74 | 11 | 83 | 143 | 89 | 167 | 85 | 171 | 84 | 167 |
| H | 62 | -215 | 75 | 22 | 83 | 155 | 89 | 171 | 86 | 185 | 84 | 173 |
| I | 61 | -221 | 75 | 1 | 83 | 129 | 89 | 161 | 85 | 135 | 84 | 141 |
| J | 61 | -219 | 75 | 5 | 83 | 137 | 89 | 163 | 85 | 157 | 84 | 151 |
| K | 61 | -223 | 75 | 3 | 83 | 131 | 89 | 161 | 85 | 151 | 84 | 147 |
| L | 61 | -219 | 74 | 1 | 82 | 127 | 90 | 169 | 87 | 163 | 84 | 143 |
| M | 61 | -223 | 74 | -1 | 82 | 123 | 89 | 161 | 86 | 161 | 83 | 147 |
| N | 61 | -219 | 74 | 5 | 82 | 135 | 88 | 165 | 84 | 167 | 83 | 157 |
| O | 61 | -223 | 74 | -1 | 82 | 127 | 88 | 155 | 84 | 151 | 83 | 149 |
| P | 62 | -217 | 74 | 7 | 83 | 143 | 89 | 167 | 85 | 161 | 83 | 161 |
| Q | 61 | -221 | 74 | 5 | 83 | 145 | 88 | 163 | 84 | 161 | 83 | 151 |

(续)

| 样点 | 四月 | | 五月 | | 六月 | | 七月 | | 八月 | | 九月 | |
|---|---|---|---|---|---|---|---|---|---|---|---|---|
| | THI | $K$ | THI | $K$ | THI | $K$ | THI | $K$ | THI | $K$ | THI | $K$ |
| R | 62 | -213 | 74 | 9 | 83 | 151 | 89 | 171 | 85 | 165 | 83 | 163 |
| S | 62 | -203 | 75 | 26 | 82 | 161 | 89 | 183 | 85 | 183 | 84 | 181 |
| T | 62 | -215 | 74 | 7 | 83 | 155 | 89 | 165 | 86 | 171 | 83 | 145 |
| U | 61 | -219 | 74 | 3 | 83 | 147 | 88 | 161 | 86 | 167 | 83 | 141 |
| V | 62 | -209 | 74 | 5 | 83 | 161 | 89 | 169 | 85 | 173 | 83 | 155 |
| 对照 | 62 | -162 | 74 | 26 | 82 | 165 | 90 | 181 | 85 | 193 | 83 | 175 |

| 样点 | 十月 | | 十一月 | | 十二月 | | 一月 | | 二月 | | 三月 | |
|---|---|---|---|---|---|---|---|---|---|---|---|---|
| | THI | $K$ | THI | $K$ | THI | $K$ | THI | $K$ | THI | $K$ | THI | $K$ |
| A | 71 | -59 | 55 | -334 | 48 | -486 | 38 | -722 | 33 | -803 | 50 | -453 |
| B | 70 | -73 | 56 | -320 | 48 | -482 | 38 | -726 | 34 | -787 | 50 | -443 |
| C | 70 | -67 | 55 | -338 | 48 | -484 | 38 | -722 | 33 | -795 | 50 | -445 |
| D | 70 | -55 | 55 | -340 | 48 | -482 | 38 | -726 | 33 | -807 | 50 | -451 |
| E | 71 | -59 | 55 | -334 | 47 | -492 | 38 | -728 | 33 | -803 | 50 | -451 |
| F | 70 | -69 | 56 | -318 | 47 | -486 | 38 | -720 | 34 | -785 | 50 | -445 |
| G | 70 | -61 | 55 | -338 | 48 | -482 | 38 | -724 | 33 | -797 | 50 | -455 |
| H | 70 | -67 | 55 | -330 | 48 | -484 | 38 | -728 | 33 | -811 | 49 | -463 |
| I | 70 | -81 | 55 | -320 | 47 | -490 | 38 | -722 | 33 | -799 | 50 | -443 |
| J | 71 | -63 | 55 | -334 | 48 | -486 | 38 | -722 | 33 | -803 | 50 | -439 |
| K | 71 | -61 | 55 | -334 | 47 | -490 | 38 | -722 | 33 | -799 | 50 | -439 |
| L | 70 | -73 | 56 | -320 | 47 | -486 | 38 | -720 | 33 | -795 | 50 | -445 |
| M | 71 | -65 | 55 | -322 | 47 | -486 | 38 | -722 | 33 | -797 | 50 | -451 |
| N | 70 | -67 | 55 | -334 | 47 | -490 | 38 | -726 | 33 | -807 | 50 | -455 |
| O | 70 | -77 | 55 | -338 | 47 | -492 | 38 | -728 | 33 | -799 | 49 | -451 |
| P | 70 | -67 | 54 | -340 | 48 | -484 | 38 | -724 | 33 | -805 | 49 | -463 |
| Q | 71 | -61 | 54 | -340 | 48 | -486 | 38 | -720 | 33 | -797 | 50 | -443 |
| R | 70 | -57 | 54 | -342 | 48 | -482 | 38 | -726 | 33 | -807 | 50 | -455 |
| S | 71 | -49 | 54 | -344 | 48 | -482 | 38 | -726 | 32 | -815 | 50 | -459 |
| T | 71 | -55 | 54 | -340 | 48 | -486 | 38 | -722 | 33 | -803 | 50 | -455 |
| U | 71 | -59 | 55 | -338 | 48 | -486 | 38 | -732 | 33 | -807 | 49 | -463 |
| V | 71 | -57 | 54 | -342 | 48 | -484 | 38 | -722 | 33 | -807 | 50 | -455 |
| 对照 | 70 | -55 | 54 | -348 | 48 | -480 | 38 | -726 | 33 | -813 | 49 | -459 |

对圆明园公园内乔、灌、草、乔草、乔灌、灌草、乔灌草等七种不同结构和滨水与非滨水的不同类型绿地小气候指标THI和$K$进行了分组比较,方差分析的结果如表3-4所示,其$F$值<1,显著度水平($F_{0.05}$)>0.05,这表明不同结构、不同立地类型的公园绿地小气候特征相差不大,这也进一步说明城市公园环境气候游憩适宜性特征不受公园绿地植被构成条件的限制,更多的受限于城市整体气候特征。但这并不说明小气候因素对游憩活动的影响不大,分析公园气候因素对游憩活动的适宜性,也便于指导公园游人在较不适宜或不适宜游憩的条件下更合理的利用公园的场所和游憩时间。如在较不适宜游憩的六、八、九月和不适宜游憩的七月,因夏季太阳辐射强、空气温度高,应引导游人在树荫或有遮阳设施的环境中活动,另外也可以安排在清晨或傍晚日照不强、气温下降的时间段内到访游览。

表3-4 不同结构、立地类型植物群落的小气候游憩适宜特征方差分析表

Tab. 3-4 Analysis of variance for recreation suitability of micro-climate in different plant communities

| 项目 | 分组依据 | 差异源 | 离差平方和 | 自由度 | 均方 | 均方比 |
| --- | --- | --- | --- | --- | --- | --- |
| 温湿指数(THI) | 群落结构 | 组间 | 1.847 | 6 | 0.308 | 0.001 |
| | | 组内 | 91 505.294 | 257 | 356.052 | |
| | | 总计 | 91 507.141 | 263 | | |
| | 群落类型 | 组间 | 3.257 | 13 | 0.251 | 0.001 |
| | | 组内 | 91 503.884 | 250 | 366.02 | |
| | | 总计 | 91 507.141 | 263 | | |
| 风效指数($K$) | 群落结构 | 组间 | 1440.878 | 6 | 240.146 | 0.002 |
| | | 组内 | 30 140 568.76 | 257 | 117 278.48 | |
| | | 总计 | 30 142 009.63 | 263 | | |
| | 群落类型 | 组间 | 2740.165 | 13 | 210.782 | 0.002 |
| | | 组内 | 30 139 269.467 | 250 | 120 557.08 | |
| | | 总计 | 30 142 009.633 | 263 | | |

如图3-2所示,从温湿指数(THI)的结果来看,圆明园公园夏季(六、七、八、九月)和冬季(十二、一、二、三月)的气候条件均不太适合游憩活动,十月的气候是最适宜游憩的时期,春季(四月、五月)是适宜户外游憩的季节,而秋季的十一月则是较适宜游憩的时期;从风效指数($K$)的结果来看,圆明园公园夏季和冬季的二月气候条件较不适宜游憩活动,四月份公园内环境最

适宜开展游憩活动，秋季和初冬的十二月适宜游憩，一月、五月为较适宜时期。两个指标尽管有一些差异，但基本都认可春、秋两季气候是支持圆明园公园开展游憩活动的，整个夏季和过冷的冬季二月则是较不适宜游憩活动开展的时间。在不适宜开展户外游憩活动的季节，公园有必要对游人活动给予一定的引导和提供设施，以便游人能克服不利气候因素影响，健康地参与游憩活动。

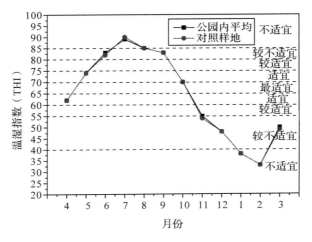

(a)温湿指数月变化

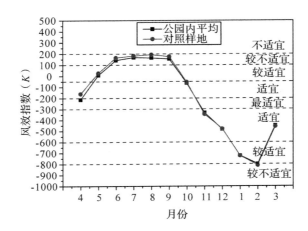

(b)风效指数($K$)月变化

图 3-2　圆明园公园环境游憩适宜性月变化特征

Fig. 3-2　The monthly changes of recreation suitability on environment in Yuanmingyuan garden

#### 3.4.1.4 圆明园环境小气候游憩适宜度评价结论

圆明园公园环境气候游憩适宜性的整体表现为:春秋适宜,夏冬不适。夏季(六月至九月)气候过热,尤其是七月份天气非常炎热,游人应适当避开光照强度过高的中午等时间段出游,尽可能选择早晚时间段到访游憩;冬季十二月至来年三月间,公园气候整体令人感觉寒冷较不适宜游憩,尤其是二月份气候过于寒冷,不太适宜长时间在公园户外活动。

圆明园公园小气候游憩适宜性在绿地空间上差异不大,但随时间跨度差异较大的特点要求公园在管理上尽可能提供设施与场所引导,提出公园小气候适游空间分配方案,在较不适宜游憩的时段内划出具有树荫乘凉或围合避风的场所,以引导游人正常参与游憩活动。

### 3.4.2 圆明园公园绿地空气微生物水平游憩适宜度

空气微生物与人类的生命健康有很大关系,全球因空气微生物引起的呼吸道感染率达20%(于淼,2009)。空气微生物能通过黏膜、皮肤损伤、消化道及呼吸道侵入人体机体,其中呼吸道是主要传播途径(周连玉,乔枫,2011),空气微生物从人的鼻、咽、喉、气管、支气管直到肺泡,这些部位滞留的病原微生物都可以在该处引起感染。空气微生物中很多的细菌如化脓性链球菌、结核分枝杆菌、军团菌都可以致病,而且真菌类更易引起人体的过敏和中毒反应,在致病的真菌中,分支孢子霉属、交链孢霉属是最常见、最主要的菌属,也是室外空气中常见的真菌种类(韩佳,王中卫,2012)。空气微生物含量可影响空气质量,有报道提出"世界卫生组织规定空气中细菌浓度小于500CFU/$m^3$为安全含菌环境,700~1800CFU/$m^3$有发生空气感染的危险"(欧阳友生,谢小保,陈仪本,黄小茉,彭红,施庆珊,2006)。因为空气微生物常与气溶胶、颗粒物等媒介物结合并散布,易诱导疾病发生与传播,常被视作空气污染的三大原因之一(空气的污染主要包括物理、化学和生物污染,空气微生物污染是空气生物污染的重要组成部分)。作为城市居民闲暇时间主要的活动场所——城市公园,依据环境质量合理引导游憩行为是其责任与义务。作为评估公园环境质量的一个重要方面,研究公园绿地空气微生物水平对游憩活动的适宜程度,是科学指导公园游憩项目设置,合理提供场所游憩机会的一个基本前提。

#### 3.4.2.1 城市公园空气菌环境游憩性评价指标与标准

评价环境是否适宜游憩活动,空气微生物浓度是一项重要参数。城市公园绿地空气微生物主要的种类有细菌、真菌、放线菌和酵母菌等,其中以细菌和真菌为主要成分。国内目前尚无评价空气微生物水平的国家标准,研究

## 3 圆明园公园环境游憩适宜性评价

也多采用中科院谢淑敏在京津地区空气微生物调查结果所拟定的空气微生物评价标准（表 3-5）和余叔文参照北京市城区空气微生物污染调查结果得出的空气微生物环境质量分级评价标准（表 3-6）。

表 3-5 空气微生物评价标准
Tab. 3-5 The standards of air microbiological evaluation (recommended by the Ecological Center of Chinese Academy of Sciences)

单位：$10^3 CFU/m^3$

| 级别 | 污染程度 | 细菌 | 真菌 | 微生物 |
| --- | --- | --- | --- | --- |
| Ⅰ | 清洁 | <1 | <0.5 | <3 |
| Ⅱ | 较清洁 | 1.0~2.5 | 0.50~0.75 | 3~5 |
| Ⅲ | 轻微污染 | 2.5~5.0 | 0.75~1.00 | 5~10 |
| Ⅳ | 污染 | 5~10 | 1.0~2.5 | 10~15 |
| Ⅴ | 中度污染 | 10~20 | 2.5~6.0 | 15~30 |
| Ⅵ | 严重污染 | 20~45 | 6.0~20 | 30~60 |
| Ⅶ | 极严重污染 | >45 | >20 | >60 |

注：中科院生态研究中心推荐标准（谢淑敏，1986）。

表 3-6 空气微生物环境质量分级标准（余叔文，1993）
Tab. 3-6 Grade criteria of airborne microbe for environmental quality

单位：$CFU/m^3$

| 污染程度 | 空气含菌量 |
| --- | --- |
| 严重污染 | $>10^5$ |
| 中度污染 | $1.0 \times 10^4 \sim 5.0 \times 10^4$ |
| 轻度污染 | $1.0 \times 10^3 \sim 1.0 \times 10^4$ |
| 清洁 | $<1.0 \times 10^3$ |

本研究认为，相比城市其他区域，城市公园应提供安全的菌环境以利于公园使用者身体健康，因此本研究结合上述两个空气微生物标准和世界卫生组织关于安全环境细菌含量的规定（于玺华，2002），提出如下城市公园绿地环境微生物水平游憩适宜性评价标准（表 3-7 所示）。

表 3-7 城市公园环境空气微生物含量游憩适宜性评价标准
Tab. 3-7 The standards of recreation suitability evaluation air microbiological content in urban parks

单位：$CFU/m^3$

| 细菌 | 真菌 | 微生物 | 空气质量 | 旅游适宜性 |
| --- | --- | --- | --- | --- |
| <500 | — | — | 安全 | 非常适宜 |
| 500~700 | — | — | 清洁 | 很适宜 |
| 700~1000 | <500 | <3000 | 较清洁 | 适宜 |
| 1000~2500 | 500~750 | 3000~5000 | 有污染可能 | 较适宜 |
| >2500 | >750 | >5000 | 轻微污染 | 不适宜 |

注："—"表示标准缺失，暂不评价。

标准将城市公园环境空气微生物含量游憩适宜性分为五个等级：非常适宜、很适宜、适宜、较适宜和不适宜。标准综合了中国科学院生态环境研究中心推荐的标准和世界卫生组织关于空气细菌含量的规定，重点考查空气细菌日平均含量。

3.4.2.2　圆明园公园环境空气微生物含量游憩适宜性分析

从前文关于圆明园公园空气微生物含量月、季变化情况[见表2-9(a)、表2-9(b)]可知，无论是按照中科院谢淑敏在京津地区空气微生物调查结果所拟定的评价标准还是余叔文参照北京市城区空气微生物污染调查结果得出的空气质量评价标准，圆明园公园环境一年中日平均空气微生物含量均为清洁水平，但按城市公园环境空气微生物含量游憩适宜性评价标准，公园的绿地环境可分为非常适宜和很适宜游憩两种类型（如图3-3所示）。

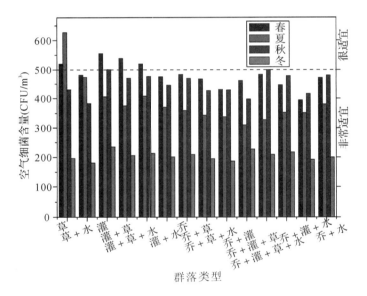

**图 3-3　圆明园公园环境空气微生物含量游憩适宜性评价**

**Fig. 3-3　The recreation suitability evaluation on air microbiological content in Yuanmingyuan garden**

春季，圆明园公园的草本地被植物群落、灌木植物群落、灌草植物群落和近水的灌草植物群落中空气微生物含量均超出500CFU/m³标准水平，为"很适宜"级游憩区域，其他类型植物群落均为"非常适宜"级游憩区域；秋季，公园灌木植物群落和乔灌草复合型植物群落接近或微超500CFU/m³标准水平，为"很适宜"级游憩区域，其他类型植物群落为"非常适宜"级游憩区域；冬、夏两季圆明园公园绿地环境空气微生物含量均较低，公园内环境均为"非常适宜"级游憩区域。鉴于达到一定浓度水平的空气微生物可能对人体健康造成的影响，不推荐体质较弱的老人和儿童在"很适宜"级游憩区域活动，静养、亲子游憩等活动建议在"非常适宜"级游憩区域开展。

结合前面分析的植物群落空气微生物日变化规律及其所标志的空气质量高低程度，仅从微生物角度来看，圆明园公园绿地环境一年四季白天均为适宜户外游憩活动时间，每个季节的最佳游憩时间分别为：春季 11：00 ~ 17：00、夏季 9：00 ~ 11：00 和 15：00 ~ 17：00、秋季 11：00 ~ 15：00、冬季 11：00 ~ 15：00，这些时间段分别是空气微生物含量在所在季节比较低的时段，并且是日照条件与空气温度相对适宜的时段，空气微生物水平非常适合开展游憩活动。

3.4.2.3　圆明园公园环境空气微生物水平游憩适宜性结论

圆明园公园由于具有良好的绿化条件，园林植物发挥着较强的抑菌净化作用，使公园内部绿色空间的微生物含量在一年中均处于"非常适宜"和"很适宜"游憩水平，多数场所适宜开展康体健身、休闲娱乐等游憩活动。研究也发现，不同季节、不同绿地类型的场所在宜游水平上有一定的差异，为了保证游人的身体健康，充分发挥植物对人体的保健作用，推荐体质弱的游人在"非常适宜"区域参与游憩活动。

公园管理者在设置游憩项目、组织游憩活动时，应考虑公园不同类型绿地空间的游憩适宜程度，根据游憩空间的植被构成与立地条件，结合场所拥有的文化资源及场所精神，合理进行安排与组织，以达到环境健康、活动丰富、游人满意的最佳游憩空间利用效果。

## 3.4.3　圆明园公园环境清洁度游憩适宜性

国内外有很多研究已经证实，空气中的粉尘能引发各种呼吸道疾病、危害人体健康。如吴国平等研究了广州、武汉、兰州、重庆市 8 所小学共 8000 余名学生父母患呼吸系统疾病的病症率受空气污染影响的情况，结果显示城市城区成人患感冒、咳嗽、哮喘、支气管炎等病呼吸系统的病症率与空气粉尘污染有明显的正相关关系（吴国平，胡伟，滕恩江，魏复盛，2001）。很多城市近年来都相继开展了"清洁城市行动"，通过加强城市绿地的滞尘效应降低空气粉尘污染是世界上很多国家或地区所采取的有效环境清洁措施。城市绿地中的植物通过叶片表面截取和固定空气悬浮颗粒物，从而能有效消减城市空气污染。城市公园作为城市绿地集中分布区，对城市空气起着重要的"绿肺"的作用。为了充分保证游人在公园游憩时不受环境空气粉尘的危害，有必要对公园空气清洁程度做出是否适宜游憩活动开展的评估，进而实现健康游园的目标。

#### 3.4.3.1 公园环境清洁度游憩适宜性评价指标与标准

国家环境保护部 2012 年 2 月 29 日颁布了修订后的《环境空气质量标准》(GB 3095—2012)已在全国范围内实施,标准将环境空气功能区分为两类:一类区为自然保护区、风景名胜区和其他需要特殊保护的区域;二类区为居住区、商业交通居民混合区、文化区、工业区和农村地区;其中规定的空气总悬浮颗粒物(TSP)年平均一级标准浓度限值为 $0.08\,\mathrm{mg/m^3}$,二级标准限值为 $0.20\,\mathrm{mg/m^3}$;日平均一级标准浓度限值为 $0.12\,\mathrm{mg/m^3}$,二级标准限值为 $0.30\,\mathrm{mg/m^3}$。根据此标准,城市公园至少应达到一级标准,才能适合开展游憩活动;超过二级标准限值的区域已经构成了环境空气污染,所以应为不适宜游憩的标准值。一级标准限值与二级标准限值的范围,由于环境尚不构成轻度污染,但与城区环境差别很小,场所"滤尘"功能的发挥不足,所以为较适宜游憩环境。

2008 年欧盟出台了关于环境空气质量标准的最新法案《欧盟空气质量标准及清洁空气法案》(2008-50-EC),法案中对"保护人体健康的污染物限定值(limit values for the protection of human health)"做出了规定,规定 $PM_{10}$ 日平均限制值为 $50\,\mu\mathrm{g/m^3}$,宽容限度在 50%。由于空气 TSP 的主要成分为 $PM_{10}$,所以不对人体健康有影响的 TSP 值可定为 $0.05\,\mathrm{mg/m^3}$,再加上最高允许幅度 $0.025\,\mathrm{mg/m^3}$,则对人体安全的环境限值可定为 $0.075\,\mathrm{mg/m^3}$。最适宜游憩的环境应是健康的,适宜游憩的环境应是安全的,较适宜游憩的环境应是清洁的。本研究正是以此为依据,制定了如下城市公园环境清洁度游憩适宜性评价标准(如表 3-8 所示)。

表 3-8 城市公园环境空气总悬浮颗粒物(TSP)水平游憩适宜度分级标准

Tab. 3-8 Grade criteria of recreation suitability evaluation on air TSP content in urban parks

| 空气 TSP 标准浓度限值($\mathrm{mg/m^3}$) | 质量级别 | 游憩适宜性 |
| --- | --- | --- |
| <0.05 | 健康 | 非常适宜 |
| 0.05~0.075 | 安全 | 适宜 |
| 0.076~0.120 | 清洁 | 较适宜 |
| 0.121~0.30 | 轻度污染 | 较不适宜 |
| >0.30 | 污染 | 不适宜 |

标准将城市公园环境清洁度游憩适宜性分为五个等级:非常适宜、适宜、较适宜、较不适宜和不适宜。非常适宜的环境空气总悬浮颗粒物的浓度限值为 $0.05\,\mathrm{mg/m^3}$,场所环境清洁中,空气粉尘不对人体健康有负影响;适宜的

环境空气总悬浮颗粒物的浓度限值为 0.075mg/m³，表示场所中空气粉尘含量在人体生理上可承受范围内，环境基本安全；较适宜的环境空气总悬浮颗粒物的浓度限值为 0.12mg/m³，这是我国一级环境区域阈值标准，城市公园应达到与自然保护区、风景名胜区等旅游区域的相同或近似的环境质量，这些场所是国内人们进行假日旅游、闲暇游憩活动主要区域，在该阈值内的环境空气质量可视为较适宜游憩的环境；较不适宜游憩区域的环境空气总悬浮颗粒物的浓度限值为 0.12~0.30mg/m³ 之间，这个范围表示公园环境与人们日常工作、学习、生活的环境无差异，来公园体验康体、健身等目的与生活驻地进行此类活动就环境有益程度而言相差无多，所以规定为较不适宜游憩性范围；超出 0.3mg/m³ 的环境空气存在粉尘污染的可能，所以规定为不适宜游憩性的限值。

#### 3.4.3.1　圆明园公园环境 TSP 游憩适宜性分析

前文（详见 2.3 章节）已述，圆明园公园绿地植物在生长季时其滞尘能力与场所植物群落结构与立地类型密切相关，本研究按绿地植物群落构成进行分组比较公园场所环境的空气总悬浮颗粒物（TSP）的变化情况，并依据"城市公园环境清洁度游憩适宜性评价标准"对场所环境空气清洁程度的游憩适宜性进行分析与评价。

北京春季多风扬尘天气、秋季干燥风频、冬季多霾且存在逆温现象，所以北京在春、秋、冬三季城市环境中会存在不同程度的粉尘污染情况，仅夏季因时雨和绿地滞尘等环境效应的发挥，部分地区的粉尘污染现象会有所缓解。本研究对圆明园公园历时一年的空气总悬浮颗粒物浓度的变化情况进行监测的结果也证明了这一点[图 3-4（a）、（b）、（c）、（d）]。

依据"城市公园环境清洁度游憩适宜性评价标准"，圆明园公园 14 种典型植物群落 TSP 含量总体水平在秋、冬两季均为"较不适宜"和"不适宜"游憩范围，尤其是冬季的一、二月份，公园所有户外场所的空气 TSP 含量均超过 0.3mg/m³ 的日平均污染浓度标准，这与冬季城市大气环境质量差加之植物在此时段的滞尘效益不显著有关，所以冬季一、二月份时不建议游人长时间在公园户外活动。春季，四月份由于多风扬尘天气较多，公园场所空气 TSP 浓度多为"较不适宜"范围，游人在此时游园活动时最好选择静风、午间时段；到了五月份，公园空气清洁度水平有很大提升，滨水的乔灌植物群落和滨水的乔灌草植物群落的空气质量均为"适宜"游憩范围，此类绿地活动型的场所空气清洁程度均处于对人体健康安全水平，环境空气适宜各类人群进行游憩体验；近水的乔草植物群落五月期间 TSP 平均水平处于"较适宜"游憩范围内，环境空气清洁，适合开展娱乐类、文化类、主题类等游憩活动。夏季是圆明园公园环境空气清洁程度最好的季节,除草本地被、灌木林、灌草植物群落 TSP 日平均浓度超标为"较不适宜"游憩范围,其余类型公园绿地均处于"适宜"和"较适宜"级别,因此从空气 TSP 含量来看,夏季是圆明园公园环境空气清洁度好,多数场所适宜户外游憩。

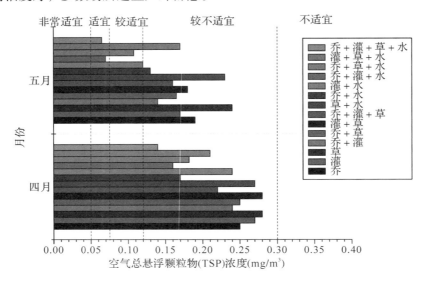

(a)春季(Spring)

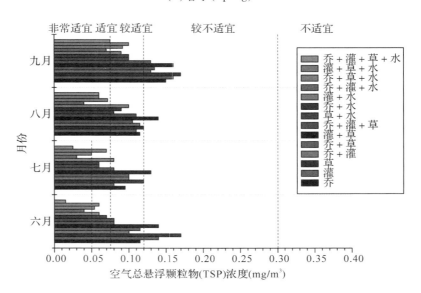

(b)夏季(Summer)

# 3 圆明园公园环境游憩适宜性评价

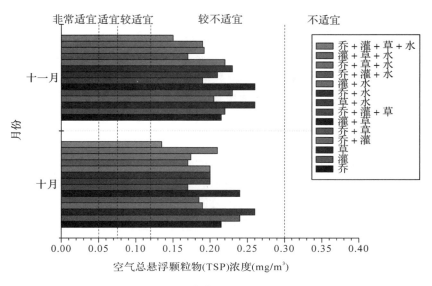

(c) 秋季 (Autumn)

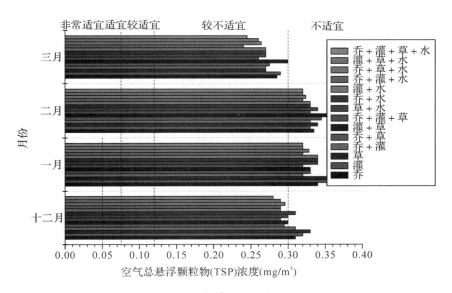

(d) 冬季 (Winter)

图3-4 不同类型植物群落空气总悬浮颗粒物日平均水平与游憩适宜性评价

Fig. 3-4 Evaluation on diurnal average and recreation suitability of TSP in different plant communities

本研究实验结果表明，空气 TSP 浓度在白昼时段多呈现"两峰一谷"变化趋势，根据 TSP 浓度日分布规律，早 7：00～9：00，除夏季外，其余季节空气清洁度并不高，不适宜进行户外健身运动；下午 13：00～15：00 时段内，公园环境相对清洁，比较适合户外游憩活动；下午 17：00 以后，受城市整体粉尘环境影响，公园此时段 TSP 浓度会处于较高水平且增长态势，也不建议在此时段进行游憩活动。

#### 3.4.3.3　圆明园公园环境清洁度游憩适宜性评价结论

圆明园公园空气清洁水平适宜游憩的程度在不同季节、不同时段的不同绿地类型的空间内均有差别。一年中秋、冬两季公园整体环境处于较不适宜或不适宜游憩水平，五月至九月份，公园多数场所环境处于适宜或较适宜游憩水平；总体来看，近水的绿地空间相对清洁，更适宜开展游憩活动，以乔木结构为主体的乔木、乔草、乔灌草等结构的公园绿地空气总悬浮颗粒物含量相对较低，环境空气质量相对较高，多处于适宜或较适宜游憩水平；一天中公园在 9：00～17：00 时间段空气质量相对较好，此时段到访公园参与游憩活动是合适的。

本研究参考《环境空气质量标准》（GB 3095—2012）和《欧盟空气质量标准及清洁空气法案》（2008-50-EC）制定了的城市公园环境清洁度游憩适宜性评价标准对公园环境空气 TSP 含量的游憩适宜程度作出分级规定，按此标准可区分公园各类绿地结构场所空气质量对游憩行为的支持程度，对指导公园环境规划和游憩活动有一定的参考价值。

### 3.4.4　圆明园公园空气负离子水平游憩适宜性评价

#### 3.4.4.1　空气负离子评价方法及分级标准比较

（1）单极性系数（$q$）及质量指数（CI 值）评价法

日本学者安倍于 1980 年提出了单极性系数（$q$）及质量指数（CI 值）评价法用于空气负离子评价，目前国内外的多数应用研究是这个方法的沿用或发展。单极性系数（$q$）及空气质量指数（CI 值）的计算公式如下：

$$q = n^+/n^-, \quad CI = n^-/(1000 \times q)$$

式中：$q$ 为单极性系数；$n^+$、$n^-$ 为空气正、负离子浓度；CI 为空气质量评价指数；1000Ions/cm³ 为人体生物学效应最低空气负离子浓度（郭二果，2008；潘剑彬，2011）。采用安倍空气质量评价指数对空气质量的分级标准见表 3-9（钟林生等，1998）。

表 3-9　空气清洁度评价标准
Tab. 3-9　The criteria for evaluating air quality

| 空气清洁等级 | CI 值 |
| --- | --- |
| 最清洁(A) | ≥1.00 |
| 清洁(B) | 0.70~1.00 |
| 中等(C) | 0.50~0.69 |
| 允许(D) | 0.30~0.49 |
| 轻污染($E_1$) | 0.20~0.29 |
| 中污染($E_2$) | 0.10~0.19 |
| 重污染($E_3$) | ≤0.10 |

安倍空气质量评价标准以单极性系数($q$)及质量指数(CI值)来评价空气环境质量,描述了空气负离子与空气正离子的关系,并将人体生物学适应特征引入评价体系,能够表现出适人环境中空气离子的特征。安倍空气质量评价标准在应用上也有一定的局限,首先因 $q$ 值本意是说明空气正、负离子的关系,接近 1 或小于 1 说明空气质量好,但与通常空气负离子浓度值越高说明空气质量越佳的意思正好相反;CI 值考虑了环境空气负离子水平对人体的效应,但当空气负离子浓度远大于或远小于 1000Ions/cm³ 的情况考虑不周,CI 值在这些领域的变化范围较大,如许多森林游憩地、瀑布游憩地的场所空气负离子浓度在每立方厘米数千个到数十万个之间,用 CI 值是无法比较这些场所的环境差异的;另外,安倍空气质量评价标准侧重于对污染环境的分级,将"污染"环境等级细化为 3 个级别,更适用于室内环境或城市工业区、商业区的空气质量评判。

(2)空气负离子系数($p$)及森林空气离子指数(FCI)评价法

学者石强在其博士论文中以空气质量指数评价法为基础,提出了空气负离子系数及森林空气离子指数评价法来评价森林型游憩地的环境空气质量(石强,2004),其模型如下:

$$p = n^-/(n^- + n^+), \quad FCI = n^-/(1000 \times p)$$

式中:$n^+$、$n^-$ 为空气正、负离子浓度;$p$ 为空气负离子系数;FCI 为森林空气离子评价指数。森林空气离子评价指数及分级标准如表 3-10 所示。

这一模型综合考虑了空气正、负离子的关系与联系,能够很好地提示"森林环境中的空气负离子的浓度大于空气正离子浓度"(吴楚材等,2001)这一环境条件下不同类型森林环境的空气正、负离子浓度差异现象,因此被广泛应用于森林公园等自然资源为主体的游憩场所的环境质量评价研究。

表 3-10　森林空气负离子分级及评价指数标准
Tab. 3-10　Standard grades and evaluation index of negative air ions in forest area

| 等级 | $n^-$ (Ions/cm$^3$) | $n^+$ (Ions/cm$^3$) | $p$ | FCI |
|---|---|---|---|---|
| Ⅰ | 3000 | 300 | 0.8 | 2.4 |
| Ⅱ | 2000 | 500 | 0.7 | 1.4 |
| Ⅲ | 1500 | 700 | 0.6 | 0.9 |
| Ⅳ | 1000 | 900 | 0.5 | 0.5 |
| Ⅴ | 400 | 1200 | 0.4 | 0.16 |

已有研究表明：城市生活区、商业区、工业区等地域空气正、负离子浓度通常都较低，而且通常空气负离子浓度低于空气正离子浓度（范海兰，胡喜生，陈灿，宋萍，洪伟，吴承祯，占玉燕，2008）。在城市环境条件下应用空气负离子系数（$p$）及相关评价指数（FCI）的结果会显示环境一直处于较低水平，很难比较不同城市场所的空气负离子水平差异。

（3）城市绿地空气负离子分级及评价标准

由于城市环境中多数是空气正离子浓度大于空气负离子浓度且环境中空气负离子浓度小于1000Ions/cm$^3$的情况经常出现，直接采用森林空气离子评价标准，则最多将空气负离子浓度小于1000Ions/cm$^3$的情况仅分为两个等级，这不太适用于评价城市绿地空气负离子水平。北京林业大学潘剑彬博士在其学位论文中以森林空气离子评价模型为基础提出了城市绿地的空气负离子分级及评价指数标准（如表 3-11 所示），该标准去除了 $p$ 值，只保留 FCI 值作为评价指数，将1000Ions/cm$^3$作为空气负离子等级梯度值划定空气负离子浓度等级（潘剑彬，2011）。

表 3-11　城市绿地空气负离子分级及评价指数标准
Tab. 3-11　Standard grades and evaluation index of negative air ions in urban green space

| 等级 | $n^-$ (Ions/cm$^3$) | FCI | 空气质量 |
|---|---|---|---|
| Ⅰ | >3000 | >2.5 | 优 |
| Ⅱ | 3000~2000 | 2.5~1.5 | 良 |
| Ⅲ | 2000~1000 | 1.5~0.5 | 中 |
| Ⅳ | <1000 | <0.5 | 差 |

该标准很清晰地界定了空气质量与空气负离子浓度的关系，空气质量等级划分也更加清楚。对于城市或城郊中拥有大面积绿地的区域由于负离子水

平较高，可以较好地应用该标准，但对于多数毗邻居民生活区甚至与闹市一墙之隔的城市公园环境来说，空气负离子浓度小于1000Ions/cm³的情况经常出现，因此有必要在空气负离子浓度1000Ions/cm³的标准之下再细分一下等级，这样对于城区内城市公园会更合适。另外FCI值的变化幅度在0.5~2.5的范围之内，等级之间差异较小，不便于等级的划分。

(4) 城市公园负离子系数(PCI)评价法的提出

上述三种空气负离子评价方法与标准对于城市公园环境在适用上存在着一些缺陷，本研究在森林空气离子指数(FCI)评价法和城市绿地空气负离子评价标准的基础上，根据城市公园(尤其是北方城市公园)环境中空气负离子浓度的现实情况，提出新的城市公园空气负离子系数(PCI)评价方法及标准(criteria index of negative air ions in urban park，以下简称PCI)。

有医学研究表明：空气负离子浓度达到700Ions/cm³以上时有益于人体健康，达到10 000Ions/cm³以上对疾病具有辅助治疗作用(赵雄伟，李春友，葛静茹，杨建民，刘筱秋，2007)。城市公园负离子指数(PCI)评价方法将对人体有生物学意义的空气负离子浓度1000Ions/cm³替换成对人体健康有益的700Ions/cm³，这一指标更加合乎游憩行为对人体健康有益的环境是适宜游憩的环境这一基本述求，同时，这一指标引入后较符合城市公园很多时间段的空气负离子浓度不到1000Ions/cm³这一现实，另外PCI值相比FCI值，因分母规模的缩减而使数值区分度更大，比较适宜等级的划分。

城市公园负离子系数PCI模型的计算公式如下：

$$p = n^-/(n^- + n^+), \quad PCI = n^-/(700 \times p)$$

式中：$n^+$、$n^-$为空气正、负离子浓度；$p$为空气负离子系数；PCI为城市公园空气离子评价系数；700为有益于人体健康的空气负离子浓度阈值。

城市公园负离子系数PCI评价分级标准如表3-12所示。

表3-12 城市公园空气负离子系数评价标准

Tab. 3-12 Standard grades and evaluation index of negative air ions in urban parks

| $n^-$ (Ions/cm³) | $p$ | PCI | 等级 | 游憩适宜性 |
|---|---|---|---|---|
| >3001 | 0.5 | 9.2 | 优 | 最适宜 |
| 2001~3000 | 0.46 | 6.5 | 良 | 很适宜 |
| 1001~2000 | 0.42 | 5.3 | 中 | 适宜 |
| 701~1000 | 0.38 | 3.9 | 较好 | 较适宜 |
| <700 | 0.34 | 2.9 | 差 | 不适宜 |

相比森林空气负离子系数($p$)及相关评价指数(FCI),城市公园负离子系数 PCI 评价模型针对城市公园空气负离子特征增加了评价层次,空气质量等级划分与环境游憩适宜性等级划分可以完全对应。在 PCI 值的函数构成中,其数值能够与空气负离子浓度呈正相关的关系,而且其数值理论变化区间更为广泛,理论上为 0~10,甚至有大于 10 的情况出现,此变化范围更适于环境空气游憩性等级划分。PCI 值是在 FCI 值的基础上演化而来的,两者变化特征基本保持一致,相比 FCI 值,PCI 值更适合对城市公园空气负离子特征的评价。

表 3-13 为 2009 年 6 月份圆明园公园各样点空气离子日平均浓度采用 CI、FCI 和 PCI 三种指标值与对应的评价结果。对于城市公园环境中的空气负离子浓度特征,在相同情况下,CI 和 FCI 这 2 种评价指数对园内样点的评价结果竟然全部为"A"或"优",对照样点 CI 值评价为"C"而 FCI 值却评价为"优",只有 PCI 值对如此相近的空气环境仍分出"优"、"良"、"中"、"较好"这 4 种等级,对应的环境游憩适宜性分别为"较适宜"到"非常适宜"4 种类型。由此可见,CI、FCI 和 PCI 三种指标中只有最后者更适宜评价城市公园环境的空气负离子水平,采用 PCI 系数去评估城市公园环境空气负离子水平的游憩适宜性是合适的。

表 3-13 圆明园公园内样点评价比较(2009 年 6 月)

Tab. 3-13 Information and evaluation of sample points in Yuanmingyuan garden

| 样点 | 离子浓度 (Ions/cm³) | | 评价指数 | | | | | |
| --- | --- | --- | --- | --- | --- | --- | --- | --- |
| | NAI | PAI | CI | 评价 | FCI | 评价 | PCI | 评价 |
| A | 1870 | 2230 | 1.57 | A | 4.1 | 优 | 5.86 | 良 |
| B | 2450 | 2560 | 2.34 | A | 5.01 | 优 | 7.16 | 优 |
| C | 1750 | 2140 | 1.43 | A | 3.89 | 优 | 5.56 | 良 |
| D | 2100 | 2480 | 1.78 | A | 4.58 | 优 | 6.54 | 良 |
| E | 2570 | 2780 | 2.38 | A | 5.35 | 优 | 7.64 | 优 |
| F | 1960 | 2450 | 1.57 | A | 4.41 | 优 | 6.3 | 良 |
| G | 1750 | 2130 | 1.44 | A | 3.88 | 优 | 5.54 | 良 |
| H | 1340 | 1570 | 1.14 | A | 2.91 | 优 | 4.16 | 中 |
| I | 2710 | 3160 | 2.32 | A | 5.87 | 优 | 8.39 | 优 |
| J | 2130 | 2470 | 1.84 | A | 4.6 | 优 | 6.57 | 优 |

（续）

| 样点 | 离子浓度（Ions/cm³） | | 评价指数 | | | | | |
|---|---|---|---|---|---|---|---|---|
| | NAI | PAI | CI | 评价 | FCI | 评价 | PCI | 评价 |
| K | 2340 | 2530 | 2.16 | A | 4.87 | 优 | 6.96 | 优 |
| L | 1970 | 2230 | 1.74 | A | 4.2 | 优 | 6 | 良 |
| M | 2320 | 2510 | 2.14 | A | 4.83 | 优 | 6.9 | 优 |
| N | 1970 | 2230 | 1.74 | A | 4.2 | 优 | 6 | 良 |
| O | 2370 | 2630 | 2.14 | A | 5 | 优 | 7.14 | 优 |
| P | 1870 | 2140 | 1.63 | A | 4.01 | 优 | 5.73 | 良 |
| Q | 2460 | 2980 | 2.03 | A | 5.44 | 优 | 7.77 | 优 |
| R | 2130 | 2410 | 1.88 | A | 4.54 | 优 | 6.49 | 良 |
| S | 1340 | 1760 | 1.02 | A | 3.1 | 优 | 4.43 | 中 |
| T | 1870 | 2120 | 1.65 | A | 3.99 | 优 | 5.7 | 良 |
| U | 1980 | 2230 | 1.76 | A | 4.21 | 优 | 6.01 | 良 |
| V | 1680 | 1970 | 1.43 | A | 3.65 | 优 | 5.21 | 中 |
| 对照 | 980 | 1580 | 0.61 | C | 2.56 | 优 | 3.66 | 较好 |

#### 3.4.4.2 圆明园公园空气负离子游憩适宜性分析与评价

对圆明园公园空气负离子负系数 PCI 值按植物群落类型分组进行全年和生长季的方差分析（见表 3-14），结果表明圆明园公园内部样点之间组间 PCI 系数差异性不显著，因此，对于圆明园公园内部游憩场所游憩适宜性的分析不能以公园绿地构成类型划分公园的景观单元，而应以各样点地域分布的典型性和代表性作为公园样地环境空气负离子水平游憩适宜性分析的景观单元类别。本研究 22 处样地基本涵盖了公园开放的四大景区，能够反映各景区的地域环境特征，各样点所代表的景区环境空气负离子全年 PCI 值如表 3-15 所示。

表 3-14  公园不同结构、立地类型植物群落空气负离子系数（PCI）方差分析表
Tab. 3-14  Analysis of variance for PCI in different plant communities

| 项目 | 分组依据 | 差异源 | 离差平方和 | 自由度 | 均方 | 均方比 | $F_{0.05}$ |
|---|---|---|---|---|---|---|---|
| 生长季 | 群落结构 | 组间 | 59.510 | 6 | 9.918 | 2.467 | 0.026 |
| | | 组内 | 679.322 | 169 | 4.020 | | |
| | | 总计 | 738.832 | 175 | | | |
| | 群落类型 | 组间 | 81.791 | 13 | 6.292 | 1.551 | 0.105 |
| | | 组内 | 657.040 | 162 | 4.056 | | |
| | | 总计 | 738.832 | 175 | | | |
| 全年 | 群落结构 | 组间 | 48.746 | 6 | 8.124 | 1.640 | 0.136 |
| | | 组内 | 1273.219 | 257 | 4.954 | | |
| | | 总计 | 1321.964 | 263 | | | |
| | 群落类型 | 组间 | 66.627 | 13 | 5.125 | 1.021 | 0.432 |
| | | 组内 | 1255.337 | 250 | 5.021 | | |
| | | 总计 | 1321.964 | 263 | | | |

从空气负离子系数（PCI）反映的圆明园公园内部空间空气负离子水平游憩适宜性情况来看，圆明园公园内部在一月至四月份，空气负离子水平较低，均处于不适宜游憩状态，公园在这个时段开展静养、负离子呼吸、有氧健身等活动均不适合。五月份，公园内除绮春园的"展诗应律"景点处空气负离子水平不适宜游憩活动外，多数场所处于较适宜和适宜游憩水平。圆明园公园夏天空气负离子效应明显，绮春园、长春园和圆明园福海景区多数景点处于很适宜和最适宜游憩水平，九洲景区部分景点空气负离子水平为适宜游憩水平外，其余场所空气负离子为很适宜和最适宜游憩水平。这充分表明，圆明园公园在夏天保持较高的空气负离子效应与水平，这个季节是开展林间氧吧、公园负离子浴场等活动的最佳时期。每年夏季圆明园公园举办荷花文化节宣传皇家养生和长走健身等活动，从空气负离子角度来看，这些活动都是适宜的，应在活动中让更多游人了解、认知圆明园公园优越的空气负离子效应，令游人获得更加满意的游憩体验。圆明园公园秋季（十月、十一月）除九洲景区"镂月开云"和"杏花春馆"等遗址区空气负离子水平为较适宜外，多数景点均处于适宜游憩水平。

# 3 圆明园公园环境游憩适宜性评价

表 3-15　圆明园公园样点空气负离子系数（PCI）及其游憩适宜性分析
Tab. 3-15　Analysis on recreation suitability for PCI of sample points in Yuanmingyuan garden

| 样点 SP | | 空气负离子系数（PCI）值系数 | | | | | | | | | | |
|---|---|---|---|---|---|---|---|---|---|---|---|---|
| | | 四月 | 五月 | 六月 | 七月 | 八月 | 九月 | 十月 | 十一月 | 十二月 | 一月 | 二月 | 三月 |
| 绮春园 | A | 1.63 | 2.93 | 5.86 | 6.83 | 6.70 | 5.96 | 4.04 | 4.01 | 2.60 | 2.20 | 2.01 | 1.90 |
| | B | 2.11 | 4.00 | 7.16 | 7.86 | 7.51 | 7.19 | 6.23 | 6.56 | 3.06 | 2.59 | 2.21 | 2.20 |
| | C | 1.34 | 2.87 | 5.56 | 6.66 | 6.14 | 5.81 | 4.14 | 4.39 | 2.39 | 2.17 | 1.89 | 2.03 |
| | D | 1.61 | 3.34 | 6.54 | 7.61 | 7.00 | 6.46 | 4.73 | 4.59 | 2.63 | 2.31 | 2.13 | 2.23 |
| 长春园 | E | 2.23 | 3.87 | 7.64 | 8.40 | 8.03 | 7.44 | 5.51 | 5.59 | 2.93 | 2.59 | 2.27 | 2.20 |
| | F | 1.96 | 4.17 | 6.30 | 7.86 | 7.41 | 7.16 | 5.29 | 5.29 | 2.90 | 2.67 | 2.30 | 2.26 |
| | G | 1.90 | 3.87 | 5.54 | 7.03 | 6.83 | 6.03 | 4.01 | 4.14 | 2.41 | 2.17 | 2.14 | 2.04 |
| | H | 1.31 | 3.13 | 4.16 | 6.84 | 6.73 | 6.13 | 4.03 | 4.03 | 2.59 | 2.40 | 2.20 | 2.11 |
| | I | 2.30 | 4.44 | 8.39 | 10.1 | 9.67 | 8.89 | 6.47 | 6.14 | 3.81 | 2.39 | 2.19 | 2.04 |
| | J | 2.07 | 4.11 | 6.57 | 9.80 | 9.31 | 8.50 | 5.91 | 5.60 | 3.90 | 2.21 | 2.01 | 1.89 |
| | K | 2.11 | 4.24 | 6.96 | 9.37 | 9.04 | 8.47 | 5.36 | 5.17 | 3.79 | 2.36 | 2.13 | 2.04 |
| 福海景区 | L | 2.00 | 3.99 | 6.00 | 7.23 | 7.34 | 7.11 | 4.33 | 4.29 | 2.93 | 1.97 | 1.89 | 1.87 |
| | M | 2.11 | 4.40 | 6.90 | 8.34 | 8.59 | 8.30 | 4.74 | 4.87 | 3.19 | 2.01 | 2.00 | 1.94 |
| | N | 1.80 | 3.54 | 6.00 | 7.73 | 7.36 | 6.54 | 4.27 | 4.27 | 2.76 | 1.97 | 1.91 | 1.87 |
| | O | 2.21 | 4.47 | 7.14 | 8.61 | 7.89 | 6.69 | 4.44 | 4.44 | 2.91 | 2.16 | 2.06 | 2.04 |
| | P | 1.57 | 4.04 | 5.73 | 7.07 | 6.30 | 6.14 | 3.64 | 3.94 | 2.59 | 1.70 | 1.76 | 1.96 |
| | Q | 2.33 | 4.27 | 7.77 | 8.13 | 7.51 | 7.50 | 5.41 | 5.56 | 2.77 | 2.00 | 1.86 | 2.11 |
| 九洲景区 | R | 2.00 | 3.79 | 6.49 | 7.39 | 7.61 | 7.09 | 5.09 | 4.77 | 3.03 | 2.11 | 1.97 | 2.17 |
| | S | 1.51 | 3.10 | 4.43 | 5.06 | 4.86 | 4.21 | 2.99 | 3.49 | 2.09 | 1.63 | 1.61 | 2.00 |
| | T | 1.76 | 3.47 | 5.70 | 5.13 | 6.21 | 6.51 | 5.24 | 5.07 | 2.70 | 1.86 | 1.87 | 2.10 |
| | U | 1.86 | 3.96 | 6.01 | 6.90 | 6.59 | 6.19 | 4.90 | 4.86 | 3.09 | 2.14 | 2.20 | 2.17 |
| | V | 1.70 | 3.27 | 5.21 | 6.56 | 6.06 | 5.83 | 4.27 | 3.87 | 2.43 | 2.63 | 2.33 | 2.24 |
| 对照 CK | | 1.17 | 2.64 | 3.66 | 4.27 | 3.33 | 3.31 | 2.70 | 2.70 | 1.80 | 1.61 | 1.66 | 1.44 |

注：图例

| 最适宜 | 很适宜 | 适宜 | 较适宜 | 不适宜 |
|---|---|---|---|---|

#### 3.4.4.3 圆明园公园空气负离子游憩适宜性评价结论

圆明园公园除冬季和春季的四月份外,其他时间段公园具有良好的空气负离子效应,是城市中难得的"户外氧吧",尤其是夏季空气负离子水平非常接近森林公园、自然保护区等林地水平,是不用远足即可体验森林空气的良好场所。在五月至十一月份,圆明园公园内多数样点的空气负离子水平均高于对比样点代表的城市生活区,这表明公园在空气负离子水平上具有公园微环境特征,是公园环境所独有的气候资源,公园管理者在设置游憩项目时可充分考虑本地的空气负离子特征。

通过对圆明园公园样点空气负离子日平均浓度采用 CI、FCI 和 PCI 三种指标值比较评价,结果表明本研究提出的"城市公园负离子系数 PCI 模型与评价分级标准"更适合对城市公园负离子水平游憩适宜性的评价。在今后的研究中,还应扩大监测实验样本对此模型与标准作进一步修正,以使其能在鉴别并指导城市公园空气负离子资源富集期(区)利用上做出贡献。

### 3.4.5 圆明园公园绿地声环境质量旅游适宜性评价

#### 3.4.5.1 城市公园声环境质量游憩适宜性评价标准

2008 年国家环境保护部颁布实施了修订后的《城市区域环境噪声标准》(GB 3096—2008)国家标准,对声环境质量对应的功能区做出了阈值规定(见表 3-16)。

表 3-16 声环境功能分区

Tab. 3-16 Acoustic environmental zoning areas    单位:dB(A)

| 类别 | 昼间 | 夜间 | 功能区 |
|---|---|---|---|
| 0 | 50 | 40 | 指康复疗养区等特别需要安静的区域 |
| 1 | 55 | 45 | 指以居民住宅、医疗卫生、科研设计、行政办公为主要功能,需要保持安静的区域 |
| 2 | 60 | 50 | 指以商业金融、集市贸易为主要功能,或者居住、商业、工业混杂,需要维护住宅安静的区域 |
| 3 | 65 | 55 | 指以工业生产、仓储物流为主要功能,需要防止工业噪声对周围环境产生严重影响的区域 |
| 4 | 75 | 55a/60b | 指交通干线两侧一定距离之内,需要防止交通噪声对周围环境产生严重影响的区域 |

注:a:2010 年 12 月 31 日前已建成的运营铁路;
　　b:2011 年 1 月 1 日之后建成的铁路干线。

对城市公园声环境质量游憩适宜度的评估以此标准为主要依据,将达到标准中的 0 类地区的区域视为适宜游憩的区域,将达到 1 类地区标准的公园区域视为较适宜游憩区域,超出1类地区限值的游憩区域视作存在一定的噪声干扰,视为不适宜游憩的区域。由于公园中个别活动如音乐体操、舞蹈、太极拳等会产生环境噪声,只要噪声不对游人游憩行为造成干扰就可以视为环境无声污染,另外公园中的流水声、鸟鸣声、甚至是蝉鸣声在一定情境中是园林造景的重要因素,对这些声源也不应视作声污染。本研究拟定的"城市公园声环境质量游憩适宜性评价标准"(见表3-17)特指针对读书、静养、独处等大众型需安静环境支持的游憩活动所制定的声环境游憩适宜性分级。

表3-17 城市公园声环境质量游憩适宜性评价标准
Tab. 3-17 The standards of recreation suitability evaluation on acoustic environment quality in urban parks

| 昼间环境声级限值 [dB(A)] | 功能区级 | 声环境质量 | 旅游适宜性 |
| --- | --- | --- | --- |
| 50 | 0 | 安静 | 适宜 |
| 55 | 1 | 较安静 | 较适宜 |
| >55 | 2 | 有干扰 | 不适宜 |

#### 3.4.5.2 圆明园公园声环境质量游憩适宜性分析

(1) 环境声级监测方法

在前文圆明园公园植物群落降噪效应时选择了公园内"乔、灌、草、乔灌、乔草、灌草、乔灌草"等7种、22个植物群落作为监测实验对象,关于群落环境声级的测定选择的是这些20m×20m绿地植物群落样地的中心点环境声级为该场所的声级值。使用HS-5633数字声级计直接测量距地面的垂直距离为1.2m的环境声级,每点连续监测5组数据,最终取平均值。

(2) 公园噪声源

圆明园公园内声源类型如表3-18所示,环境中的声音有些能给游人带来美感享受,是园林中不可缺少的声景,但也有些声音会对游人的休闲游憩活动造成一定程度的干扰,这些噪声主要来自于公园内交通噪声、宣传活动、密集人群喧哗等社会活动。公园在开展游憩活动时,对声景应保留,对噪声应尽量屏蔽。

表3-18 圆明园公园声源类型
Tab. 3-18 The types of acoustic sound source in Yuanmingyuan garden

| 声感类型 | 来源 |
| --- | --- |
| 噪声 | 交通鸣笛、游人喧哗、商服喇叭、园区广播、夏日蝉鸣、活动音乐 |
| 声景 | 松涛、流水、跌水、喷泉、蛙鸣、鸟啼 |

(3)公园声级监测结果

圆明园公园四、五、六、八、九月5个月的昼间平均噪声响度达到0类功能区水平,其余各月份的昼间环境噪声响度处于1类功能区水平,其中七月份环境噪声突高,主要是受昼间公园绿地环境中的蝉鸣声的影响所致(见图3-5)。

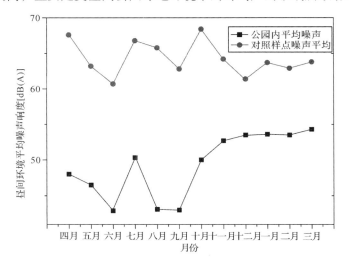

图 3-5 公园与对照样地平均噪声月变化比较

Fig. 3-5 A comparison of environmental noise in inter-monthly variation between Yuanmingyuan garden and controlled sample plot

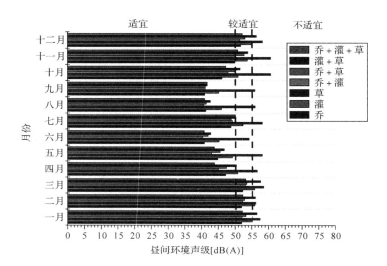

图 3-6 圆明园公园声环境质量游憩适宜性评价

Fig. 3-6 Evaluation on recreation suitability of acoustic environment quality in Yuanmingyuan garden

当声波穿越公园绿地时,由于受到植物群落强烈的阻滞、吸收和反射作用,在公园内部形成明显的低风弱噪区微环境,公园绿地的微环境特征为公园建立安静型游憩空间提供了可能。根据公园植物群落构成特征,结合公园各季植物群落降噪水平,将声级为0类的地区列入适游空间,而1类地区及以上的区域列为不适宜游览环境。圆明园公园中声环境适游区域与空间如图3-6所示。因此,当在圆明园公园设计开游憩活动时应充分考虑公园声环境质量差异,既要考虑人们对景色优美绿色空间的主观愿望,又要考虑公园植物群落带给人们的微环境声质量的变化,从而最大限度地服务于健康游赏的实际需求。

(4)不同结构类型绿地声环境质量差异

前文在研究绿地降噪效应时已证明,公园不同结构类型绿地声环境质量是有差异的。研究监测数据也显示(见图3-7):一年中,公园乔灌草、乔灌、乔草、灌草、乔木型植物群落均低于50dB(A),群落内噪声响度低,环境较安静,适合开展游憩活动。而灌木型、草本地被型植物群落年平均噪声则高于的50dB(A),对安静类活动不适宜。

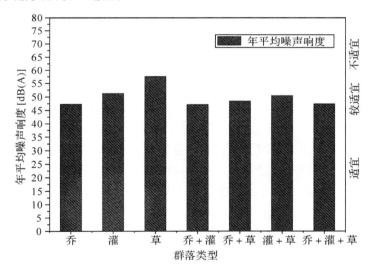

图 3-7 公园植物群落年平均噪声响度

Fig. 3-7 Annual average noise level of plant communities in Yuanmingyuan garden

3.4.5.3 圆明园公园声环境质量游憩适宜性评价结论

(1)公园内除七月份受蝉鸣声干扰外,夏季时公园绿地因植物具有的降噪效应而使公园多数空间的声环境质量适宜开展游憩活动,其中以乔木为主体的乔灌草型、乔灌型复层植物群落具有相对安静的声环境,最适合开展读书、约会、对弈等安静型休闲游憩活动。

(2)在公园7种类型的植物群落中,灌、草为主的植物群落环境声级显著高于其他类型绿地，尤其以草本地被型绿地环境声级为最高，不推荐在此环境中开展安静型游憩活动。

（3）公园环境整体声环境质量达到"较适宜"游憩标准，对于文化观光、晨练健身、群众演出等对声环境不敏感休闲游憩活动，圆明园公园所有场所的声环境质量都能够满足其基本需求。

## 3.5 圆明园公园园林景观美景度评价

无论是从自然环境质量还是从人文资源价值等方面评价城市公园环境的游适宜性，均是从游憩客体角度研究对游憩活动主体的行为的支持或允许程度，而公园环境除了在客观条件上要满足游憩需求外，更要使游憩行为的主体——游人对公园环境的认识和感受达到适宜的程度。公园环境与游憩行为的适宜应是相互的，游人在使用公园环境开展游憩活动的时候，公园环境既要提供适宜的客观条件，还应产生实际的游憩吸引力，使游人在整体主观感受上觉得公园环境适宜游憩，游憩行为的发生需要环境有足够吸引力并激发人的游憩动机。

游憩是游人在闲暇时间从事的消遣、休息、娱乐等休闲活动，游憩的目的是游人从休闲过程中获得满意的体验，游憩体验质量的本质是游人精神需求的满足程度，而在游人的所有精神需求中，对美的追求是共性的、也是最基本的。美学（esthetics）是由特定对象引发人类感知、思维活动，产生的情感和情绪感受，是人类审美和艺术实践的哲学概括（庄梅梅，孙冰，胡传伟，陈勇，2010）。游人对环境美的追求是游憩场所最重要的游憩吸引力，游憩过程中，游憩者会自觉或不自觉地接触游憩目的地场所环境审美特征并从中获得美感享受，因此游憩活动本质上是一种审美活动。

城市公园作为城市居民最重要的闲暇游憩场所，在提供游憩机会的同时也是传递着公园环境美的信息，游人对公园景观美的追求与享受，是公园创造的原生态游憩吸引力。研究城市公园环境的游憩适宜性程度，明确公园场所游憩吸力的大小是前提之一，而评估公园场所游憩吸引力就必须认识公园景观的美感质量，准确把握公园环境的景观美学特征，是评价公园环境游憩适宜性的重要前提之一。

### 3.5.1 美景度评价的方法选择

#### 3.5.1.1 美景度评价法（SBE法）的原理与基本步骤

美景度评价法（scenic beauty estimation），简称SBE法，由美国环境心理学家戴奈尔和波什特等（Daniel & Boster 等，1976）提出的。该方法应用心理物理学的"刺激—反应关系"理论，把群体的普遍审美标准作为评价风景质量的标准，借助"刺激—反应"模型评判公众的审美取向和对风景的偏好程度，从而确立景观的美景度，即风景美感质量。SBE 法认为美景度取决于风景使用者对景观的美感体验，美感体验的判断标准受个人以往经验及环境背景影响。为消除观赏者因使用不同的判断标准而发生的误差，美景度评价模式提出首先设定基准线值，令每个景观感受者将所感觉到的景观特性与基准线值进行比较，从而对景观做出相对客观的评判。该评价方法稳定、客观，目前已被广泛应用于与风景评价相关的领域。美景度评价法的步骤主要包括实地调查和景观照片选择、评价标准确定、景观评价、景观因素分解、建立模型等。

3.5.1.2　SBE 法对园林景观评价的适用性

美景度评价法是借助群体的普遍审美趣味衡量景观美景度，被认为是风景评价方法中最严格、最可靠的一种方法（翟明普等，2003）。该方法采用现场或图片媒介，让评判者依照评价准则，对每处参与评价的风景评分，最后给出一个反映各幅风景优美程度的美景度量化值，此方法以社会公众对景观的价值高低认知为依据，能较客观地反映一处景观的实际美学价值（陈鑫峰等，2003；欧阳勋志等，2004；董建文等，2009；章志都等，2011）。只要评判标准统一，保证评价者对景观实地观测或照片观测的基础一致，得出的景观美景度评价结果相比专家评判法会具有很高的可靠性（陈鑫峰，2000）。有研究表明，参与评价的社会公众不因职业或文化背景等群体构成差异而在审美态度存在统计学意义上显著差异（俞孔坚，1990），而大学生因功利性少而对风景景观的欣赏更具有普遍代表性，因此不同专业的学生对同一景观的评判结果更具客观性和稳定性。

鉴于"园林景观美景度 = 园林环境游憩吸引力 = 单向公园环境的游憩适宜性"的关系，对城市公园内部场所的游憩适宜性评价也可采用 SBE 法对园林景观进行评价而得到量化结果，通过建立公园游憩吸引力与园林景观构成要素的数量模型，可为公园场所能够提供的游憩机会等级与类型的测算提供依据。

## 3.5.2　园林景观美景度评价体系

3.5.2.1　园林景观分类与景观评判层次界定

景观分类是开展景观美学评价的基础，最常见的分类体系是根据景观要素进行分类，景观评价的层次也是按照景观要素的构成分类层次确定的，一般分为三层。

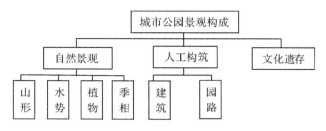

图 3-8 城市公园园林景观物质构成

Fig. 3-8 The constitution of physical landscapes in urban parks

城市公园园林景观主要由自然景观、人工构筑物和文化存在景观构成（图3-8），其中自然景观包括地形地貌（山形）、水体构成（水势）、植物景观（植物）、气候与物候（季相）等要素，人工构筑物主要包括建筑广场、园路小品等，文化遗存主要指现存的文物、文化遗址与遗迹、场所拥有的文化意境与场所精神等。

3.5.2.2 园林景观美景度评价方法技术路线

城市公园景观美学评价的方法的技术体系一般包含如下步骤（图3-9）：①选择一定数量代表公园场所特征的典型景观；②建立景观评价标准，测量一定公众的审美态度；③计算各代表景观美景度 SBE 值；④景观要素分解，测定各要素量值；⑤采用逐步回归方法等方法，建立美景度与要素关系模型。

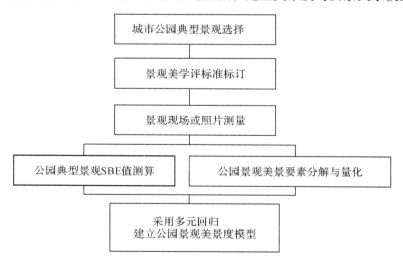

图 3-9 城市公园景观美景度评价路线

Fig. 3-9 The research route of SBE

### 3.5.3 圆明园公园园林景观美景度评价步骤

#### 3.5.3.1 样地调查与典型景观选择

本研究对圆明园公园园内现开放游览区域中的景点进行了梳理，现有正式名称的景点69处、游人驻足点103处，综合分析了景点位置、地形、水体、植被、建筑和文化因素的构成比例，除去尺度差异过大、远景已不明显的景点，共选出30处景观作为圆明园公园景观的代表，这30处景观景点散点状较均匀地分布于公园的4大景区中，能够反映圆明园公园景观组成特征。

#### 3.5.3.2 评价方式与对象选择

（1）评价方法选择

SBE法按评判地点可分为现场评判和照片评判两种，相比现场评判的耗时多、工作量大，照片评判法操作更加灵活而被经常采用。尽管有研究认为现场评价和照片评价获得的结果没有显著差异，但由于城市公园与森林等大尺度景观构成在复杂程度上不可同日而语，城市公园尺度小、景观类型多样、环境组成人工多于自然，如采用照片评价难免会丢失景观信息，因此对于小尺度景观为主构成的城市公园最好能采用现场评判的方法，现场评判可以直接获取评价对象信息，准确反映景观现场信息，评判误差较小，加之小尺度景观评判工作量可控制，因此本研究采用现场评判法评价圆明园公园的景观美景度。为了消除季节性差异对游人的影响，评价测试于2010年分四季进行，每季参与测试的人数90~120不等，共收回有效调查问卷436份。

（2）评价群体

有研究表明不同类型评判者的审美态度在统计学意义上差异不显著，而且具有一定相关专业性知识或者非相关专业的青年大学生的评判就能充分地代表公众的审美态度（俞孔坚，1990；陈鑫峰，2001）。本研究以大学生的审美态度来代表社会公众的审美态度，这些大学生分别来自北京林业大学园林、旅游和外语等专业。

本研究选取了三组不同背景的测试人群，外语专业学生、园林专业学生和旅游专业学生，根据调查预实验得到的各自的SBE度量值进行相关性分析，结果表明各评价群体在园林景观审美方面存在普遍一致性（表3-19），这一结果与国内外大部分的研究结果吻合。

表 3-19 评价群体间的相关系数

Tab. 3-19 Correlation coefficients among groups

| | 外语专业学生 | 园林专业学生 | 旅游专业学生 |
|---|---|---|---|
| 外语专业学生 | 1 | 0.668** | 0.773** |
| 园林专业学生 | — | 1 | 0.901** |
| 旅游专业学生 | — | — | 1 |

注：**表示在显著度 0.01 水平上显著相关。

### 3.5.3.3 评估过程

参照国内外学者在审美评价过程中的相近做法，在每次现场评价前首先对评价问卷作"标准化说明"，其内容如下：

圆明园公园是皇家文化的遗产，同时也是北京市市民及外地游客在京闲暇时主要的休闲游憩目的地之一，领略园林文化、体验遗产风貌、亲近园林风景成为大家共同的心愿，我们正在参与的研究就是确定"怎样的园林景观更为大众所喜爱"。在此，首先感谢您的热情参与，因为您将给我们提供宝贵的第一手资料。我们希望您在游园过程中对游览图中"红字标注的景点"的风景做出评价（评价结果填入评价表），为了保证评价结果的有效性，我们希望您在评判中注意以下四点：

A. 每一处景点以您初到的第一印象为主，请您在到达此处后第一时间给出关于此处景点的评分，请不要在您离开此处后再对它们进行评价。

B. 每一处景点评分时勿与上一处景点进行比较，只凭您的直观感受进行打分。

C. 评分采用十分制，即 1~10 分，分值越大，表示景观感受越美；分值越小，表示景观越差。

D. 评分时请独立完成，不要受他人的影响。

将评价群体对各景点景观评分值转换成 SBE 值，SBE 值是不受评判标准和得分制影响的美景度值。

### 3.5.3.4 美景度（SBE）值计算

假设 SBE 值的分布呈正态分布，在计算每一受评景观的平均 $Z$ 值前，计算由事先选定的一组评价群体作为"基准线"受测物的平均 $Z$ 值，将各个受评景观的 $Z$ 值与"基准线"的平均 $Z$ 值相减后乘上 100，就可获得各受测物的原始 SBE 值。其计算方式如下：

$$MZ_i = \frac{1}{m-1}\sum_{k=2}^{m} f(1 - cp_{ik}) \tag{1}$$

公式(1)中：$MZ_i$ 表示受评景观 $i$ 的平均 $Z$ 值；$m$ 表示评值的等级数；$cp_{ik}$ 表示观察者给予受测物 $i$ 的评值为 $k$ 或高于 $k$ 的频率；$f(1-cp_{ik})$ 表示累积正态函数分布频率。

$$SBE_i = (MZ_i - BMMZ) \times 100 \tag{2}$$

公式(2)中：$SBE_i$ 表示受评景观 $i$ 原始 SBE 值；$MZ_i$ 表示受评景观 $i$ 平均 $Z$ 值；$BMMZ$ 表示基准线组(base line)平均 $Z$ 值。

由于不同群体的原始 SBE 值可能含有不同的起始点或度量尺度，因此将原始 SBE 值除以基准线组的平均 $Z$ 值的标准差，将其标准化后，可消除不同受测物间因认知不同所造成的度量尺度的差异。计算公式为：

$$SBE_i^\Delta = \frac{SBE_i}{BSDMZ} \tag{3}$$

公式(3)中：$SBE_i^\Delta$ 表示受测物 $i$ 的标准化 SBE 值；$SBE_i$ 表示受评景观 $i$ 原始 SBE 值；$BSDMZ$ 表示基准线组平均 $Z$ 值的标准差。

根据上述公式，计算各评价群体对不同景观的美景度评价，得到反映不同受测群体对各受评景观的美学质量的美景度量表。经计算，圆明园公园各景观的 SBE 值计算结果如表 3-20 所示。

表 3-20　各景观美景度（$SBE_i^\Delta$）计算
Tab. 3-20　SBE values of landscapes for every respondent group

| 编号 | 外语学生 | 旅游学生 | 园林学生 | 平均值 |
|---|---|---|---|---|
| 1 | -17.9 | -20.9 | -25.5 | -20.8 |
| 2 | 22.1 | 17.5 | 15.3 | 25.5 |
| 3 | 33.3 | 16.1 | -2.4 | 35.9 |
| 4 | -3.4 | -20.2 | -15.5 | 0.0 |
| 5 | 34.8 | 18.2 | 27.0 | 47.4 |
| 6 | 76.3 | 86.0 | 54.9 | 92.7 |
| 7 | 57.9 | 49.8 | 61.6 | 84.9 |
| 8 | -4.0 | -52.3 | -38.5 | -17.7 |
| 9 | 45.8 | 40 | 78.3 | 52.2 |
| 10 | -22.0 | -45.3 | -76.4 | -48.5 |
| 11 | 50.4 | 47.0 | 38.1 | 59.0 |
| 12 | 17.4 | 20.0 | 1.0 | 5.3 |
| 13 | -19.1 | -7.2 | -11.6 | -31.1 |
| 14 | -12.6 | -5.0 | -19.5 | -28.5 |
| 15 | 3.0 | 0.5 | -23.8 | -27.0 |

(续)

| 编号 | 外语学生 | 旅游学生 | 园林学生 | 平均值 |
|---|---|---|---|---|
| 16 | -25.0 | -35.6 | 4.7 | -28.5 |
| 17 | 43.9 | 57.1 | 39.9 | 46.2 |
| 18 | 21.3 | 35.8 | 23.1 | 33.8 |
| 19 | 35.1 | 22.0 | 54.6 | 38.3 |
| 20 | 16.6 | 26.5 | -39.3 | -17.4 |
| 21 | 29.8 | 14.7 | 41.3 | 19.5 |
| 22 | 47.5 | 54.3 | 41.8 | 46.1 |
| 23 | 7.9 | 12.2 | -0.5 | -4.5 |
| 24 | -0.2 | 0.0 | 0.2 | -18.6 |
| 25 | 51.0 | -40.0 | 50.3 | 34.5 |
| 26 | 41.5 | 64.9 | 41.3 | 41.1 |
| 27 | 14.4 | 6.6 | 10.6 | 5.7 |
| 28 | 23.8 | 35.1 | 27.4 | 26.4 |
| 29 | 78.1 | 89.6 | 73.6 | 70.5 |
| 30 | 67.3 | 69.4 | 70.8 | 108.6 |

#### 3.5.3.4 景观要素分解

园林景观是依照美的规律应用自然材料改造或创造的人工艺术环境，自然、美丽、符合时代社会审美要求是园林景观的特征。园林景观由地形、水体、建筑、园路以及遗址赋存的文化特征所构成，园林景观源于自然，又高于自然。园林景观美实质上是这些物质与文化高度融合所形成的整体环境的艺术美、自然美，所以对园林景观美感的评价一定离不开造园要素及其组合特征的认知。另外，园林景观不是由造景元素简单地叠加或堆砌的，而是通过独具匠心的创造将艺术、美学、哲学、生态等多种学科知识汇于一体，每一处景观都具有独有的意境，因此园林景观在构成上不仅是由物质构成的"具有一定形态、色泽、质感的三维空间"，而且还包含对人的心灵有启迪作用的场所精神，即场所意境。因此，园林景观美的构成，不仅是造园物质美，还要加上物质创造的意境美。在对园林景观美学要素分解时，除了按物质要素确定被调查景观整体环境构成外，还应加上调查对象对景观场所文化意境的认识。圆明园公园景观要素分解结果如表3-21所示。

## 3 圆明园公园环境游憩适宜性评价

表 3-21 圆明园公园景观要素分解
Tab. 3-21 Component of landscape elements for Yuanmingyuan garden

| 项目 | 类目 | | | 类目赋值 | | | | | |
|---|---|---|---|---|---|---|---|---|---|
| | | | -3 | -2 | -1 | 0 | 1 | 2 | 3 |
| 山形 $X_1$ | 地形 | $X_{1-1}$ | 地形平坦 | | | | | | 地形起伏 |
| | 地貌 | $X_{1-2}$ | 地貌类型单一 | | | | | | 地貌类型丰富 |
| | 山意 | $X_{1-3}$ | 微地形构成普通少意境 | | | | | | 微地形构成意境深远 |
| 水势 $X_2$ | 比例 | $X_{2-1}$ | 水体比例小 | | | | | | 水体比例大 |
| | 驳岸 | $X_{2-2}$ | 驳岸呆板 | | | | | | 驳岸自然 |
| | 水生植物 | $X_{2-3}$ | 无水生植物 | | | | | | 植有水生花卉，种类丰富 |
| | 亲水程度 | $X_{2-4}$ | 亲水性差 | | | | | | 亲水性高 |
| | 视域 | $X_{2-5}$ | 水体视域狭窄 | | | | | | 水体视域宽厂 |
| 植物 $X_3$ | 盖度 | $X_{3-1}$ | 绿被盖度低 | | | | | | 绿被盖度高 |
| | 长势 | $X_{3-2}$ | 植物生长差 | | | | | | 植物生长好 |
| | 姿态 | $X_{3-3}$ | 植物形态不美 | | | | | | 植物形态优美 |
| | 色调 | $X_{3-4}$ | 植物色彩单调 | | | | | | 植物色彩丰富 |
| | 密度 | $X_{3-5}$ | 植物群落密度不均 | | | | | | 植物群落密度均匀 |
| | 景意 | $X_{3-6}$ | 植物景观普遍少意境 | | | | | | 植物景观构成独特意境深远 |
| | 园林文化 | $X_{3-7}$ | 植物景观文化与历史价值低 | | | | | | 植物景观文化与历史价值高 |
| | 可进入性 | $X_{3-8}$ | 植物景观封闭 | | | | | | 植物景观可达 |
| | 多样性 | $X_{3-9}$ | 植物群落物种较少 | | | | | | 植物群落物种多样 |
| | 协调度 | $X_{3-10}$ | 植物景观突兀 | | | | | | 植物景观协调 |
| 季相 $X_4$ | 花期 | $X_{4-1}$ | 时令花卉植物特色不显著 | | | | | | 具有时令特色的花卉或观叶植物观赏时段 |
| | 物候天象 | $X_{4-2}$ | 无季节性天象或物候景观 | | | | | | 季节性天象或物候景观较丰富 |
| 园路 $X_5$ | 宽度 | $X_{5-1}$ | 园路通行拥挤 | | | | | | 道路通行宽敞安全 |
| | 路形 | $X_{5-2}$ | 园路形态不美 | | | | | | 道路形态优美 |
| | 通达性 | $X_{5-3}$ | 道路封闭 | | | | | | 道路通达 |
| 建筑 $X_6$ | 型制 | $X_{6-1}$ | 建筑型制不美 | | | | | | 建筑型制优美 |
| | 环境和谐度 | $X_{6-2}$ | 建筑景观突兀 | | | | | | 建筑景观和谐 |
| | 广场铺装 | $X_{6-3}$ | 广场铺装不美与环境不协调 | | | | | | 广场铺装美观与环境和谐 |
| | 可达性 | $X_{6-4}$ | 建筑不可接近 | | | | | | 建筑可达、可利用性好 |

（续）

| 项目 | 类目 | 类目赋值 | | | | | | |
|---|---|---|---|---|---|---|---|---|
| | | -3 | -2 | -1 | 0 | 1 | 2 | 3 |
| 文化遗存 $X_7$ | 独特性 $X_{7-1}$ | 遗址景观普通 | | | | | | 遗址景观独特 |
| | 公众认知 $X_{7-2}$ | 遗址知性弱 | | | | | | 遗址认知性强 |
| | 保存度 $X_{7-3}$ | 有遗址无遗迹 | | | | | | 遗址经过整理、遗迹保存完整 |
| | 文化价值 $X_{7-4}$ | 文化信息含量低 | | | | | | 文化深厚、历史价值高 |

### 3.5.4 圆明园公园园林景观美景度评价结果与分析

以各景观的 $SBE_i^\Delta$ 值与该景观美学构成要素之间进行偏相关分析，采用逐步回归分析法寻找其中对美景度值影响显著的因子。在SPSS18.0软件中以各景观的 $SBE_i^\Delta$ 值作为因变量、景观要素因子的值为自变量，建立多元线性回归模型。先删除偏相关系数最小的因子，然后再对剩余因子重复进行偏相关分析，直至筛选出的因子符合确定性强、可解释性好、贡献率大的因子。分析结果见表3-22。

表3-22 圆明园公园园林景观美景度影响因素相关分析

Tab. 3-22 Correlation analysis of influencing factors of SBEs of garden landscape in Yuanmingyuan garden

| 要素因子 | 第一次计算 | 第二次计算 | 第三次计算 | 第四次计算 | 第五次计算 | 第六次计算 | 第七次计算 | 第八次计算 |
|---|---|---|---|---|---|---|---|---|
| $X_{1-1}$ | 0.341* | 0.347* | 0.351* | 0.365* | 0.372* | 0.387* | | |
| $X_{1-2}$ | 0.052 | | | | | | | |
| $X_{1-3}$ | 0.403** | 0.421** | 0.443** | 0.487** | 0.501** | 0.532 | 0.631** | 0.721** |
| $X_{2-1}$ | 0.371 | 0.372 | 0.381 | 0.442 | 0.486 | 0.501** | 0.623** | 0.704** |
| $X_{2-2}$ | 0.257 | 0.263 | 0.274 | 0.281 | 0.291 | | | |
| $X_{2-3}$ | 0.307* | 0.312* | 0.342* | 0.361* | 0.382* | 0.401* | 0.423* | |
| $X_{2-4}$ | 0.272 | 0.283 | 0.295 | 0.307* | 0.336* | 0.382* | | |
| $X_{2-5}$ | 0.368* | 0.365* | 0.443** | 0.527** | 0.532** | 0.603** | 0.642** | 0.653** |
| $X_{3-1}$ | 0.449 | 0.561 | 0.583 | 0.604 | 0.661 | 0.749 | 0.772** | 0.812** |
| $X_{3-2}$ | 0.302 | 0.311* | 0.346* | 0.353* | 0.407* | 0.423* | 0.401* | |
| $X_{3-3}$ | 0.078 | | | | | | | |
| $X_{3-4}$ | 0.143 | 0.175 | 0.182 | | | | | |

（续）

| 要素因子 | 第一次计算 | 第二次计算 | 第三次计算 | 第四次计算 | 第五次计算 | 第六次计算 | 第七次计算 | 第八次计算 |
|---|---|---|---|---|---|---|---|---|
| $X_{3-5}$ | 0.197 | 0.223 | 0.235 | 0.247 | | | | |
| $X_{3-6}$ | 0.221 | 0.232 | 0.269 | 0.283 | 0.289 | | | |
| $X_{3-7}$ | 0.186 | 0.221 | 0.238 | 0.249 | | | | |
| $X_{3-8}$ | 0.372* | 0.417* | 0.432* | 0.478* | 0.522** | 0.571** | 0.593** | 0.631** |
| $X_{3-9}$ | 0.165 | 0.201 | 0.224 | 0.231 | | | | |
| $X_{3-10}$ | 0.102 | 0.147 | | | | | | |
| $X_{4-1}$ | 0.287 | 0.301 | 0.336* | 0.372* | 0.385* | 0.391* | | |
| $X_{4-2}$ | 0.088 | | | | | | | |
| $X_{5-1}$ | 0.113 | 0.148 | | | | | | |
| $X_{5-2}$ | 0.126 | 0.176 | 0.189 | | | | | |
| $X_{5-3}$ | 0.301 | 0.332* | 0.352* | 0.386* | 0.402* | 0.411* | 0.427** | |
| $X_{6-1}$ | 0.172 | 0.195 | 0.222 | 0.227 | | | | |
| $X_{6-2}$ | 0.351* | 0.382* | 0.404* | 0.425* | 0.441** | 0.486** | 0.532** | 0.548** |
| $X_{6-3}$ | 0.114 | 0.193 | 0.203 | | | | | |
| $X_{6-4}$ | 0.297 | 0.373 | 0.428 | 0.447 | 0.361 | 0.378 | | |
| $X_{7-1}$ | 0.131 | 0.168 | 0.193 | | | | | |
| $X_{7-2}$ | 0.227 | 0.254 | 0.263 | 0.281 | 0.288 | | | |
| $X_{7-3}$ | 0.321* | 0.336* | 0.352* | 0.383* | 0.401** | 0.406** | 0.408** | |
| $X_{7-4}$ | 0.447** | 0.486** | 0.505** | 0.576** | 0.601** | 0.663** | 0.681** | 0.732** |

注：*表示 $P$ 在 0.05 水平上显著相关，**表示 $P$ 在 0.01 水平上显著相关。

经过 8 次偏相关运算，最后筛选出地形意境（$X_{1-3}$）、水体占景观中比例（$X_{2-1}$）、景观水面视域范围（$X_{2-6}$）、植被盖度（$X_{3-1}$）、植物景观可进入性（$X_{3-8}$）、建筑环境和谐度（$X_{6-2}$）和文化遗存的文化与历史价值（$X_{7-4}$）作为影响圆明园公园景观美感质量（游憩吸引力）的主导因素。

回归方程模型如下：

$Y = -3.673 + 0.721X_{1-3} + 0.704X_{2-1} + 0.653X_{2-6} + 0.812X_{3-1} + 0.631X_{3-8} + 0.548X_{6-2} + 0.732X_{7-4} (R^2 = 0.791)$

方程线性 $F$ 检验和回归系数 $t$ 检验的结果如下：$F = 16.044 > F_{0.01}(31, 30) = 3.123$；$t = 13.124 > t_{0.01}(29) = 2.175$，显著水平 $P = 0.003 < 0.01$，这表明本模型可作为圆明园公园园林景观美景度分析的模型。

相关分析结果表明（见表 3-21），圆明园公园园林景观美度与园中道路、季相变化等组成结构之间的相关程度不高,但与山形、水势、植物、建筑和文化遗存等因素存在极显著的正相关关系。由此说明,公园园路与季节性因素对园林景观的美学价值影响较小,地形、水体、植物、园林建筑和遗址状况影响游人对公园美的判断。逐步回归分析建立的园林景观美学质量与景观要素之间模型表明,园林景观美景度随着地形变化的意境增加而显著增加,也就是说园林山水景观中的文化元素含量增加会直接影响游人对园林美的判断;近水的景观与远离水面的景观更加有吸引力,水景是园林重要的元素,水面的大小、可赏水面的尺度等影响游人对水景美的评判;植被条件是园林景观构成中最重要的因素,尤其是植物群落的郁闭度(或盖度)、植物景观可进入程度直接决定园林景观的吸引力;建筑环境与周围环境的协调程度以及文化遗址的文化与历史价值对游人美的判断发挥着重要的影响。园林景观的美学价值就是园林景观对游憩主体的吸引力大小,在圆明园公园,园林景观的游憩吸引力主要取决于园林景观中的山水意境、亲水程度、植被绿量与公园绿地可进入条件、建筑与环境的协调程度和遗址传达的文化信息的质与量。

根据本模型,对圆明园公园103处景点进行美景度计算,对全部景观进行数据化处理,在GIS空间模型中对全部景点的美景度赋值,可以清楚以直观展现公园全部场所的游憩吸引力情况。游人主观上对场所游憩适宜性的认知程度可以由场所游憩吸引力情况展现,借助园林景观美度评价模型,建立起游人对圆明园公园园林景观游憩适宜度的和园林景观构成要素之间的关系,使游憩主体对公园园林景观游憩适宜度的认知以数量化形式得以体现。

### 3.5.5　圆明园公园园林景观美景度评价结论与讨论

#### 3.5.5.1　评价结论

(1)圆明园公园园林景观美学质量的高低主要有赖于园林山形、水势、植物、建筑和文化遗存等因素的特征,具体地讲,园林植被盖度、绿地可进入条件、山水组合意境、景观亲水程度、园林建筑与环境的和谐程度和文化遗存的价值高低是园林景观美学价值发挥的决定性因素。

(2)公园植被盖度是绿地与场所空间的平面比率,反映的是公园景观构成中绿色植物的面积比例。本研究结果表明:绿地在景观中的面积以及绿地的可进入条件对圆明园公园绿色景观的美景度的贡献最大,主要原因是绿色环境满足人们回归自然、亲近自然、在自然中"自我实现"的心理需要。此外,绿地盖度高的景观能够避免地表裸露对视觉质量产生的不利影响(章志都,等,2011)。

(3)山水意境是影响圆明园公园游人美景度判断的一个主要因素。盛景时期的圆明园充分体现了封建社会统治阶级的治世思想和道德、文化、信仰方面的追求，可以说园中无处不写意。今天的圆明园公园虽然历尽沧桑，面目全非，但未改的园林山形水势仍向大众传递着原始的信息，人们在圆明园公园休闲游憩的过程中可随处感悟历史与传统文化，公园的山水骨架所表达思想是最接近游人心灵美的享受的部分。越有文化意境的场所，越是吸引游人目光、追逐美的地方，也是游人最乐意到访的景点。

（4）圆明园公园美景度评价的结果还表明，滨水景观是最吸引游人的场所，水面尺度越大、亲水性越好、观水视野越宽阔的场所，越是游人最希望体验的地点。亲水是人的天性使然，从游憩者角度来看，滨水的景观是最适宜游憩的环境。

（5）园林建筑是城市公园不可缺少的因素，它一方面是构成景观的要素，另一方面也多是公园提供各类服务的设施。公园建筑与周围环境的协调度决定游人对公园建筑、小品美的认知。建筑物与公园环境的协调性主要表现在建筑、小品的材质、体量、色彩、型制等方面。因此，体量适中、色彩柔和、材质与环境协调的园林建筑更吸引游人目光。

（6）遗址与遗迹所传达的历史与文化信息量影响游人对圆明园景观美的认知。公园在开展游憩教育时，应注意通过合理的解说系统将文化信息更好地传达给游人，增加游人对场所的认知与认同。

### 3.5.5.2 研究讨论

（1）SBE方法可以从游憩主体角度来判断公园景观的宜游程度，其最大的优势在于认知模型的建立，通过该模型可以对公园内所有场所的宜游度（美景度）进行打分评价，对于确定公园最吸引人的地点和游憩路径设置很有帮助。但这也存在一个问题，就是在要素分解后决定美景要素的因子的选取，在逐步回归中可能会有重要的因子被过滤，也存在因子相关性相差不多而无法筛选重要因子的可能，这还需要在统计分析方法上进一步的完善。

（2）园林意境无疑是园林景观构成的无形的重要因子，关于其重要性的评判很难有统一标准。园林景观中的物质类因子的评价容易达到共性的认知，但意境的认识却与评价者个人的主观审美情趣、教育背景与个人信仰等方面存在着必然联系，因此它的客观性不强，评判的结果因群组构成的不同可能差异巨大，但在统计中这种差异却无法得到足够的体现。

（3）园林景观文化遗存在文化信息表达上的不确定性影响游人对景观美的评价。园林景观不仅能传达视觉上的美感、创造舒适宜人的环境，更能以它所蕴涵的历史、文化信息和丰富、深刻的寓意陶冶人的心灵，是历史和文化的重要载体，圆明园保存至今的实体只有山水布局和一些建筑遗址，而且建筑遗址大多只剩下一些基础之类的地下结构，和本来的面貌相差太远，这些情况会影响评价对象对其文化价值的判别。

## 3.6 圆明园公园人文资源质量游憩适宜性评估

圆明园公园作为中国古典园林艺术的杰出代表，包含着丰富深刻的美学思想与丰厚的传统文化，研究圆明园公园人文资源质量，挖掘其深厚的审美观赏价值和科学历史文化价值，利于提高游人利用时的游憩体验质量。

### 3.6.1 圆明园公园遗产资源赋存状况

圆明园公园因屡遭劫难而遭破坏，现在只保留有部分当年建筑物的残迹和山形水系的形态。公园目前开放的区域可分为三园一景区，由于其作为遗址公园的性质，公园内部散布着大量遗址和遗迹，多数遗址未经整理，尚处于原始自然的保存状态。

目前，经过整理开放的遗址主要包括长春园西区、绮春园东区和圆明园福海景区、九洲景区东南部。长春园的西洋楼大水法、远瀛观残柱景区、含经堂遗址和绮春园的正觉寺建筑群目前为圆明园经过整修后的最典型人文景观资源，这些资源经过多次挖掘、清理、维护，已经成为圆明园的象征。

综合圆明园专家走访、文献资料查阅和实地调查的结果，绘出圆明园文物遗址分布如图 3-10 所示。

图 3-10 圆明园公园遗址分布图

Fig. 3-10 The distribution of cultural and historic relics in Yuanmingyuan garden

## 3 圆明园公园环境游憩适宜性评价

圆明园公园所有的遗址与文物均具有很高的文化价值，全园均是国家级重点文物保护单位，除严格保护、不可进入的遗址外，均可作为重要的游憩利用资源以开展访古探幽、艺术欣赏、知识旅游、科学考察等游憩活动。

### 3.6.2 圆明园公园人文遗产游憩价值

有万园之园之称的圆明园始建于 1709 年，是环绕福海的圆明、长春、绮春（同治重修时改名为万春园）三园的总称，当时占地约 5200 亩。园内根据地形地势，凿湖堆山，广种奇花异木，缩华夏名山大川、奇境胜景于一园，形成名胜 40 景，有建筑物 145 处。1860 年惨遭英法联军疯狂洗劫并焚毁，1900 年遭八国联军毁坏，民国时期又遇军阀、官僚、地痞肆意掠夺，新中国成立之初因城市建设"就地取材"以及单位和个人的侵占，致使圆明园彻底沦为废墟，原有建筑几乎荡然无存，树木砍伐殆尽，湖泊砂山大都夷为农田。1959 年圆明园遗址被正式划定为公园用地，1983 年国务院明确将圆明园遗址整修成为遗址公园，1988 年圆明园遗址被国务院列为全国重点文物保护单位，同年，初具规模的圆明园公园正式向游人开放。

圆明园公园内承载着文化和历史信息的建筑遗迹，大都湮没于地下，尚未进行全面清查和文物级别认定。本研究通过咨询有关圆明园遗址保护的文物、古建和园林等方面的专家，认为圆明园内的遗址基本属于一级文物，作为文化遗产的价值集中体现在三个方面：①中华民族近代屈辱史的铭证，是爱国主义教育的重要基地；②作为中国古典造园艺术的典范，残存的山形水系以及大量的建筑基址是学习、研究、考证中国园林文化与技艺，进行学术交流的重要载体；③作为城市中的自然风景地，是城市居民游憩利用的场所。所以，圆明园公园的人文遗产不仅具有科学研究价值，还是爱国主义教育和城市居民游憩利用的场所，其遗址价值包括历史、科学和游憩价值。

### 3.6.3 圆明园公园人文资源游憩适宜性评价

#### 3.6.3.1 评价体系建立

按照园林景观构成要素，圆明园公园的文化遗址可分为建筑遗址、地形遗址、道路遗址、植物遗存、小品遗存等，这种分类方法是常规旅游资源评价所采用的分类体系。由于圆明园公园全园遗址均具有一级文物的价值，对其按构景要素评估不具备对资源利用的参考意义。因此本研究主要从资源可使用程度角度来评估公园人文资源的游憩适宜程度。

圆明园公园人文资源游憩适宜性评价指标的选取主要依据科学性、可用性和独立性原则。科学性原则即指标体系必须能客观真实地反映圆明园公园人文资源的现状；可用性原则即指标能反映资源的可接近、可利用程度；独立性原则是指各评价指标不重复，用尽可能少的指标充分地对人文资源条件进行准确的评价（袁宁，黄纳，张龙，范文静，孙克勤，2012）。本研究采用专家打分和层次分析法确定评价指标的权重值，如表3-23所示。

表3-23　圆明园公园人文资源游憩适宜性评价体系

Tab. 3-23　The evaluation system on recreation suitability of cultural resources in Yuanmingyuan garden

| 目标层 | 准则层 | 指标层 | 指标权重 |
| --- | --- | --- | --- |
| 人文资源游憩适宜度 | 资源赋存状况（0.585） | 场所在圆明园遗址中重要度与代表性 | 0.208 |
| | | 遗址遗迹数量 | 0.174 |
| | | 遗址保护要求 | 0.203 |
| | 资源可利用性（0.415） | 场所空间尺度 | 0.196 |
| | | 园路通达程度 | 0.183 |
| | | 建筑与小品设置 | 0.106 |

#### 3.6.3.2　评价步骤

对文化遗产的评价往往从遗产的本身价值评估的多，主要评价的指标是未来选择利用的余地、子孙后代永续利用的潜力、保留价值等，多采用定性评估的方法。本研究主要从遗址的可利用性入手，采用定量评价的方法分析圆明园各遗址的可游程度。定量评价更容易被用来改变人们对圆明园公园遗址遗迹认识的程度，更加直观有说服力（纪文静，2009）。

本研究采用专家打分法对各场所的园林遗址进行评价，专家由30人构成，其中风景园林专业研究生14人，园林专业教师8人，其他园林行业专家8人。由专家群体对各遗址进行游憩适宜性评估。各项满分为100分，综合得分为该遗址的评分值，得分大于60分的遗址，为适宜游憩区域；得分低于60分者，为不适宜游憩区域。

#### 3.6.3.3　评价结果

对公园的93处遗址进行游憩适宜性的评估，其中有27处遗址为不适宜游憩区，不适宜游憩的遗址主要原因为目前已封闭保护或地貌改变遗迹无存等，有66处园林遗址为适宜游憩区。

### 3.6.4　圆明园公园人文资源游憩适宜性评价结论

采用专家打分法以及层次分析法对圆明园公园人文资源的游憩适宜性进

## 3　圆明园公园环境游憩适宜性评价

行了评价，评价结果显示，目前公园多数人文遗址是可以游憩利用的，深厚的园林文化底蕴为游憩者进行文化体验提供了坚实的保障。

圆明园的文化遗址是最能体现中国古典园林文化特征的资源，它融合了中国古典美学、哲学、文学、建筑学等方面的精髓，具有丰富的审美意趣和独特的艺术魅力，具有强大的吸引力与游憩利用价值。不仅可以让游人获得放松心情、怡情益智的满足感，还能提升游人的历史知识、人文素质（莫珣，2010）。我们在保护好圆明园被称作"不可复制的无价之宝的人文遗存"的同时，也要利用好这些遗址对当代人的游憩与教育价值，尤其要发挥出园林遗产对提升游人的思想情操的作用。

### 3.7　圆明园公园整体环境游憩适宜性评估

通过对圆明园公园自然环境质量、人文资源状况的游憩适宜性进行评估，并综合了公园园林景观美景度因素，发现公园内有的地段适于开展多种游憩活动，有的地段只适合开展单一的游憩活动，有的地段不适合开展任何游憩活动；有的时间段适宜开展某类活动，有的时间段不适宜开展此类活动。在明确各种游憩活动在地域上的空间及时间分布特征后，采用 ArcGIS 空间分析模块进行参数反演，可生成各种游憩适宜度专题图，按分月、分季的时段将适宜度专题图进行叠加运算，将各时段的适宜、较适宜、不适宜游憩的空间分类，从而形成了圆明园公园环境分时游憩适宜空间分布图（图 3-11）。

注：图中颜色越接近紫色区域表示场所越适宜游憩活动，越接近蓝色表示越不适宜。

图 3-11　圆明园公园环境四月份适宜游憩空间分布图

Fig. 3-11　The map of distribution of suitable recreation space in Yuanmingyuan garden (in April)

## 3.8 本章研究结论与讨论

### 3.8.1 本章小结

研究建立了城市公园环境游憩适宜性评价体系，从自然、社会、美学三个方面对圆明园公园园林环境的游憩适宜性进行了全面评估分析，其中自然环境质量游憩适宜性评价主要以圆明园公园绿地植物生态效益的定量化分析为基础，社会环境质量主要分析了圆明园公园园林文化遗产的游憩利用价值及可利用程度，社会环境方面从游憩主体角度分析了圆明园公园园林景观美景观度情况。圆明园公园园林环境游憩适宜性评价的主要结果如下：

（1）根据气候舒适性特征建立了公园户外环境气候游憩适宜性评价模型，采用温湿指数和风效指数两个指标分析了圆明园公园逐月小气候的游憩适宜性，评价的结果表明，圆明园公园在春、秋两季环境气候舒适，是适宜游憩的时期；而在夏季和冬季的二月份等时间段内，气候给人的总体感觉是过热或寒冷，令人不舒适，是较不适宜游憩的季节，在较不适宜游憩的季节里，公园应加强游人的引导与设施管理。

（2）圆明园公园绿地微生物含量在一年中均处于"非常适宜"和"很适宜"的游憩水平，不同季节、不同绿地类型的场所在宜游水平上有一定的差异，夏、冬两季公园整体区域均处于微生物含量"非常适宜"游憩区域，春、秋两季部分绿地空间为"很适宜"区域，建议体质弱的游人在"非常适宜"区域参与游憩活动。

（3）依据"城市公园环境清洁度游憩适宜性评价标准"，就圆明园公园不同绿地类型的场所的空气 TSP 浓度进行了适宜游憩性级别的划分，研究表明圆明园公各类型绿地在不同季节、不同时段内的游憩适宜程度有差别，夏季是宜游期，秋、冬两季为不宜游时期；公园中近水绿地比非亲水绿地更适宜开展游憩活动；以乔木结构为主体的乔木、乔草、乔灌草等结构的公园绿地空气质量相对较高。

（4）研究建立了"城市公园负离子系数 PCI 模型与评价分级标准"，分析并比较了与当前学术研究领域常见的关于空气负离子效益评价的 CI、FCI 和 PCI 三种评价方法在应用领域的差异，提出 PCI 模型适用于城市公园环境的空气负离子水平与效益等级的划分，应用该模型对圆明园公园样点空气离子日平均水平的游憩适宜性进行了整体评估。研究结果显示：圆明园公园五月至十一月份具有良好的空气负离子效应，尤其夏季空气负离子水平非常适宜户外游憩活动。圆明园公园的较高空气负离子水平是公园环境所特有的气候资源。

(5)根据制定的"城市公园声环境质量游憩适宜性评价标准",按照安静型游憩活动对环境噪声干扰影响的要求,将公园声环境分为"适宜游憩"、"较适宜游憩"和"不适宜游憩"三种类型。圆明园公园夏季(七月份除外)声环境质量较高,以乔木为主体的乔灌草型、乔灌型复层植物群落内适宜开展安静型游憩活动。

(6)从游憩主体对公园景观审美的角度研究了圆明园公园景观美的构成对游人的游憩吸引力的影响,场所的游憩吸引力与游人对场所的需求成正比,景观越美的地点在游人看来是越适宜游憩的地方。研究提出了圆明园公园景观美景度评价模型:$Y = -3.673 + 0.721X_{1-3} + 0.704X_{2-1} + 0.653X_{2-6} + 0.812X_{3-1} + 0.631X_{3-7} + 0.548X_{6-2} + 0.732X_{7-4}$。该模型表示:园林植被盖度、绿地可进入条件、山水组合意境、景观亲水程度、园林建筑与环境的和谐程度和文化遗存的价值高低是园林景观美学价值发挥的决定性因素,也是决定游人单向环境游憩适宜性的重要因素。

(7)圆明园公园人文资源主要以园林遗址的形式体现,现存的93处遗址中有27处遗址为不适宜游憩区,有66处园林遗址为适宜游憩区。

(8)采用ArcGIS作为分析工具,将上述因子评价结果在空间图形上进行参数反演运算,从而得到各月份、各季节、各区域的圆明园公园园林环境游憩适宜性评价的综合结果,从而从整体上确定了圆明园公园时间和空间维度的环境游憩适宜性差异情况。

### 3.8.2 本章讨论

(1)城市公园是城市居民闲暇时间经常使用的日常游憩场所,公园内园林环境质量在游憩利用方面的适宜程度与社会公众的游憩体验质量息息相关。衡量园林环境质量高低通常仅对游憩利用客体——园林绿地物理环境的功能、效益、景观构成等方面来评价,而对构成园林环境的另一主体——园林文化的重视度不足。城市公园的园林环境是人工创造的艺术性景观,场所中凝聚着设计师的理解和原始基址的场所精神,这些丰富的园林文化是构成景观内涵的重要因素,也是构成园林游憩环境不可缺少的重要元素,园林文化因子在园林环境游憩适宜性的分析中一定不可回避。另外,仅对园林环境构成要素进行研究而忽视了园林景观的整体美,则是"只见树木,不见森林",园林美景度是公园环境使用主体——游人的主观认知,缺少社会公众参与的环境质量评价也将是有缺陷的。因此,本研究提出的以从自然、社会、美学三个因子构建城市公园园林环境游憩适宜性评价体系是合理的,对小尺度的人居

# 基于园林生态效益的圆明园公园游憩机会谱构建研究
The Construction of Recreation Opportunity Spectrum (ROS) Based on Ecological Effects Assessment in Yuanmingyuan Garden

环境人造景观的宜人性评价也是适用的。

（2）由于园林环境有别于大尺度的自然景观，对大环境的评价因子往往不适用于园林微环境的评价，如本章采用在气候宜游或宜人性评价方面通常采用的温湿指数（THI）与风效指数（$K$）进行园林环境小气候宜游程度差异性比较分析，统计分析的结果表明这两项指标不太适合园林小气候特征的分析（尽管在第2章园林增湿降温效应分析中植物群落微环境有明显的温湿度差异），本研究在预实验中也对现有的一些气候表征指标如舒适指数、穿衣指数等进行了比较，其结果在小气差异描述方面也不尽人意，论文也未就这些指标作进一步阐述。

当前关于环境适游性的研究所建立的标准与指标在表征城市公园园林环境等小尺度的微环境构成差异方面存在着很多不适用的情况，所以本研究建立了多个评价游憩环境质量的标准，如综合了中科院生态中心和世界卫生组织环境微生物水平标准建立的"城市公园环境空气微生物含量游憩适宜性评价标准"、综合了我国和欧盟关于环境空气质量标准中对粉尘含量的规定提出了的"城市公园环境空气总悬浮颗粒物（TSP）水平游憩适宜度分级标准"、结合国家区域噪声标准的规定提出了"城市公园声环境质量游憩适宜性评价标准"等，这些新标准的提出对探讨城市公园中不同场所的园林环境游憩适宜性差异程度方面是有帮助的。这些标准的适用性也有待作进一步深入、广泛的研究。

为了说明城市公园环境质量的差异情况，本研究也对现有的一些评价技术与标准进行了适用范围修订。如本研究在区分园林绿地空气负离子水平对游憩活动的适宜程度方面提出了 PCI 指标值的计算方法，将"环境空气负离子浓度达到 700Ions/$cm^3$ 以上时有益于人体健康"这一医学研究成果引入关于城市公园环境空气负离子水平适游性评价，构建了新的城市公园空气负离子系数（PCI）指数模型及评价方法与评价标准。论文比较了圆明园公园样点空气离子日平均浓度采用 CI、FCI 和 PCI 三种指标值的评价结果，结果表明本研究提出的更适合对城市公园负离子水平游憩适宜性的评价。在今后的研究中，还应扩大监测实验样本对此模型与标准作进一步修正，以使其能在鉴别和指导城市公园空气负离子资源富集期（区）利用上做出贡献。

（3）本研究采用美景度评价（SBE）方法可以从游憩主体对环境的认知角度建立了公园景观游人单向认知宜游度模型，通过该模型可以对公园内所有场所的宜游度（美景度）进行评价，对于确定公园最吸引人的地点和游憩路径设置有很大帮助。这一方法解决了公园环境游憩适宜性单纯从环境客体质量评判的问题，从游憩主体认识视角来评判游憩客体是否宜游，这样使环境游憩

## 3 圆明园公园环境游憩适宜性评价

适宜性的评估更加客观，更合乎游人的审美趣味和现实公园环境使用要求。

（4）关于城市公园园林环境游憩适宜性评价体系中各因子权重的确定方面，本研究也尝试过采用层次分析法（AHP 法）、模糊数学判别法等进行三个二级因子及三级因子的指标权重值的计算，结果各方法专家打分阶段就出现了惊人的一致性，多数专家认为这几个指标在园林环境描述方面都很重要，指标重要程度方面差异性很小，各指标的权重值很难确定，所以本论文未进行整体环境的定量评价，仅用 GIS 分析手段将公园分时、分区公园场所游憩适宜性进行了属性叠加，并将数据反演为空间图形。

# 4 圆明园公园游客游憩行为特征分析

休闲游憩是现代社会人们生活方式的重要组成部分，人们参与游憩活动中获得包括锻炼身体、舒缓压力、家庭融洽、热爱自然、尊重历史、了解文化以及自我实现等诸多体验。城市公园是城市居民闲暇时间游憩利用的重要场所，在现代城市生活中发挥着重要的社会服务功能，是城市居民进行锻炼身体、休闲娱乐、交友聚会等的重要活动目的地。城市公园的利用者及其需求满足是公园建设与管理的核心，只有研究如何在公园使用者游憩行为特征，了解其需求，才可能实现公园的人性化、科学化的管理，这是公园建设及经营管理的前提。城市公园作为现代城市中最重要的绿色基础设施，其场所和环境是否能够满足游人游憩的需求，要从公园的使用主体来分析，即研究分析公园的利用者有何游憩行为需求、人们偏爱哪些公园环境、与环境条件相匹配的游憩项目有哪些、如何布置环境和设施来引导游人参与游憩活动等成为城市公园建设必须要考虑的问题。

由于城市公园游憩空间与游憩活动是互为表里的关系，因此在城市公园建设与管理过程中应重视空间与活动的匹配，即特定地段的空间形态和特征应具有特有的功能、用途和活动，应引导游人行为趋向于设置在公园中最能满足其要求的场所。游人的行为虽然是自发的，但一定程度上是以引导的，公园管理与建设者如果能预知或预判使用者可能在公园中进行的活动，并且在管理和建设提供一个场地环境特征和游憩需求相适宜的机会，那就可以对游人活动进行诱导和启发，引导人们在最适宜的场所进行想要进行的活动，从而获得满意的游憩体验。因此，城市公园游憩机会谱的构建不仅要研究如何在公园绿色空间中创造最适宜游憩的微环境，还要分析公园中游人的行为和需求特征，总结游人某种行为发生需要的条件，将这些条件与微环境特征相融合，从而准确定位公园中各场所的功能，公园的社会服务功能才能实现得最完善、最具人性化。

## 4.1 研究对象与研究方法

### 4.1.1 研究对象

本研究以城市公园使用主体——"游客"为研究对象，研究地点为北京圆明园公园。圆明园公园虽然在性质上属于遗址公园，但由于公园使用者中以日常休闲游憩的城市居民为主，加之公园功能上除遗址保护外还具有提供游憩服务的功能，其在北京市民和外地旅游者心中都有着重要的地位，研究的点具备一定的典型性和特殊性。圆明园公园每天游客众多，尤其是节假日的高峰时期，公园游客量均在20万人次/日以上，公园占地空间较大，便于各种游憩活动的展开，是北京市民和外地游客游憩的主要场所，选定圆明园公园使用者为研究的对象，能够很好地了解大型城市公园使用者的游憩行为，研究具有代表性。

通过圆明园公园游客行为特征的研究，客观评价和分析使用者在四季的游园游憩行为特征，为城市公园游憩机会谱的建设提供有力依据，以便合理提高公园使用率，最大限度满足公园使用者需求在公园中的游憩行为模式，就是人们在公园中的活动内容和行为方式。

### 4.1.2 研究方法

本研究针对圆明园游客的游憩行为研究主要采用了行为观察法和问卷调查法两种方法进行。

#### 4.1.2.1 行为观察法

行为观察是研究环境使用者行为活动的有效手段之一，是指根据研究的需要，调查者有目的、有计划地运用自己的感觉器官或借助观察工具，对空间环境的使用者处于自然状态下的行为活动进行观测而获取数据的方法（任斌斌，李延明，卜燕华，刘婷婷，2012）。

本研究采用行为观测法对使用者游憩行为进行调查记录。首先将公园划分成4个区域，设定好路径及观测点，选择每月中天气晴朗、适于外出的工作日2天和休息日1天，每天自早7：00至晚19：00时，每间隔2h对全园游人及其从事的游憩活动、行为进行观察并记录。在每个观测点记录游憩者的数量、性别、年龄段、活动内容、活动强度等，在平面图中记录游憩者的相应位置，采用编码形式进行记录（如图4-1所示）。

## 4 圆明园公园游客游憩行为特征分析

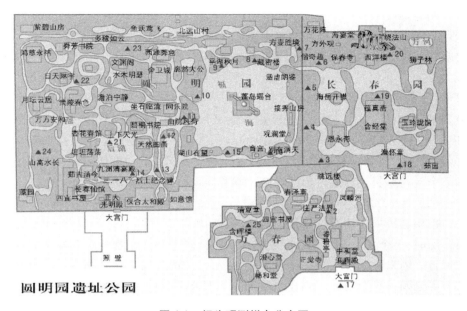

图 4-1 行为观测样点分布图

Fig. 4-1 Distribution of sampling plots on tourist action survey in Yuanmingyuan garden

#### 4.1.2.2 问卷调查法

（1）调查问卷设计

以问卷形式进行随机抽样调查本研究关于公园游憩行为调查的另一个重要方法，通过采用问卷调查法收集公园使用者对游憩环境的反应、游憩活动偏好、游憩体验质量等数据和信息。问卷中设计的主要问题涵盖以下几个方面内容：

游憩环境：从三个方面对环境因子评分，一是公园游客对环境因子重要程度进行的评分，二是公园游客对游憩环境与游憩活动类型的偏好，三是公园游客对公园内部游憩环境的现状进行评价。问卷采用多项选择及李克特五点量表赋分形式，其中重要性程度 1~5 分值分别代表"非常不满意"、"不满意"、"一般"、"满意"、"非常满意"。

游憩行为：调查公园游客到达方式、游园频率、活动规律、停留时间、逗留场所、选择参与的游憩活动类型和内容等。

游憩体验：令公园游客对公园游憩环境、管理水平、服务质量现实的游憩体验与体验期望做出评价。

游憩者特征：包括公园游客年龄构成、教育程度、职业构成、住地远近、收入水平和文化层次等。

问卷信度检验:信度所关心的是测量的一致性或稳定性,信度系数是反映调查问卷题目一致性程度的统计量,通常用信度系数表示调查问卷设计的可靠性程度,也能说明测量结果中测量随机误差所占的成分。信度值范围一般为 0~1,其值越大,信度越高。一般认为一份调查问卷信度值在 0.6 以上可信度高、可靠性好。本研究利用社会科学统计软件 SPSS Statistics18.0 作为主要辅助分析工具,选用克伦巴赫系数来计算信度系数。具体操作为:运行 SPSS,选择 Analysis→Scale→Reliability→Analysis,选择所有题目变量,在 Model 中选择 Alpha 模型,运行得到本研究调查问卷的信度值 $\alpha = 0.7386$,表示整个问卷题目设计的可信度较高,问卷质量可靠。

(2)调查方案实施

采用随机抽样的方法,调查时间从 2010 年 2 月开始,到 2011 年 1 月结束,历时 11 个月,每月均有调查样本抽样,调查时间包含一年四季各月中的工作日、周末双休日及"五一"小长假、"十一"黄金周、春季踏青节、夏季荷花节等公园各典型时段。调查问卷先后分 15 次发放,每次发放 200 份,共发放问卷 3000 份,接近 2010 年圆明园公园全年日均游客数量的 10%。每次调查分三个时段发放问卷,时间分别为上午(7:00~10:00)、中午(12:00~14:00)和傍晚(16:00~18:00)。调查共回收有效问卷 2286 份,其中非节假日期间问卷 1529 份,节假日期间问卷 757 份,有效率为 76.2%。将有效问卷调查结果采用 SPSS Statistics18.0 录入数据库,进行各项统计与分析。

## 4.2 游憩行为规律观察结果与分析

### 4.2.1 游憩活动时间特征

通过对圆明园公园游人节假日与非节假日的游憩行为直观的观察,两种时间段内公园内部人流密度、主题活动倾向性等方面具有明显的差异,因此研究游人游憩活动规律时,将非节假日与节假日两个时间段分别分析。

(1)圆明园公园游人非节假日行为活动特征

圆明园公园非节假日游人游憩行为的时段特征如表 4-1 所示。

# 4 圆明园公园游客游憩行为特征分析

表 4-1 非节假日圆明园公园游憩行为的时段特征

Tab. 4-1 In no-holiday periods characteristics of recreational behavior in Yuanmingyuan garden

| 时间段 | 圆明园公园四季游人游憩行为 | | | |
| --- | --- | --- | --- | --- |
| | 春季 | 夏季 | 秋季 | 冬季 |
| 7:00~8:00 | 晨练者多,中、老年游客占主体,群体性游憩活动较多,散步、健身为主 | 本时段公园存在一个游客量高峰,活动以体育锻炼类为主,主要有散步、健身操、太极拳等 | 晨练者较多,有部分集中活动的溜鸟、剑拳练习者多 | 公园此时段中、老年人多,多集中在固定的场地中,以绮春园和长春园居多,活动多为文化娱乐和体育锻炼 |
| 8:00~9:00 | 游人数量减少,但活动多样性增加 | 游人数量在8:00左右有所减少,但随之又开始急速增加,活动类型多样,文化类游憩活动为主 | 晨练者多离园,此时园内人数最少 | 此时段为公园使用最低谷期 |
| 9:00~11:00 | 游人主要集中于赏花及遗址瞻观区域,主要沿路径游览 | 游人量增长较快,文化休闲类、娱乐类,活动为多 | 人流渐多、活动多样性增加 | 文化娱乐和静态休闲活动成为公园内主要活动类型 |
| 11:00~13:00 | 部分游客离园,但多数自带冷餐,空阔向阳的游憩点停留者多,服务设施使用者增加明显 | 游客量未见大量减少,多以静态活动为主,亲水类、嬉水类、文化类游憩活动占主体 | 大多在固定区域活动 | 游人量有所减少 |
| 13:00~15:00 | 游人数量增多,活动多以赏花、文化瞻观为主 | 动态性游憩活动增多,歌乐书法类休闲活动较多,参与游人年龄结构多样 | 观赏游览类,包括拍照、观赏等 | 游人数量达到冬季最多,活动以文化观光为主,少量静态游憩活动 |

159

# 基于园林生态效益的圆明园公园游憩机会谱构建研究
The Construction of Recreation Opportunity Spectrum (ROS) Based on Ecological Effects Assessment in Yuanmingyuan Garden

（续）

| 时间段 | 圆明园公园四季游人游憩行为 | | | |
| --- | --- | --- | --- | --- |
| | 春季 | 夏季 | 秋季 | 冬季 |
| 15：00~17：00 | 静态休闲类游憩活动较多，包括驻足赏景、静座休息（多数座椅被利用）、下棋打牌等，游人活动呈大分散、小聚集的状态 | 游人活动呈现多样化特征，多驻足停留地点为水边、树荫下 | 赏花、观水、亲子活动等休闲活动较多，游人动态活动为四季中最多 | 运动类活动增多，各点停留时间少，多呈路径游览状态 |
| 17：00~19：00 | 游人活动渐少，公园管理处在18：30开始清园 | 游人散去较晚，消夏休闲者多 | 游人数量少于夏季同时段，但参与的活动多是摄影或运动类等 | 人流渐稀，偶见少数人逗留 |

　　春季受多风、扬尘天气影响，周一至周五的工作日内公园中的人流并不密集，以7：00~8：00时段内，主要的游憩活动以散步、跑步、剑拳体操、等体育锻炼为主，也有少数调嗓、溜鸟人群，以中、老年为主，性别比例女性略多于男性。8：00以后，晨练游人散去，游览观光的游客渐多，8：00~9：00为公园游人较少时段。9：00过后，游客量逐渐增多，游客主要沿路径游览活动，以长春园和绮春园游客量居多，圆明园福海景区和九洲景区人数不多。从事的活动以文化瞻观和花卉观赏为主，活动人群含各年龄段，以结伴方式到访的游客居多。游客构成比例中，女性要高于男性，尤其以结伴方式入园者及开敞空间群体活动者，更是女性多于男性。上午11：00以后，部分游客离园，但多数游人自带食品于休息点或向阳空阔处野餐，也有部分游人于园内餐饮点就餐。11：00~13：00时段内，游人呈现大分散、小聚集的特征，如大水法、方壶胜境、君子轩、接秀山房、松风萝月、展诗应律、凤麟洲等景点处，均有较多休憩人群。13：00~15：00游人量增加较快，儿童与中青年人数在这个时段内增长较多，以家庭、小群体的活动居多，亲水、赏花、踏青等亲近自然型游憩活动和亲子游憩等活动为主，春季圆明园公园在下午14：00左右，游人量为最多。15：00~17：00游人的游憩行为以从事静态休闲类游憩活动较多，包括驻足赏景、静座休息、打牌对弈等，多数人在公园中的某处景点停留时间较长。下午16：00以后，游人逐渐开始离园。17：00以后，多数游人离园，少数摄影者逗留。19：00以后，公园中基本无游人。

夏、秋两季圆明园公园游客量要显著高于春季，早7：00～9：00公园晨练与休闲活动的人流密度较大，多数空旷空间都有游人活动，以操、舞、唱等群体活动的为主。上午8：00以后，晨练活动者离园，但游人数量增长很快，外地以团队游览的形式进园也较多，散客中各年龄段都有，文化类、休闲类游憩活动为主要参与内容。上午9：00～11：00为游园高峰期，活动群体包括团队、家庭，年龄差异较大，赏荷、嬉水、亲子、遗址观光等游憩活动参与者多，游憩活动种类多样化。夏季11：00～13：00天气炎热，游人量有所减少，多集中于树荫或凉亭处休憩。秋季11：00～13：00游人量减少不明显，参与游憩活动种类较多样。13：00～15：00游人又有所增长，文化与自然体验性项目是圆明园公园活动主体。15：00～17：00，部分游人离园，这时游人多在某一固定场所活动，或休息、或聚谈、或游戏，活动有明显目的性和倾向性。17：00～19：00，由于圆明园公园非昼夜开放，但夏、秋两季此时段气温与光照适宜，游人活动还较多，散去较晚。冬季是圆明园公园游人最少季节，周一到周五工作日游人主要以文化瞻观、冰上运动等活动为主，除早7：00～9：00有晨练者外，偶见其他时段有锻炼健身者。下午13：00～15：00时，游人量达到高峰，17：00以后，游人迅速减少。在冬季游园游客构成中，旅游团队形式占了较大比例。圆明园公园冬季游人量在下午最多，而在春、夏、秋三季一般上午利用率最高。

（2）圆明园公园游人节假日行为活动特征

圆明园公园在周末、节假日期间游人的游憩行为与非节假日相比，除数量上有较大差异外，游憩行为并无过多差异；但在主题旅游节庆活动期间，游人受公园主题活动的组织引导，游览与游憩均表现出一定的倾向性。另外，经过人数计量比较，春、夏、秋三季非节假日的游人高峰一般在下午，而节假日的游人高峰一般在上午出现，下午游人量逐渐减少。这表明双休日、节假日人们到访圆明园公园上午来得多，中午后部分游客因体力、午餐或携带儿童午休等原因而离园。这一点与任斌斌等（2012）得到的游人一般上午在家休息而多下午前往公园游憩的研究结论不尽相同。冬季节假日到访游客的高峰期出现在13：00～15：00这个时段，这表明，春、夏、秋三季公园使用者上午或全天活动的人数多，而冬季，游人进行半日游憩的人数较多。与非节假日期间游客性别构成相比，节假日期间游客的男女比例基本平衡，以家庭和二人结伴方式活动多，而人数较多的群体性活动较少，公园游人量较少出现骤增或骤减现象。非节假日期间，老年人活动明显较多，尤其是早9：00之前，散客多于群体性活动；而节假日期间，中、青年比例较高，以家庭、团队为单位的活动多。从游客参与的游憩活动类型上来看，非节假日期间，上午 9:00 之前多以运动、健身及文化休闲为主,9:00 之后以文化观光及交友、摄影等小群体活动为主,通常上午动态游憩活动为主,下午多以静态活动为主;而节假日期间,游乐类、观光休闲的比例高,游人全天以动态活动为主。

### 4.2.2 游憩者空间利用特征

游憩空间对游憩行为提供环境与场所,是行为发生的基础,良好的环境空间有利于游人的游憩行为开展,功能完善的城市公园应为人们进行游憩活动提供良好的空间。只有优良的环境加上适宜的场所,游人才可能逗留、参与各种游憩活动乃至重复利用。

通过对圆明园公园游人主要活动类型(运动健身类、文化观光类、休闲体验类、其他类)的空间利用特征进行统计分析(见表4-2)发现,在林下广场、铺装广场、空阔草地等可高密度使用的场地中,群体性歌乐类文化游憩活动及和剑拳太极等运动类游憩活动为主导,而林间草地、亭榭廊架、花灌空间则以青年人交流和家庭亲子游憩为主,这些场所在上午 10:00 以后至下午 15:00 左右,使用率均高于园中其他空间。散步、健走等运动类和文化瞻观等休闲类活动以个体或小群体为主,主要沿园路通行,绮春园、长春园和圆明园福海景区的园路使用密度相对较高。九洲景区由于设施较少,开敞空间利用率低于其园区的使用率。调查统计表明,47.2% 的游客在圆明园(福海景区)里游览,其次为绮春园和长春园,九州景区最少,仅占 3.3%。而在观测标记的 22 个点中,游客最喜欢停留的有 7、8、9、10、11、20 号点,均在 30% 左右,其次为 2、5、19、21 号点,均略高于 10%。其中,7、8、9、10、11 号点分布在福海北岸和西岸,20 号点是西洋楼遗址区,2 号点在万春园庄严法界附近,5、19 号点分布在长春园荷花池附近,21 号点为后湖。福海景区绿植茂密、种类多样、植被群落稳定,绿色空间与水景结合组成丰富多样的园林空间,能够满足游人多样化游憩需求,另外其空间构成还有一个突出特点:多数园林建筑与设施多面对或朝向福海,游憩空间连续且有指向性,福海景区的园路环绕福海,能串联起沿岸主要景点;绮春园由于开放空间面积不大,游人主要沿路径活动,这也表明公园中线性空间不如围合空间有环境吸引力;长春园景区人文景观多为尚未修缮的遗址遗迹(尤其是景区东部),植物与遗址组成的园林景观除植物盛花期外,其余时段的场所景致一般,造成游人在此停留时间略短。九洲景区是植被条件、游览环境质量均低于其他景区,游人使用率自然低于其他三园。

圆明园公园游人对场所和空间的利用特征说明,城市公园通过精心配置园林要素，合理赋予园林空间属性，可以创造满足多样的游憩行为的场所。通常情况下，游人需要线性空间来疏导游憩密度，还需要适当围合的空间并具有一定设施来从事、参与游憩活动。城市公园应通过植物合理密度的栽植与围合，积极创造各种尺度、多样类型的开放绿色空间，从而提供满足多样化游憩需求的连续性游憩机会。

### 4.2.3 游憩活动类型

根据研究目的的不同，游憩活动可以有不同的分类标准，如按游憩场所可分室内和户外游憩，按参与群体可以分为个人游憩、成组游憩和群体游憩，按游人人口构成可分为儿童、青年、老人或男性、女性游憩，按游憩活动的影响可分为高强度（高密度）、中等强度（中密度）、低使用水平（低密度）游憩，按游憩活动的迁移状态可分为静态和动态游憩，等等。本研究根据游憩活动目的指向性划分游人活动，将游憩活动分为 4 种类型：运动类，包括散步通行、健走跑步、球类活动、剑拳健身、舞蹈体操；观光类，包括赏花观水、欣赏风景、遗址瞻观、参观展览等；休闲类，包括放风筝、溜鸟、划船或嬉冰、野餐、野营、棋牌、读书、交友、书法歌乐、静养等；主题类，包括摄影写生、亲子活动等。

表 4-2 圆明园公园主要游憩活动类型
Tab. 4-2 The main types of activities in Yuanmingyuan garden

| 项目 | 运动类 | 休闲类 | 观光类 | 主题类 |
| --- | --- | --- | --- | --- |
| 具体内容 | 健走跑步、球类活动、剑拳健身、舞蹈体操 | 放风筝、溜鸟、划船或嬉冰、野餐、野营、棋牌、读书、交友、书法歌乐、静养等 | 赏花观水、欣赏风景、遗址瞻观、参观展览等 | 摄影写生、亲子活动 |
| 活动特征 | 多发生在早晨、上午，个体及群体都有 | 在上午 9：00 以后，活动项目逐渐丰富，个体、家庭、数人成组的形式较多 | 文化与风景观光是公园主体活动，散客与团队的形式均存在 | 多发生于低密度使用区，活动一般应避免干扰 |
| 参与者构成 | 中、老年为主 | 儿童、青年、中年、老年 | 青、中、老年 | 个体、家庭、成组 |
| 场所特征 | 开敞、铺装空间为主 | 运动类项目多发生于开敞空间，静态类休闲多发生于半封闭空间 | 多沿园中路径游览 | 固定场所 |

有研究认为,同一场所开展的游憩活动相互之间往往是有关联的,它们之间的关系可以表现为连锁、冲突、无关等(屈雅琴,2007;张秀珍,2007)。两种游憩活动相互促进关联发生为连锁关系,比如公园中"地书"练习会常有人围观或学习,练歌常有人驻足聆听或参与;两种游憩活动因内容原因在空间、时间上相互影响为冲突关系,比如歌乐活动一般要单独的场地,其他如健身操等需要背景音乐的活动唱歌必须远离这个场地;同一场所内发生的互相不干扰的游憩活动为"相互无关"关系,比如打太极拳与下象棋,这两种不同类型的活动可以同时存在于一个活动场所。正是由于游憩活动多不是孤立的,而是相互关联的,因此在规划场址、设计活动内容、引导游人行为的时候,应充分考虑活动的关联性,辨析游憩活动之间的关系,引导并促进活动的开展。研究清楚公园游憩活动的类型与关系,对于创造有利于活动开展的游憩环境,引导游人在适宜的场所内从事相应的活动是很有必要的。连锁关系的游憩活动应尽可能规划或引导于同一场所或相邻场所,促进多种活动的引发以满足游人多样化的需求;冲突关系的游憩活动一般不安排在同一空间或毗邻场所,避免其相互干扰;无关关系的游憩活动只要场地面积条件允许,一般可以共同存在。

(1)不同类型游憩活动在非节假日与节假日的差异

通过对游人在圆明园公园活动类型进行统计,结果显示,在非节假日期间,散步健身、娱乐休闲、歌乐书法和文化瞻观类为主要活动类型,参与活动的人主体为中、老年游人,除跑步健走等运动类休闲和文化瞻观类休闲有中、青年人参与外,其余的活动老年人占多数,而且这些活动中群体性活动较多,基本上在固定场所发生,如四宜书屋的戏剧与合唱、庄严法界的拳操活动等,非节假日期间文化遗址的参观活动的人群团队者居多。而在节假日期间,欣赏风景、亲子活动、亲水娱乐等活动为主导性活动,参与人群以个体或家庭、亲朋成组者较多,通常没有固定的活动场所,多以散步通行的形式存在。节假日期间主题类、休闲类活动人群比例明显大于非节假日期间;观光类、运动类活动在非节假日期间虽然参与的人数少于节假日期间,但比例却大于节假日期间;非节假日期间到访公园的游人中女性略多于男性,节假期间游人性别差异性较小。

(2)不同类型游憩活动参与者差异

采用观察法对圆明园游人参与游憩活动的调查结果显示,参与体育健身类、文化娱乐类活动的游人中、老年人居多,这些活动多在固定的区域和时间段内进行;文化瞻观、风景欣赏等观光类活动各年龄段都有,但以中、青年为主体;儿童、青少年多以家庭成员的身份参与亲子活动或文化休闲类活动。

4 圆明园公园游客游憩行为特征分析

从参与活动类型的性别构成比例看,各种游憩活动均有男女参加,男性参加运动类、休闲类活动的比例高,女性参加休闲类、主题类活动的比例高,观光类的活动男女比例差异不明显。

## 4.3 游憩行为特征问卷调查结果与分析

对圆明园公园游人游憩行为所作的随机抽样问卷调查所回收的有效问卷中,非节假日期间问卷1529份,节假日期间问卷757份。对两类问卷就游憩活动、游憩目的、游客构成方面进行分组比较,方差分析的结果是组间差异较少。因此,将2286份问卷进行合并统计分析。

### 4.3.1 圆明园公园使用者特征

游客是游憩活动的实施主体,游客的人口构成基本特征包括游客的性别、年龄、学历、从业性质、月收入、婚姻状况以及常住地等方面,从调查结果来看(表4-3、表4-4),圆明园公园游客具有以下特征:

性别方面:男士48.8%,女士51.2%,基本上男女各占半数,标准差为0.50,性别构成的离散程度一般。

年龄方面:主要集中在中青年群体,其中51~65岁年龄段居首,占到29.8%,其次是26~35岁和36~50岁两个年龄段,分别占到19.5%和18.7%,19~25岁的年轻人占17.8%,18岁及以下年龄段的人最少,百分比为0.4%,儿童少的原因是因为少年儿童绝大多数是跟随家长前来的,而问卷上记录的是家长的个人信息,游客的平均年龄在37岁左右,但标准差为1.43,年龄分布较为分散,体现为公园的使用者的年龄段较分散。公园整体上以中、老年人游人为主体,年轻人在节假日休息时段的数量涨幅较为明显。

学历构成方面:大专及本科学历的群体最多,占到69.1%,其次是高中或中专学历水平,占到16.3%。从整体来看,96.7%的人群受到高中以上教育,表明整体受教育水平较高。

从业性质方面:其构成比较零散,其中占有比例最大的是学生,这类人群具有较充足的、可自由安排的时间;其次是公司企业工作人员,这类职业具有休闲时间固定、可以有较充足保障的特点。从业构成的标准差为2.24,表明游客的从业性质构成非常分散。

游憩者来源构成分析:圆明园公园的主要使用功能群体是常住地为北京的市民,包括在北京就学的学生及务工人员,少部分为京外游客,本地市民游客所占比例为81.3%,外地游客占18.7%。由此可见,圆明园公园以服务本市居民为主,本市居民的休闲、静养、赏景、娱乐等游憩需求驱动其到访圆明园公园并展现相应的游憩行为特征。

表4-3 游客人口统计学特征构成频度分析
Tab. 4-3 Frequency analysis of demographic characteristics of visitors

| 变量名称 | | 百分比(%) | 变量名称 | | 百分比(%) |
| --- | --- | --- | --- | --- | --- |
| 性别 | 男 | 48.8 | 学历 | 初中及以下 | 3.3 |
| | 女 | 51.2 | | 高中或中专 | 16.3 |
| | 总计 | 100.0 | | 大专或本科 | 69.1 |
| | | | | 研究生及以上 | 11.4 |
| 年龄(岁) | ~18 | 0.4 | | 总计 | 100.0 |
| | 19~25 | 17.8 | | | |
| | 26~35 | 19.5 | | 无收入 | 31.7 |
| | 36~50 | 18.7 | 月收入(元) | ~2000 | 18.7 |
| | 51~65 | 29.8 | | 2001~4000 | 24.4 |
| | 66~ | 13.8 | | 4001~6000 | 16.3 |
| | 总计 | 100.0 | | 6001~8000 | 4.9 |
| | | | | 8001~ | 4.1 |
| 职业构成 | 机关事业单位 | 13.0 | | 总计 | 100.0 |
| | 公司企业 | 25.2 | | | |
| | 教师研究人员 | 6.5 | | 单身 | 27.6 |
| | 自由职业者 | 7.3 | 婚姻状况 | 恋爱中 | 19.5 |
| | 军人 | 1.6 | | 已婚 | 52.8 |
| | 学生 | 29.3 | | 总计 | 100.0 |
| | 无工作 | 16.3 | | | |
| | 其他 | 0.8 | | 北京 | 81.3 |
| | 总计 | 100.0 | 常住地 | 其他 | 18.7 |
| | | | | 总计 | 100.0 |

表4-4 游客人口统计学特征描述性分析
Tab. 4-4 Descriptive analysis of demographic characteristics of visitors

| 项目 | 标准差 |
| --- | --- |
| 性别 | 0.501 90 |
| 年龄 | 1.431 08 |
| 学历 | 0.629 90 |

(续)

| 项目 | 标准差 |
| --- | --- |
| 从业性质 | 2.244 75 |
| 月收入 | 1.415 06 |
| 婚姻状况 | 0.864 54 |
| 常住地 | 0.391 50 |

问卷调研的结果验证了观察法的结果，文化瞻观等文化、休闲类活动是圆明园公园游人的主导游憩活动。圆明园公园的主体游客以中、老年人为主，年轻人比较少的原因可能与圆明园公园运动、健身设施较少难以满足青年人强身健体的需求有关。由于圆明园公园作为遗址公园的性质原因，大众性休闲的设施相对较少，没有专门的运动场地，所以平时年轻人较少到此健身。但由于公园植被茂盛、山水相融，整体环境质量显著优于周边城市地区，所以闲暇时间比较充裕的老年人和部分中年人光顾得较多。

### 4.3.2 游憩行为特征

对游人游憩行为特征进行研究，揭示其行为规律，是游憩目的地的游憩机会谱构建及应用的基础。游人游憩行为特征研究的内容包括出游目的、结伴方式、逗留时间、光顾频率、游憩动机、游憩期望、体验满意度等，研究的主要目的是引导游人行为，使其游憩行为与游憩环境相匹配，达到最佳的游憩体验。

到访频率方面：半年一次或更少的占到55.3%，每月一次以上的占到24.3%（其中每月一两次的为8.9%，每周一次或更多的为15.4%），而两三个月一次的有20.3%。均值为1.85，表明游客的平均到访频率为两三个月一次，标准差为1.12，离散程度较高。

游览时长方面：2~3个小时的最多，占有41.5%的比例。均值为3.11，表明游客的平均游览时长为2~3个小时，标准差为1.03，离散程度一般。

结伴方式方面：朋友、同学或同事的最多，占到42.3%，其次为家人34.1%，旅游团的最少，仅占到4.1%。均值为3.12，表明游客平均结伴方式为同学、朋友或同事，标准差为1.00，离散程度一般。

从上述三方面来看，接近半数的游客在半年内会多次到访，游览时长大多为2~3个小时，多与朋友、家人结伴出游，圆明园城市公园的功能日益凸显（表4-5、表4-6）。

表 4-5 游憩特征分析

Tab. 4-5 Frequency analysis of recreation characteristics of visitors

| 变量名称 | 变量值 | 百分比(%) |
| --- | --- | --- |
| 到访频率 | 半年一次或更少 | 55.3 |
|  | 两三个月一次 | 20.3 |
|  | 每月一两次 | 8.9 |
|  | 每周一次或更多 | 15.4 |
|  | 总计 | 100.0 |
| 游览时长 | 少于1个小时 | 4.9 |
|  | 1~2个小时 | 22.0 |
|  | 2~3个小时 | 41.5 |
|  | 3~4个小时 | 20.3 |
|  | 4个小时以上 | 11.4 |
|  | 总计 | 100.0 |
| 结伴方式 | 独自一人 | 10.6 |
|  | 情侣 | 8.9 |
|  | 同学、朋友或同事 | 42.3 |
|  | 家人 | 34.1 |
|  | 旅游团 | 4.1 |
|  | 总计 | 100.0 |

表 4-6 游憩特征描述性分析

Tab. 4-6 Descriptive analysis of recreation characteristics of visitors

| 项目 | 标准差 |
| --- | --- |
| 多久来一次 | 1.116 44 |
| 游览多长时间 | 1.033 88 |
| 与谁同行 | 1.004 79 |

## 4.3.3 游憩偏好与动机

### 4.3.3.1 游憩动机分析

游憩动机是游憩行为产生的内因,游憩行为的最终选择正是为了满足游憩者多方面的心理需求(陈挺,2009)。本研究通过统计游人选择圆明园公园进行各项游憩动机的频次与样卷总数之比来反映游憩动机的倾向度,按倾向

## 4 圆明园公园游客游憩行为特征分析

度从高到低,位列前五位的依次为散步、赏景踏青、静养、摄影写生、文化瞻观(图4-2)。同时,调查结果也表明游人的游憩行为多是受一种以上动机的驱动。

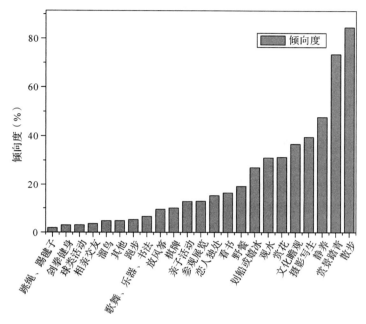

**图 4-2** 游人游憩动机倾向度($N = 2286$)

**Fig. 4-2** Recreation motivation of visitors

对调查的23项游憩动机描述项进行KMO统计量分析和巴特勒球形检验,KMO = 0.523 > 0.5,巴特勒球形检验小于0.001,游憩动机项目可以进行因子分析。对23项游憩动机描述项进行因子分析,提取出9项公因子。根据各因子包含的期待参与的游憩活动内容,将因子命名为静态休闲因子、运动游憩因子、主题游憩因子、独处休闲因子、娱乐游憩因子、教育游憩因子、个性体验因子、家庭休闲因子和文化休闲因子(如表4-7所示)。

**表 4-7** 圆明园公园游人游憩动机因子分析

**Tab. 4-7** Factors analysis on recreation motivation of visitors

| 游憩动机因子 | 向往游憩项目 | 因子载荷 | 特征根 | 累计贡献率(%) |
| --- | --- | --- | --- | --- |
| 静态休闲 | 赏花 | 0.731 | | |
| | 观水 | 0.653 | 2.651 | 11.525 |
| | 看书 | 0.519 | | |

169

（续）

| 游憩动机因子 | 向往游憩项目 | 因子载荷 | 特征根 | 累计贡献率(%) |
|---|---|---|---|---|
| 运动游憩 | 歌舞、乐器、书法 | 0.686 | 2.176 | 20.985 |
| | 散步 | 0.539 | | |
| | 跑步 | 0.491 | | |
| | 剑拳健身 | 0.462 | | |
| | 赏景踏青 | 0.454 | | |
| 主题游憩 | 跳绳、踢毽子 | 0.501 | 1.791 | 28.770 |
| | 相亲、交友 | 0.606 | | |
| | 摄影写生 | 0.500 | | |
| 独处休闲 | 恋人独处 | 0.598 | 1.778 | 36.500 |
| | 剑拳健身 | 0.437 | | |
| | 放风筝 | 0.500 | | |
| 娱乐游憩 | 划船或嬉冰 | 0.510 | 1.631 | 43.591 |
| | 野餐 | 0.501 | | |
| | 溜鸟 | 0.482 | | |
| 教育游憩 | 文化瞻观 | 0.654 | 1.469 | 49.977 |
| | 静养 | 0.499 | | |
| 个性体验 | 棋牌 | 0.480 | 1.365 | 55.913 |
| | 其他 | 0.529 | | |
| 家庭休闲 | 亲子活动 | 0.524 | 1.130 | 60.827 |
| 文化休闲 | 参观展览 | 0.426 | 1.110 | 65.654 |

　　由于圆明园公园作为遗址公园的独特属性，相比其他类型的城市公园，其娱乐、运动等游憩设施不多，形成了独有的清洁、幽静的游憩环境，所以公园游人多以静态休闲和自主运动游憩为主，多数游人期望在公园中欣赏园林风景、体验中国古典皇家园林文化魅力，适当从事一些散步健走等轻体力的运动以达到游园健身的目的；从调查中也不难看出，体验园林环境是公园游人最主要的游憩动机。主题游憩、独处休闲、娱乐游憩、教育游憩等动机在影响圆明园公园游人游憩行为中起到重要的作用，圆明园公园的风景是摄影爱好者偏爱的对象，所以摄影等主题活动也是激发游人游憩行为的重要原

因，调查也证实多数游人在公园活动时携带相机拍照；圆明园公园多样化的绿色空间为恋人、习拳剑者提供了安静、较少干扰的私密或半私密的空间；由于圆明园公园园林景观多样、水景丰富、文化遗产价值高，亲水游憩、文化瞻观自然成为游人到访的驱动力，尤其是外地游客，圆明园的文化底蕴与氛围更是其向往的诱因。圆明园公园多样的环境、成熟的管理、优美的风景、深厚的文化也为游人追求个性体验、感悟传统文化及家庭闲暇活动提供了场所和可能。通过对游人游憩动机分析，良好的园林环境与园林文化是激发游人活动的主要诱因，科学区分公园的环境类型是引导游人合理参与多样游憩体验的一个好方法。

#### 4.3.3.2 游憩场所偏好

对圆明园公园到访游客主要光顾区域的调查（图4-3）表明，圆明园公园游人游憩体验区域最多是圆明园福海景区，其次是绮春园和长春园，到访最少的九洲景区，这一点与观察法得到的结论相同。

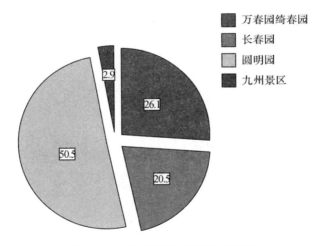

图 4-3　游人偏好的场所（$N=2286$）
Fig. 4-3　Favoring places of visitors

对调查得到的25处游人印象最深（最喜爱）的游憩场所项进行因子分析，提取出9个公因子。分析各因子包含的游憩场所的园林环境特征，总结共性特征命名因子项，这9个因子分别为：植物多样、水域风情、文化深厚、环境清幽、设施完备、空间宽敞、娱乐多样、建筑独特、远景相宜（表4-8）。

表 4-8　圆明园公园游人游憩偏好场所因子分析
Tab. 4-8　Factors analysis on recreation preference places of visitors

| 游憩场所条件因子 | 游憩地点 | 环境特征 | 因子载荷 | 特征根 | 累计贡献率（%） |
|---|---|---|---|---|---|
| 植物多样 | 样点 7 | 植被覆盖度高，乔灌群落结构稳定 | 0.728 | 4.282 | 17.129 |
| | 样点 8 | 多花景观单元，春、夏两季花期 | 0.892 | | |
| | 样点 9 | 遍植松、柳、朴、元宝枫等乔木，季相景观丰富，沿岸植柳、碧桃、木槿，色彩丰富 | 0.836 | | |
| | 样点 10 | 山石驳岸，石上攀藤，岸边植花，形成立体的滨水植物景观 | 0.868 | | |
| | 样点 11 | 色彩纷杂的时花布置花径，两侧乔木葱笼，景致怡人 | 0.835 | | |
| 水域风情 | 样点 3 | 临湖观荷、水生花卉多样 | 0.543 | 3.494 | 31.106 |
| | 样点 4 | 湖面断续相连，岛堤穿插，形成安静而生动的水体景观 | 0.621 | | |
| | 样点 6 | 福海水面的辽阔尽收视野 | 0.509 | | |
| | 样点 17 | 沿岸建筑与植物形成的水岸景观 | 0.806 | | |
| | 样点 18 | 柳为主，以桃相间，形成柳绿桃红的堤岸景观 | 0.703 | | |
| | 样点 19 | 后湖水面较宽，有黑天鹅栖息 | 0.505 | | |
| 文化深厚 | 样点 20 | 公园中主要遗址集中地，中西结合园林文化深厚 | 0.539 | 1.879 | 38.621 |
| | 样点 21 | 遗址基址进行清理后，已经过初步整修 | 0.562 | | |
| | 样点 22 | 景区遗址遗存信息较丰富，现保留的建筑遗址较为完好，残存大量石构件，能看出其原有格局 | 0.628 | | |
| | 样点 24 | 遗址基础保存较完整 | 0.440 | | |

（续）

| 游憩场所条件因子 | 游憩地点 | 环境特征 | 因子载荷 | 特征根 | 累计贡献率（%） |
|---|---|---|---|---|---|
| 环境清幽 | 样点1 | 有微地形，小型水面，植被较茂密 | 0.602 | 1.842 | 45.988 |
| | 样点2 | 距主园路较远，滨水背岭、半开敞空间 | 0.552 | | |
| 设施完备 | 样点25 | 有座凳、叠石，面对水景 | 0.585 | 1.472 | 51.875 |
| | 样点12 | 能提供餐饮和旅游商品服务 | 0.462 | | |
| 空间宽敞 | 样点13 | 开阔草坪景观，可进入性较好 | 0.460 | 1.304 | 57.092 |
| | 样点14 | 林下广场，有铺装，有休憩设施 | 0.573 | | |
| 娱乐多样 | 样点15 | 亲水游憩码头 | 0.452 | 1.099 | 61.488 |
| | 样点23 | 林下广场，常见老年人棋牌活动 | 0.693 | | |
| 建筑独特 | 样点16 | 院落式组景、遗址丰富 | 0.424 | 1.067 | 65.756 |
| 远景相宜 | 样点5 | 能见西边园外万寿山 | 0.443 | 1.001 | 69.758 |

通过对圆明园公园游人偏好场所的因子分析，风景优美、植物多样的绿色空间是游人最偏爱的场所，圆明园公园丰富的园林植物成景、结合地形的精巧构景、人作胜天成的园林造景，公园形成多样的绿色景观是深深吸引广大游人停留游憩的主要原因。圆明园公园可赏、可亲、可戏的水体及滨水景观是公园的特色，也是其游憩吸引力形成的重要因素，福海景区周边的景点是游人到访率最高的场所。圆明园丰厚的皇家园林文化遗址也是游人喜好光顾的景点，圆明园文化遗产的魅力也是引人到访的主因之一。"植物+水景+遗址"构成了圆明园公园最核心的吸引力，这些要素组合的景观多是游人印象最深、最喜光顾的场所，是公园主要的游览空间。

环境清幽、设施完备、空间开阔是吸引游人在此空间停留的主要因素。在活动领域划分时，城市公园管理者应充分考虑公园游憩者在性别、年龄和爱好上的差别，尽可能提供满足各类群体需求的游憩机会。一般来说，公园的停留空间要相对安静，可供人们开展静态游憩活动或家庭、成组等小众休闲行为。游人在公园中赏景、静养、看书、恋人独处、练习拳剑等活动时，需要的安静、具有一定私密性的空间，圆明园公园多样的植物组合形成了许多这类性质的场所，而且个别场所已经成为某时段内某些活动的专用领地，圆明园公园环境提供了满足这类活动要求的机会。以家庭或小群体为单位的游人，因家庭聚会或友人相谈，往往会将公园某些地块在一定时段据为己用，管理不成熟或绿地结构单一的公园往往无法满足此类需求，但圆明园公园多样的园林景观可以提供丰富的此类场所，这也是人们乐意到访此地的原因之一。公园座椅、石凳等休憩设施也对公园的游憩行为产生较大的影响，读书、野餐等游憩行为发生时需要场所具有一定的休息、停留设施，而且这些设施应当朝向活动发生的区域。由于这类场所游人驻足的时间相对较长，应考虑环境的清洁度、小气候舒适度等条件并安置一定的服务设施，座椅的设置要给人们提供选择的空间，不能过于集中也不宜太分散相结合，这类场所还必须有充足的垃圾箱等卫生服务设施。圆明园公园多处景点结合园路设有较充沛的休憩设施，除了凳、椅外，还结合台阶、置石等园林小品提供了较多辅助性设施，除节假日游人过多的时段，其余时间基本能够满足游人的游憩需求。但还应该看到，圆明园公园目前的休憩设施在亲和性方面还有不足，木制的座椅数量不足，铁椅、石凳和置石等辅助性设施在使用时与人的亲和力不够好，不断完善这些设施会使圆明园公园的休憩空间更加宜人。一般戏曲、合唱、群众舞蹈等活动需要开敞空间，而且这些空间不仅要具有一定的尺度，还应有必要的铺装与领域标志。圆明园公园众多遗址景点为领域性确认提供了方便，充足的林下空间与铺装广场为群众性活动开展提供了方便，圆明园公园提供了较充足的开敞空间供群体活动利用。

圆明园公园亭廊台榭等建筑丰富、园林遗址遗迹众多，这些园林建筑与遗产形成了圆明园独有的风景，透景、借景等造园手法在圆明园多样体现，如由土山叠石形成的"西峰秀色"景点可远望西山、"天然图画"景点透景坦坦荡荡可看万寿山等，加之开展了游船、滑冰等娱乐活动，也为游人提供了丰富的游憩选择。优良的环境本底、优美的园林风景、优质的管理水平和多样的绿色空间为圆明园公园开展多样的游憩活动提供了条件和可能。

### 4.3.4 游憩活动与游憩区域/场所的相关性分析

对游憩活动与游憩区域（即三园一景区）进行相关性分析（表4-9），Pearson correlation 值分布在 -0.150~0.143 之间，相关系数均较小，结果表明游憩活动与游憩区域基本不相关。

# 4 圆明园公园游客游憩行为特征分析

表 4-9　游憩活动与游憩区域的相关性分析（$N=2286$）
Tab. 4-9　Correlation analysis between recreational activities and area

| 活动内容 | 相关系数<br>（Pearson correlation） | 活动内容 | 相关系数<br>（Pearson correlation） | 活动内容 | 相关系数<br>（Pearson correlation） |
| --- | --- | --- | --- | --- | --- |
| 散步 | 0.130 | 文化瞻观 | -0.120 | 静养 | -0.041 |
| 跑步 | 0.135 | 参观展览 | 0.109 | 歌舞、乐器、书法 | 0.143 |
| 球类活动 | -0.021 | 放风筝 | 0.083 | 摄影写生 | 0.049 |
| 剑拳健身 | 0.103 | 划船或嬉冰 | 0.057 | 亲子活动 | 0.038 |
| 跳绳、踢毽子 | -0.002 | 野餐 | 0.246 | 恋人独处 | -0.001 |
| 赏花 | 0.143 | 溜鸟 | -0.110 | 相亲、交友 | -0.150 |
| 观水 | 0.123 | 棋牌 | 0.160 | 其他 | 0.014 |
| 赏景踏青 | 0.064 | 看书 | 0.067 | | |

对游憩活动与游憩偏好的活动场所进行相关分析（表 4-10），结果表明这些游憩活动与游憩活动场所也不具较强相关性。

表 4-10(a)　游憩活动与游憩地点的相关性分析
Tab. 4-10(a)　Correlation analysis between recreational activities and sites

| 偏好地点 | 散步 | 跑步 | 球类活动 | 剑拳健身 | 跳绳、踢毽子 | 赏花 | 观水 | 赏景踏青 | 文化瞻观 | 参观展览 | 放风筝 | 划船或嬉冰 |
| --- | --- | --- | --- | --- | --- | --- | --- | --- | --- | --- | --- | --- |
| 样点1 | 0.117 | -0.064 | -0.048 | -0.048 | -0.037 | 0.110 | 0.164 | 0.110 | -0.021 | 0.032 | 0.221 | 0.091 |
| 样点2 | 0.095 | -0.080 | -0.061 | -0.060 | -0.046 | -0.026 | 0.019 | 0.119 | -0.025 | -0.133 | 0.015 | -0.081 |
| 样点3 | 0.021 | -0.052 | -0.039 | -0.039 | 0.387 | 0.092 | 0.031 | -0.178 | 0.000 | 0.078 | -0.072 | -0.012 |
| 样点4 | 0.076 | 0.118 | -0.031 | -0.031 | -0.024 | 0.033 | 0.034 | 0.107 | -0.062 | -0.069 | -0.058 | -0.028 |
| 样点5 | 0.086 | -0.077 | 0.055 | 0.066 | -0.044 | 0.088 | 0.004 | 0.012 | 0.048 | -0.003 | -0.040 | 0.167 |
| 样点6 | -0.005 | -0.065 | 0.081 | -0.048 | -0.037 | 0.019 | 0.021 | 0.115 | 0.122 | 0.035 | -0.014 | 0.088 |
| 样点7 | 0.177 | -0.026 | -0.104 | -0.026 | 0.123 | 0.092 | -0.015 | 0.078 | -0.036 | 0.090 | -0.011 | 0.024 |
| 样点8 | 0.138 | -0.026 | -0.104 | 0.051 | 0.229 | 0.062 | 0.107 | -0.174 | 0.087 | -0.011 | 0.177 | |
| 样点9 | 0.165 | -0.043 | -0.113 | 0.036 | 0.210 | 0.089 | 0.073 | 0.089 | -0.145 | 0.055 | 0.097 | 0.153 |
| 样点10 | 0.126 | -0.020 | -0.101 | -0.022 | 0.236 | 0.077 | 0.000 | -0.030 | -0.128 | 0.059 | -0.003 | 0.013 |
| 样点11 | 0.032 | -0.029 | -0.106 | -0.028 | 0.121 | 0.080 | 0.090 | 0.022 | -0.043 | 0.084 | -0.015 | 0.052 |
| 样点12 | 0.035 | -0.059 | -0.044 | -0.044 | 0.344 | -0.005 | 0.156 | -0.081 | 0.067 | -0.097 | -0.081 | 0.077 |

（续）

| 偏好地点 | 散步 | 跑步 | 球类活动 | 剑拳健身 | 跳绳、踢毽子 | 赏花 | 观水 | 赏景踏青 | 文化瞻观 | 参观展览 | 放风筝 | 划船或嬉冰 |
|---|---|---|---|---|---|---|---|---|---|---|---|---|
| 样点13 | 0.073 | -0.040 | -0.030 | -0.030 | -0.023 | 0.030 | -0.116 | -0.133 | 0.226 | -0.067 | -0.056 | -0.105 |
| 样点14 | 0.082 | -0.045 | -0.034 | -0.034 | -0.026 | -0.059 | 0.013 | -0.028 | 0.053 | -0.075 | -0.062 | 0.025 |
| 样点15 | 0.033 | -0.018 | -0.014 | -0.014 | -0.011 | -0.053 | -0.053 | 0.047 | 0.103 | -0.030 | -0.025 | -0.048 |
| 样点16 | -0.051 | -0.571 | 0.018 | 0.031 | 0.014 | -0.189 | -0.200 | -0.083 | 0.123 | -0.346 | 0.034 | 0.074 |
| 样点17 | 0.047 | -0.026 | -0.020 | -0.019 | -0.015 | 0.045 | 0.045 | 0.067 | -0.085 | -0.043 | -0.036 | -0.068 |
| 样点18 | 0.074 | -0.041 | -0.031 | -0.030 | -0.023 | 0.106 | -0.038 | 0.104 | -0.132 | -0.067 | 0.059 | -0.106 |
| 样点19 | 0.078 | -0.074 | 0.061 | 0.073 | -0.042 | 0.194 | 0.017 | 0.091 | -0.020 | 0.006 | 0.034 | -0.002 |
| 样点20 | -0.057 | 0.157 | -0.009 | -0.078 | 0.062 | -0.002 | 0.041 | -0.031 | 0.223 | 0.015 | -0.072 | -0.159 |
| 样点21 | 0.071 | -0.091 | -0.068 | -0.067 | -0.052 | 0.004 | 0.082 | -0.003 | 0.066 | 0.009 | 0.234 | 0.082 |
| 样点22 | 0.016 | -0.053 | -0.040 | -0.039 | 0.185 | -0.029 | 0.030 | 0.135 | -0.112 | -0.002 | 0.213 | 0.111 |
| 样点23 | 0.004 | 0.030 | 0.077 | -0.052 | 0.127 | -0.066 | -0.016 | -0.018 | -0.094 | 0.012 | -0.097 | -0.037 |
| 样点24 | 0.025 | -0.055 | 0.118 | -0.041 | -0.032 | 0.118 | 0.124 | -0.097 | -0.018 | -0.091 | 0.103 | -0.026 |
| 样点25 | -0.097 | -0.045 | -0.034 | -0.033 | -0.026 | 0.010 | 0.011 | -0.031 | 0.052 | 0.118 | 0.158 | 0.028 |

表 4-10（b） 游憩活动与游憩地点的相关性分析
Tab. 4-10（b） Correlation analysis between recreational activities and sites

| 偏好地点 | 野餐 | 溜鸟 | 棋牌 | 看书 | 静养 | 歌舞、乐器、书法 | 摄影写生 | 亲子活动 | 恋人独处 | 相亲、交友 | 其他 |
|---|---|---|---|---|---|---|---|---|---|---|---|
| 样点1 | 0.091 | -0.061 | -0.018 | -0.122 | 0.150 | 0.108 | -0.082 | -0.106 | 0.078 | -0.053 | -0.061 |
| 样点2 | 0.019 | -0.076 | -0.054 | -0.050 | 0.168 | 0.059 | -0.001 | -0.022 | 0.015 | -0.066 | -0.077 |
| 样点3 | -0.110 | -0.050 | -0.075 | 0.127 | -0.041 | 0.165 | -0.181 | -0.086 | 0.064 | 0.257 | 0.345 |
| 样点4 | 0.003 | -0.040 | 0.058 | 0.016 | 0.044 | -0.047 | 0.002 | -0.068 | 0.121 | -0.034 | -0.040 |
| 样点5 | -0.003 | 0.025 | 0.092 | 0.077 | -0.025 | 0.082 | -0.013 | 0.121 | 0.143 | -0.063 | -0.073 |
| 样点6 | 0.037 | -0.061 | 0.213 | 0.005 | 0.016 | 0.024 | 0.059 | 0.097 | 0.203 | -0.053 | -0.062 |
| 样点7 | 0.112 | -0.131 | -0.065 | 0.102 | 0.050 | 0.006 | 0.062 | 0.211 | -0.025 | 0.179 | -0.066 |
| 样点8 | 0.077 | -0.066 | -0.152 | 0.065 | -0.114 | 0.059 | 0.064 | 0.253 | -0.141 | 0.179 | -0.066 |
| 样点9 | 0.135 | 0.043 | -0.171 | 0.129 | -0.029 | 0.037 | 0.024 | 0.174 | -0.024 | 0.158 | 0.037 |

4 圆明园公园游客游憩行为特征分析

(续)

| 偏好地点 | 野餐 | 溜鸟 | 棋牌 | 看书 | 静养 | 歌舞、乐器、书法 | 摄影写生 | 亲子活动 | 恋人独处 | 相亲、交友 | 其他 |
| --- | --- | --- | --- | --- | --- | --- | --- | --- | --- | --- | --- |
| 样点10 | 0.062 | -0.128 | -0.145 | 0.112 | -0.094 | 0.013 | 0.114 | 0.145 | -0.205 | 0.186 | -0.062 |
| 样点11 | 0.040 | 0.058 | -0.155 | 0.058 | -0.100 | 0.003 | 0.104 | 0.169 | -0.140 | 0.175 | -0.069 |
| 样点12 | -0.123 | -0.056 | -0.084 | 0.023 | -0.091 | 0.137 | -0.051 | -0.019 | -0.107 | 0.223 | -0.056 |
| 样点13 | -0.085 | -0.038 | -0.058 | -0.077 | 0.180 | -0.046 | -0.065 | -0.066 | -0.074 | -0.033 | -0.039 |
| 样点14 | -0.095 | -0.043 | -0.065 | -0.086 | 0.009 | -0.051 | 0.041 | -0.074 | 0.094 | -0.037 | -0.043 |
| 样点15 | -0.038 | -0.017 | -0.026 | -0.035 | 0.082 | -0.021 | -0.063 | -0.030 | -0.033 | -0.015 | -0.018 |
| 样点16 | 0.057 | 0.023 | -0.396 | -0.297 | -0.123 | 0.027 | 0.108 | 0.040 | 0.051 | 0.020 | 0.023 |
| 样点17 | -0.055 | -0.025 | -0.037 | -0.050 | 0.117 | -0.029 | -0.090 | -0.043 | 0.261 | -0.021 | -0.025 |
| 样点18 | -0.085 | -0.039 | -0.058 | 0.013 | 0.182 | -0.046 | 0.066 | -0.067 | 0.127 | -0.033 | -0.039 |
| 样点19 | -0.045 | -0.070 | 0.037 | 0.087 | 0.117 | 0.091 | 0.084 | -0.057 | 0.044 | -0.060 | 0.030 |
| 样点20 | 0.050 | -0.086 | 0.103 | -0.040 | 0.070 | -0.034 | -0.025 | -0.194 | 0.029 | 0.091 | -0.025 |
| 样点21 | -0.006 | 0.165 | -0.130 | 0.013 | 0.083 | -0.102 | 0.054 | 0.006 | 0.076 | -0.074 | 0.072 |
| 样点22 | 0.102 | 0.210 | 0.020 | -0.100 | 0.010 | -0.059 | 0.165 | -0.087 | 0.057 | -0.043 | -0.050 |
| 样点23 | -0.147 | 0.038 | -0.027 | 0.263 | 0.095 | -0.079 | 0.020 | -0.049 | -0.009 | 0.174 | 0.127 |
| 样点24 | 0.018 | 0.196 | -0.079 | 0.031 | 0.138 | 0.048 | -0.135 | -0.091 | 0.121 | -0.045 | 0.185 |
| 样点25 | 0.063 | -0.042 | -0.064 | -0.085 | 0.013 | 0.200 | -0.154 | -0.073 | -0.081 | -0.036 | -0.043 |

游憩活动与游憩区域/游憩场所均不相关的结果说明，圆明园公园游人虽然具有较强的活动目的性，但对选择适宜的场所还具有很大的盲目性，游憩空间的选择具有随机性、不确定性的特点，公园也缺少对游人的组织和引导。游憩行为一定发生在明确的游憩空间内，由于游憩场所的盲目而随机，游憩空间对旅游活动的支持力不足，势必造成游憩体验质量的下降。

## 4.4 影响游憩行为的环境因素分析

城市公园发生的游憩行为受城市公园内、外部环境条件支持与制约。外部环境包括区位特征、交通条件、周边公园竞合关系等，公园所在社区的位置、乘车或步行距离远近、周边公园资源与客源的相同或相异都会对公园游人的游憩行为产生影响。内部环境因素是指公园的绿地构成、环境质量、小气候条件、园林空间丰富程度等方面。城市公园的游憩活动，以游赏为主要形式，多数游憩行为主动适应公园的场所条件，从这个方面来说，公园内部环境因素对游人的游憩行为影响更大。分析城市公园影响游憩行为的环境因素，有利于对公园资源、环境与管理条件的全面评估与认知，有助于准确分析、把握公园所能提供的游憩机会数量与类型。

### 4.4.1 小气候环境条件

城市公园由于大面积存在的绿色植物对公园微环境质量改善明显，绿色植物通过固碳释氧、增湿降温、净化空气、滞尘降噪、产生空气负离子等生态效应的发挥而显著地改善公园绿色空间中的小气候。

前文已述，圆明园公园相比园外对照城市广场样地，具有显著小气候特征，而且由于各景点绿地结构不同而使局地环境质量发生不同程度的提升，通过适当的引导，可以影响人们在公园各类绿色空间中从事与环境条件适宜的游憩活动，并获得满意的游憩体验。

### 4.4.2 绿色空间构成

公园绿地结构的不同不仅会使公园的绿色空间小气候存在差异，而且还会影响游人在该场所的游憩行为。城市公园中的绿色空间营造，既要处理好园林格局中各要素的配置，更重要的是处理好各个要素间的尺度联系，尤其是植物形成的软性绿色空间效果。游人在公园各景点场所中活动，各景点构成的空间效果会直接影响游人的游憩行为。人的高度、景的高度、人景距离、行进线路及驻足位置等，都会影响游人对空间的感受，进而影响游人的行为。

圆明园是中国古典风景式园林，追求"虽由人作，宛自天成"的园林风景，其以山水为骨、园路为脉、建筑为腑、植物为肤，通过顺应山水、路网与建筑的多样植物配植，形成公园环境中丰富多样的绿色空间。尽管目前公园中山形水系与植物景观比照盛景时期未完全恢复，但经多年的基础绿化，公园中多数植物长势旺盛，构成较稳定的群落结构。因历史种植及园林遗址处理方式的影响等原因，圆明园公园的植物景观未按历史原貌进行恢复，但在长春园、绮春园、福海景区及九洲景区中沿山水骨架、园路两侧、水体附近的植物景观多数得以恢复，营造出季相丰富、步移景异的各类绿色空间。圆明园公园现有景点中多以植物为主景，通过多元多层的植物景观营造，形成丰富的园林绿色空间群。如绮春园当下利用树木花卉以应时令，以植物景观构成柳低荷香、高槐清荫、群芳遍植的风景图画，这些空间适宜开展散步健身、歌咏、拳操等运动类游憩活动；长春园中海岳开襟绿荫草长、蓄园边水生花卉多样，园中荷花与岸边垂柳交相辉映，植物景观与园林建筑相得益彰，这些场所适宜进行文化瞻观、摄影写生等观光类、主题类的游憩活动；福海景区各景点的植物配置匠心独具，松、柳、荷相映成趣但景致各异，如北岸平湖秋月、南部廓然大公，植被相差无几但空间却各具特色，这些空间适宜开展赏花观水等休闲类游憩活动；九州景区虽然恢复时间不长，但植物构图已有原来意境，松苍竹翠、兰蕙芬香、藤萝垂架、花香徐徐，构成休憩、赏景等功能于一体的天然图画，适合放风筝、群体活动、亲子游憩等活动。圆明园公园各景点的绿地建设虽然大部分按现代园林方式进行，但充分利用了植物生长特性，结合山水、建筑、园路等园林要素，形成了一个个令人叹为观止的园林游赏空间，这些场所为游人的游园活动提供了充足的空间。圆明园当下的恢复与建设工作，除营建赏心悦目的园林环境外，更注重对游人的文化引导，各空间场所多保留原有遗址名称，令传统园林意境根植当下绿色空间，引发游人在游憩活动中联想受教。

### 4.4.3 园林建筑与小品

城市公园中的建筑与小品不仅是公园园林构成中的"肺腑"，更是引导现代公园游人行为的重要"节点"。公园中的建筑多是各景观单元中的主景，园林小品更是衬托主景不可或缺的点缀，它们的存在往往确定了公园场所的主题或使用性质。园林建设多以一个或多组建筑为中心而组织空间，形成一个个独立又互相联系的景观单元，因此，建筑与小品在使用上往往也就成为该场所发生的活动的中心。

圆明园内的园林建筑除部分复原或新建外，多数建筑以遗址遗迹的形式存在。复建的建筑在空间上多与自然景观相融合，令园林环境更加有亲和力。这些建筑与遗址成为展示圆明园文化与历史，游人从事文化类、服务类游憩活动的主要场所。例如，圆明园福海景区内的多数环湖遗址如蓬岛瑶台、接秀山房、平湖秋月、别有洞天等建筑基址经过整修，栽植了花灌木，成为文化瞻观的场所；九洲景区镂月开云、天然图画、碧桐书院、慈云普护、上下天光、杏花春馆、坦坦荡荡景点建筑遗址经过整修，成为园林遗址展示的场所；而大船坞新建的仿古建筑、涵虚朗鉴复建的码头被用于开展水上游憩活动。圆明园公园存留的建筑遗址还有很多未经清理，这些遗址遗迹具有很高历史、艺术与科学价值，是吸引游人参观到访的重要吸引物。

### 4.4.4 基础服务设施

公园内的服务设施是影响游人游憩活动与相应行为的一个重要因素，合理的服务设施设置能够引发和促进公园游憩活动的开展。

(1) 休憩设施

座椅、凉亭等休憩设施是游人游憩活动中不可缺少的设施(屈雅琴，2007)，它一方面是游憩活动的发生的辅助，如散步途中休息、锻炼过后休息等；另一方面也直接引发游憩行为，比如聊天、看书等。休憩设施在空间组织上以临景、朝景为佳，这样其使用效率会大大提升。

(2) 解说系统

游憩解说是指运用适当媒介使游憩活动的相关信息被传达到游憩者的过程。游人在公园中参与游憩活动时，期望了解公园环境和历史文化及活动内容等相关信息，城市公园游憩解说系统正是传递这种信息的重要手段。城市公园解说系统一般由空间引导、设施提示、安全警示、景点讲解、科教宣传等系统构成，公园的解说系统是否完善会对游人的游憩活动有很大的影响。一方面，解说系统可以引导游人顺利游园，方便抵达期待的目的场所；另一方面必要内容讲解可以让游人了解景点的文化背景或相关知识。

圆明园公园目前全园都设置了游览引导指路牌，内部交通导引系统较完善，随着智慧旅游景区的建设，圆明园公园还将推出手机导览系统，到访游人持手机就能接受电子导游服务。科普宣传主要以宣传栏、公告栏等形式在绮春园游览路径、长春园宫门和九洲景区少量设置。公园部分地段设置了关于植物知识的介绍牌，让游人在欣赏公园风景的同时收获知识，做到了寓教于游。多数景点具有解说牌，但解说信息过少，一些遗址仅标示了一个名称，相关遗址信息介绍略显不足。

圆明园公园解说系统的主要内容如表4-11所示。

表4-11 圆明园公园游憩解说系统构成

Tab. 4-11 The constitution of interpretation systems in Yuanmingyuan garden

| 解说系统内容 | 解说设施 | 设置场所 |
| --- | --- | --- |
| 空间引导 | 全景导游图、节点指路牌、导游地图、电子导游系统 | 全园 |
| 设施提示 | 就餐点、小卖点、公厕、办公区、医疗点 | 长春园、绮春园 |
| 安全警示 | 危险标示、公物提示、特殊须知 | 湖区 |
| 景点解说 | 景点介绍 | 较少地段 |
| 教育宣传 | 知识宣讲与宣传 | 全园沿路宣传栏 |

(3) 公厕与垃圾箱

公厕与垃圾箱是公园最基本的接待服务设施，其设置合理与否直接影响游人的游憩活动。圆明园公园中的公厕基本达到4星级厕所标准，园内沿园路方向间隔200m左右均设置有分类回收垃圾箱，公厕与垃圾箱数量能够满足

4 圆明园公园游客游憩行为特征分析

游人的需求。这在一定程度上也反映了公园拥有较高的管理水平。

(4) 餐饮服务设施

必要的餐饮服务是现代城市公园提倡建设的游憩服务设施。圆明园公园在绮春园、长春园设有 2 处体量较小的餐饮接待设施和 7 处固定小卖点，这些设施能够向公园游人提供基本的餐饮服务。受遗址公园资源保护限制，圆明园公园注定不宜建设大规模、大体量的永久性餐饮服务设施。

总之，构成公园游憩环境的客观因素是影响游人游憩行为的外因，公园的小气候特征、绿色空间构成形式、园林建筑与文化遗址的分布与整理、基础服务设施的完善程度等环境因素，都对游人的游憩行为有着直接或间接的影响。提升游憩环境建设质量，形成富有场所文化精神的游憩景观单元，不仅能对施憩行为提供坚实的支持，更能提升游人的游憩体验质量，增加公园游人的满意度。

## 4.5 本章结论与讨论

### 4.5.1 本章研究结论

(1) 圆明园公园游人参与的游憩活动内容可划分为运动类、观光类、休闲类和主题类 4 种类型，这 4 种类型几乎涵盖了公园的全部游憩活动，包括散步通行、健走跑步、球类活动、剑拳健身、舞蹈体操、赏花观水、欣赏风景、遗址瞻观、参观展览、放风筝、溜鸟、划船或嬉冰、野餐、野营、棋牌、读书、交友、书法歌乐、静养、摄影写生、亲子活动等，其中散步、赏景踏青、静养、摄影写生、文化瞻观是圆明园公园参与人数最多的活动。

(2) 圆明园公园游人游憩行为观察与抽样问卷调查结果表明：公园在上午 9：00 之前，游人以中、老年人居多，女性略多于男性，散客多于群体性活动；在上午 9：00 之后，非节假日期间公园游人以中、青年为主，以家庭、团队为多，而节假日期间则男女比例基本平衡，以散客、家庭和二人结伴方式出游为主。非节假日期间，公园游人参与的游憩活动以散步健身、娱乐休闲、歌乐书法和文化瞻观类为主，节假日期间则以欣赏风景、亲子活动、亲水娱乐等活动为主。

(3) 高密度使用的场地中文化观光类、运动类游憩活动为主导，低密度使用空间以主题类游憩活动为主；圆明园公园中绮春园、长春园和圆明园福海景区的使用密度相对较高，九洲景区利用率低。

(4) 激发圆明园公园游人游憩动机的主要因素是园林环境和园林文化，公

181

园游人最喜好的环境条件依次为：植物多样、水域风情、文化深厚、环境清幽、设施完备、空间宽敞、娱乐多样、建筑独特、远景相宜。

（5）圆明园公园的小气候特征、绿色空间构成形式、园林建筑与文化遗址的分布与整理、基础服务设施的完善程度等环境因素，都对游人的游憩行为有着直接或间接的影响。

### 4.5.2 本章研究讨论

（1）城市公园环境与发生的游憩活动是互为表里的关系，特定的游憩行为需要特定的公园场所支持。如果使用者能在事先被告知与及时引导，在适宜的场所参与到期望的活动，那公园的游憩行为就会充满理性，游憩者的体验质量就能得到充分保证。通过分析研究公园中各种游憩行为特征与发生规律，总结引发游憩行为发生的环境条件，可以在建设公园前进行合理的规划与设计，也可以在建成的公园中对资源与环境进一步梳理与细分，提出适宜开展各类游憩活动的场所，将环境与活动做好匹配并将其匹配信息通过解说系统传达给游人，会启发游人在最适宜的场所参与最适宜的活动，那么游人的每一次游憩体验，都会是参与活动的游憩者满意、游憩机会的提供者方便、游憩场所的管理者顺利的经历。

（2）游憩行为发生的环境不是单一的"自然＋人文"资源组成，它包括环境质量条件、游憩活动类型与强度的允许程度，以及公园在该场所的现实管理条件与水平，其整体组合才是游憩行为真正对应的游憩环境。比较游憩环境对某种游憩行为的支持程度，一定要认真分析游憩环境构成条件的差异。如同样是聚会，静坐交谈与跳舞聚餐对环境条件的要求是完全不同的，除环境本底差异外，更要考虑环境对游憩活动的承载水平；公园环境也不是固定不变的，随着四季迁移，组成绿色空间的植物会发生周期性生长变化，它直接影响场所的环境质量，如有些场所在植物生长旺盛季节可以视为私密性空间，但在植物落叶后它会变成开放－半开放的空间，私密环境中存在的游憩行为就不再适宜发生在此场所的植物非生长季时段。动态地比较、研究环境对游憩行为的支持程度是公园管理时应进行的一项必要工作。

（3）环境对行为的影响是很巨大的（覃杏菊，2006），环境支持的内容、数量、质量都能体现在游人的行为中。为了更好地引导城市居民在闲暇时间体验高质量的游憩活动，对规划建设的公园应充分考虑游憩空间的创造与设施的供给，而对完成建设的公园则应重视游憩环境条件的改善与提升，通过改良绿化改善环境质量、增加适当的设施和景观构筑物以保障游憩活动、合理地组织空间和安排活动发生时序，则城市公园提供的游憩机会能大大增加。

# 4 圆明园公园游客游憩行为特征分析

随着人们物质生活的改善，公园所承载的游憩活动的量肯定会增加，科学梳理并改善公园环境，不仅能激发美好的游憩行为，更能优化城市的整体游憩系统。

（4）圆明园公园目前在使用上还存在着有些区域不同类型活动相互干扰、高密度使用区域人流量过大等问题，基于公园游人游憩行为特征进行空间组织和游憩项目设置是圆明园公园在管理上应提升的一个方面。

# 5 圆明园公园游憩机会谱(ROS)构建

## 5.1 城市公园游憩机会谱(ROS)建立的必要性

随着我国近年来城市化速度的加快,越来越多的地区染上"钢筋水泥、楼宇森林"的城市病,城市公园成为城市居民呼吸自然、闲暇游憩的重要场所,也是改善城市生态环境的重要因素。由于城市公园游憩环境差异、管理方法、区域的规模以及便捷程度等方面存在着不同差异,许多市民在利用城市公园环境时存在一定的盲目性,很难获得满意的游憩体验,从本研究2010—2011年对圆明园公园全年游客进行的抽样调查结果来看,有31.4%的游客未获得满意的游园体验。因此,制定城市公园游憩机会谱,开展公园内的环境资源、游人活动、管理行为等内容的监测,并及时反馈游人活动信息并改进园区管理,从而在提升城市公园环境质量的同时,确保游客获得满意的游憩体验,从而确保城市公园成为城市中人类和自然生态系统交往的友好媒介,更好地发挥城市公园的生态服务价值。城市公园游憩机会谱的构建也是由城市公园具有游憩环境差异性、游憩活动多样性与游憩目的重体验性的特殊属性所决定的。

(1)游憩环境的差异性

城市公园中每块区域、每一片绿地,都有自己的性质属性和资源特征,是公园整体环境中"独特的不可替代的"游憩机会组成部分,它们共同构成城市公园游憩系统的完整性。任何一片单独的绿地都不可能满足所有游客的所有需求。因此,公园规划师与管理者需要识别每一片绿色空间的游憩特色和价值,再合理地给予功能上的定位。对于一个城市来说,满足所有人的要求提供所有的游憩机会是不可能的,也是不现实的。一般情况下,公园中的一块功能相对完整且具有一定尺度的独立空间(常被称作景点),是公园整体中游憩机会的一部分,会有自身的资源特色和功能定位,能提供满足某类人群的一些游憩需求，城市公园游憩机会谱的建立，把游客的游憩需求与游憩环境对应起来，既满足了特定的人群多样化游憩需求，又有利于提高城市公园的管理效率。

（2）游憩活动的多样性

城市公园利用者的需求因教育水平、民族或信仰背景、家庭构成状况、经济收水平、居住地与公园的距离、交通便捷条件等方面的不同而存在差异。游客及其需求的差异性是决定城市公园提供游憩机会多样性的必然条件。通常情况下，城市公园能提供的游憩活动是多种多样的，不仅有文化观光、风景摄影、晨练健身、划船亲水、读书对弈、吊嗓溜鸟、习操合唱等休闲游憩活动的多样，也有游客对不同游憩体验项目追求上的差异，比如读书、交友适宜安静的游憩项目，散步、健身适宜清洁的游憩环境，溜鸟、习唱适宜空旷通透的场所空间等。城市公园游憩机会谱（ROS）建立的根本目的即是保障城市公园游憩活动的多样性，为不同的游憩者提供各自所需的游憩机会。

（3）游憩目的重体验性

随着社会经济的发展和人们生活水平的日益提高，当代社会逐渐进入了体验经济时代，人们对游憩的需求结构和消费模式正由接受休闲服务向体验经历转变，体验式旅游逐渐成为社会流行的休闲时尚。游憩体验是游憩机会提供者根据游憩环境特点为游客提供的一个在某一游憩环境参与某种游憩活动的机会，使游客获得某种休闲需求的满足。城市公园ROS的建立的核心思想是保护游客获得的游憩体验和利益的机会，充分论证游憩场所提供满足使用者内心需求的体验的能力，帮助游客收获难忘的体验，提升城市公园作为公共服务资源的核心价值。

城市公园作为重要的城市社会公共服务资源，是城市市民日常闲暇游憩的主要目的地，具有游憩环境差异性、游憩活动多样性与游憩目的重体验性的特征。城市公园在自然环境构成、游憩活动的时空分布与游憩体验目的性等方面均存在着明显的地段差异性，而这种差异取决于自然环境、社会环境、管理条件的互动关系与地域配置的不同。基于资源与活动有效管理和提高游客游憩体验质量的目的，寻求城市公园资源、活动与管理之间的内在规律性，以此建立城市公园游憩机会谱系，能够有效提升城市公园的管理效率，为城市市民提供更合理、更适宜的游憩服务。

## 5.2 游憩机会谱（ROS）构建方法

游憩机会是指到游憩目的地体验的游客获得一个在自己偏好的环境中参

## 5 圆明园公园游憩机会谱（ROS）构建

与喜好的活动并从中获得满意体验的机会，即游憩机会＝游憩环境＋游憩活动≈游憩体验，环境与活动条件的不同组合就是多样的游憩机会序列，其中游憩环境是决定游憩活动的基础，而游憩活动直接影响游人的游憩体验质量。游憩机会谱（ROS）既是一个概念（concept）又是一个规划管理框架（planning framework）（蔡君，2006a）。游憩机会谱（ROS）构建的基本逻辑是让人们在游憩环境（recreational setting）中参加适宜的游憩活动以获得满意的游憩体验，因此构成游憩机会谱的必要组分是环境、活动，机会谱所追求的是高质量的体验。因此，城市公园游憩机会谱系应根据公园游憩环境特点、活动方式与强度、提供游憩机会区域的规模和管理状况等因子来确定。游憩机会谱系中的环境通常被划分为三个序列：物理环境（biophysical）、社会环境（social）和管理条件（managerial）。物理环境指构成游憩环境的物质构成，包括空气、水体、地形地貌、动植物景观等自然要素和风土文化、人工景观等人文资源；社会环境通常指游憩区域内提供的各类社会服务，包括开展的游憩项目、参与的活动类型及游憩服务功能与设施等；管理条件是指游憩区域旅游开发水平、管理力度、接待服务能力等。城市公园游憩机会谱的确定也取决于这三个因子序列及其相关指标的组合。

游憩者的体验质量依赖于多样的游憩机会，而决定游憩机会的是游憩环境，不同的环境提供不同的游憩活动和游憩体验。游憩环境三个序列是连续的，也是变化的。一个城市公园从建设到管理成熟，是一个从基础设施到管理水平逐步完善的过程，有一个从硬件条件完善到服务管理提升的过程，一般公园按照规划设计初期建设时，多注重基础设施建设与资源挖掘与利用，各个城市公园之间的差别更多地不是体现在资源本底与自然环境方面，而是体现在游憩活动与管理水平的差异程度。但当城市公园基础设施建设完成、服务管理提升到制度化、成熟化水平，公园之间的差异更多地不是社会环境质量与管理条件的差别，而是更多体现在资源环境条件所能提供的社会服务功能的差异，即物质环境质量的差异决定城市公园所能提供游憩服务功能的差异。对于一个建设完备、管理成熟的游憩目的地还说，游憩者获得满意体验质量更多决定于公园自然与人文本底条件（即游憩资源）所能带给游憩者的体验感受。

### 5.2.1 城市公园游憩机会因子谱系清查与确定

城市公园游憩机会因子的清查一般采用实地踏勘、管理者访谈、定点观察、游客随机抽样访谈调查相结合的方法。将城市公园游憩机会谱系以"物理环境质量、游憩活动质量、管理条件与水平"三者作为一级分支，并在此基础上分别建立二级、三级分支谱系。

#### 5.2.1.1 物理环境质量因子谱系

城市公园物理环境质量因子依据公园游憩环境构成的物质载体，划分为游憩景观单元构成、自然环境质量、人文环境赋存、景观美感质量四个二级类型，其中，游憩单元景观构成分为景观区位、风景绿地构成两个三级类型因子，自然环境质量包括空气清洁宜游度、空气含菌量宜游度、空气粉尘含量宜游度、微环境声效应宜游度、小气候舒适性宜游度等三级类型因子，人文环境赋存状况分为园林建筑、遗址遗迹赋存、园林小品构成、道路通达程度、场所空间适宜性等三级类型因子，景观美感质量设景观美感度一个三级类型因子。这些三级分类因子要素进行组合，共同构成了城市公园的物理游憩环境，通过对游人对公园的利用现状、各类景观单元的类型及品质状况进行调查，确立城市公园物理环境质量因子谱系（如表5-1所示）。

表5-1 城市公园物理环境质量因子谱系
Tab. 5-1 Setting description for biophysical indicators of ROS in urban parks

| 单元景观构成 | | 自然环境质量 | | | | | 人文环境赋存 | | | | 景观美感质量 |
|---|---|---|---|---|---|---|---|---|---|---|---|
| 景观区位 | 景观单元绿地构成 | 空气负离子水平宜游度 | 空气含菌量宜游度 | 空气粉尘含量宜游度 | 微环境声效应宜游度 | 小气候舒适性宜游度 | 园林建筑 | 遗址赋存状况 | 园林小品构成 | 道路通达程度 | 场所空间 | 景观美景度 |

#### 5.2.1.2 游憩活动质量因子谱系

城市公园游憩机会谱中游憩社会环境因子是指区域内提供的各类社会化服务内容，这些游憩社会服务主要是游憩项目和游客参与的游憩活动，因此将游憩活动质量作为一级类型，依据城市公园中现通常开展的游憩活动项目及旅游服务，将游憩活动项目、游憩利用强度与旅游服务设施状况作为二级分支，游憩活动项目分为项目类型、时段、适龄人群三个三级分类因子，游憩利用强度分为活动频次、活动强度、干扰范围等三级分类因子，旅游服务设施状况分供给内容、服务半径两项三级分类因子，这些三级分类因子共同组成游憩活动质量谱系（具体情况见表5-2）。

## 5 圆明园公园游憩机会谱(ROS)构建

**表 5-2 城市公园游憩活动质量因子谱系**
Tab. 5-2 Setting description for recreation activities indicators of ROS in urban parks

| 游憩活动类型 | | | | 游憩利用强度 | | | | 旅游服务设施 |
|---|---|---|---|---|---|---|---|---|
| 项目 | 时段 | 人群 | 频次 | 强度 | 干扰范围 | 参与形式 | 供给内容 | 服务半径 |
| 活动内容类别 | 清晨 上午 下午 | 青年 老年 儿童 家庭 | 经常 偶尔 | 低密度 中密度 高密度 | <10m 10~50m 50m以上 | 个人 小众 集体 | 小卖 餐饮 | <500m 500m以上 |

### 5.2.1.3 管理条件与水平因子谱系

城市公园游憩机会谱分类中将管理条件与水平作为一级类型因子，下设日常管理制度建设、环境卫生维护水平、解说与环境教育系统建设、遗产与自然资源保护水平、安全与智慧景区建设水平 5 个二级分支因子，并在此基础上细分三级分支因子共同构建管理条件与水平因子谱系（具体类型见表 5-3）。

**表 5-3 城市公园管理条件与水平因子谱系**
Tab. 5-3 Setting description for managerial indicators of ROS in urban parks

| 日常管理制度建设 | | | |
|---|---|---|---|
| 管理制度完备程度 | 员工配备 | | 临时员工数量 |
| 环境卫生维护水平 | | | |
| 垃圾清理频率 | | 分类垃圾箱设置 | |
| 解说与环境教育系统建设 | | | |
| 动/植物解说牌 | 遗址解说牌 | 景点引导图 | 游园须知 |
| 遗产与自然资源保护水平 | | | |
| 植物种植管理维护 | 水体管理维护 | 设施管理维护 | 遗址管理维护 |
| 安全与智慧景区建设水平 | | | |
| 水边有安全提示 | 乘船等游憩项目有安全提示 | 游憩项目引导系统 | 电子广告系统 | 医疗卫生服务及咨询点 |

## 5.2.2 城市公园游憩机会谱系拟定

将上述建立的"公园物理环境质量因子"、"游憩活动质量因子"以及"管理条件与水平因子"进行综合汇总，得到城市公园游憩机会谱。在此机会序列中，如果采用"+"、"●"或"√"等符号表示场所在指标上的存在或重要程度，得到这些符号越多，一般该场所就更适宜开展相同或相近类型的游憩活动。

游憩机会谱系序列（ROS）建立的核心目的是为游客提供多种游憩环境的选择机会，以能满足游客多样化的游憩体验需求。城市公园的游憩环境直接为游憩活动提供背景（settings）和支持（resources），体现不同的游憩使用价值，反映不同层次的需求（蔡君，2006a；肖随丽，贾黎明，汪平，李江婧，2011）。定义和描述城市公园是游憩环境提供游客多样化游憩机会的关键，一个准确而翔实的游憩机会谱系表应能清晰地提供游憩环境清单。美国农业部林务局采用"六分法"来描述并确定 ROS 谱系，它采用"现存限制、交通距离、设施水平、人工化程度、游客密度和管理强度"等指标，将游憩环境分成"原始区域、半原始无机动车区域、半原始有机动车区域、自然有道路区域、乡村和城市"六个等级（Driver，1987；蔡君，2010），将所管理的资源分别与对应的级别对应，从而编制出游憩环境清单。ROS 思想在美国、澳大利亚、新西兰、日本、加拿大和英国等国家的土地规划和管理上得到广泛的应用，但主要的应用领域还是对林地、荒野、河流流域等自然区域的自然资源管理与规划方面，这种等级的划分对城市公园游憩机会谱进行序列划分就显然不合适了。城市公园是以人工设施及人为绿化的拟自然城市区域，其游憩环境与自然原始区域相距甚远，对其游憩环境的划分应有其符合城市公园特征的标准。

自从吴必虎将游憩机会谱的概念介绍到国内（吴必虎，2001），国内以北京林业大学为代表的诸多学术研究机构对其理论及应用展开过多项研究，如蔡君、王冰、符霞和刘明丽等分别撰文介绍了游憩机会谱理论在国内的应用（蔡君，2006b；符霞，乌恩，2006；刘明丽，张玉钧，2008；王冰，蔡君，杜颖，2007），李晓阳提出了湖泊游憩机会谱（李晓阳，2006），黄向等（黄向，保继刚等，2006）提出了中国生态旅游机会图谱（CEROS）构建方法。吴承照等以上海松鹤公园为例提出了城市公园游憩机会谱构建方法，将城市公园游憩环境划分为高密度游憩区至低密度游憩区等 5 个级别（吴承照，方家，陶聪，2011）。这种划分方法照顾到了游憩活动的强度，但对游憩活动、游憩场所的环境条件差异对游憩活动的支持程度方面考虑不够充分，不能准确表示出游憩环境的本底在质量上差异程度。另外，由于公园的自然环境质量一年中有着周期性、规律性的变化，游憩环境的改变也使游憩机会谱存在动态变化的趋势，因此，静态地划分游憩机会等级是不适用于城市公园环境的。

城市公园的实际利用主体以城市居民为主，前一章的相关调查表明，游人对游憩环境的质量普遍关注(71.3%)，因此本研究认为，从游憩活动的适宜程度角度来衡量游憩环境是合适的，本研究将城市公园游憩机会谱系初步分为高适宜水平游憩机会、较高适宜水平游憩机会、中度适宜水平游憩机会、较低适宜水平游憩机会、低适宜水平游憩机会5个类别或级别。

一般情况下，对一个事物考察认知的项目超过10项，就会使考察工作变得相对复杂。由于城市公园游憩机会谱可划分成12项三级因子，对其考量的指标有56项，为了能更直观、便捷地反映游憩环境的特征，采用专家评议赋分的方法按指标的重要程度对"12项因子、56项指标"进行重新排序，评议专家155位，分别由园林、旅游、心理等领域的专业人员组成，通过打分均值排序确定了9项最重要的环境特征考察指标，这些指标是"自然环境游憩适宜度、人文环境游憩适宜度、景观美感质量、游憩活动类型、游憩活动频次、活动频次强度、环境卫生管理、遗产与自然资源保护和解说与教育"（图5-1）。这9项指标基本能够反映游憩场所的重要环境特征。采取"九标五类"的划分方法，能够清晰地对城市公园游憩机会谱进行语言或图表的描述，便于指导公园管理和促进公众认知。

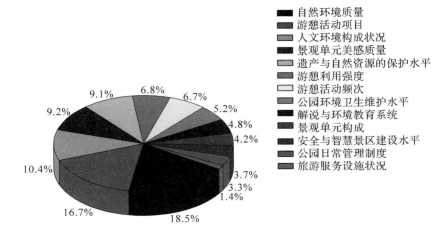

图 5-1　城市公园游憩机会谱描述性指标重要度构成
Fig. 5-1　Descriptive index proportion of ROS in urban parks

表 5-4　城市公园游憩机会序列
Tab. 5-4　The sequence of ROS in urban parks

| 环境类型特征 | 高适宜水平游憩机会 | 较高适宜水平游憩机会 | 中度适宜水平游憩机会 | 较低适宜水平游憩机会 | 低适宜水平游憩机会 |
|---|---|---|---|---|---|
| 1.物理环境 | | 环境条件适宜 | | 环境条件一般 | |
| a.自然环境 | | 环境质量高 | | | 环境质量低 |
| b.人文环境 | | 文化资源丰富 | | | 内容较少或资源保存度不高 |
| c.景观美感 | 适宜观赏 | | 美景度一般 | | 不适宜观赏 |
| 2.游憩活动 | | 丰富 | | | 较少 |
| a.类型 | | 多样 | | | 单一 |
| b.频次 | | 经常 | | | 偶尔 |
| c.强度 | | 高密度活动 | | | 低密度活动 |
| 3.管理条件 | | 严格管理 | | 一般管理 | |
| a.环境卫生 | | 需要高度管理、设施与人员完备 | | | 一般管理 |
| b.文化与自然资源保护 | | 采取较严格措施 | | | 除遗址外，保护要求不高 |
| c.解说与教育 | | 要求 | | | 可不要求 |

采用这种"九标五类法"划分城市公园游憩机会谱(表 5-4)，充分考虑了公园环境景观单元构成的质量差异，除游憩项目外更加关注游憩者所处的环境、体验和机会的多样化。按适宜水平划分游憩机会谱系，保证了游人在游

憩环境中能获得充分的游憩收益,从质和量上保障体验者所追求游憩价值在公园环境中得以实现。由于未来游憩的发展不仅直观地体现在游憩场所使用者数量的增加,更将体现在游憩体验和需求多样性的增加上,通过按适宜水平分配游憩资源与空间,将有效促进游憩场所的合理利用,并有利于旅游开发与资源保护矛盾的协调与解决。城市公园游憩机会谱的游憩机会分析框架不同于传统的游憩资源分类体系,它从游憩活动适宜程度角度全局性地考虑公园各类游憩活动的设置情况,有利于公园管理者采取合理的决策决定游憩项目设置区域及遗产文化等资源的保护措施,它综合地表述了各个场所、景观单元适宜游憩活动的程度,避免了公园中游憩项目的盲目建设、场所过度利用和游憩环境受到过度干扰而影响游人的游憩体验质量。城市公园 ROS 的体现形式可以是实时的地图与表格,展现形式直观清楚,游憩体验者能从公园环境中顺利找到期望参与的活动及适宜的体验区域,便捷参与方式,这也有利于对游人活动的科学引导。

也应该必须注意的一点是,"九标五类"的 9 项指标是衡量游憩环境最重要的指标,其反映了游憩场所的主要特征,便于在实践工作中操作和实施。但这 9 项指标并不是全部指标,有环境描述项目的缺失。从管理者角度来看,对公园环境的全面、准确把握是实施管理与引导政策的前提。全面认识游憩场所环境条件的类型或等级,还是应该对所有的三级因子项目进行全面、整体的评估。所以,本研究在城市公园游憩机会分级(分类)体系构建中,仍是采用对公园环境的 12 项三级因子进行的整体评估。

### 5.2.3 城市公园游憩机会分级体系构建

国内外关于游憩机会分级因子的研究以定性分析为多,研究多以指标的分析与确定为主,多数研究是通过表或图的形式展现各级因子之间的关系,但对于单独的一处景观单元或功能相对独立的游憩区域,游憩主体如何能快速准确确定其游憩机会等级是对游憩场所认知的一个 ROS 实际应用上的难题。这个难题当然可以通过查表或已建立的游憩机会谱图来解决,但如果能事先确定游憩机会各因子之间的关联,采用模型法也是快速认知游憩机会的一个办法。模型分析一般认为是定量分析的方法,其实定量分析和定性分析是相辅相成的两种研究游憩机会谱的方法。游憩机会的等级确定是游憩机会谱应用的前提和基础,定量分析的实质是通过数学描述的方法确定游憩机会的等级及序列,是游憩目的地定性确定游憩机会属性特征的一个快速方法。

本研究在建立了城市公园游憩机会谱系的基础上,根据其各分级因子谱系的评估条件及三者之间的关系,总结出游憩机会评分体系。此体系由游憩机会评分类型表(表5-5)以及城市公园景观单元游憩机会评分模型组成。城市公园景观单元游憩机会评分模型如下：

$$S_{\text{ROS}} = \sum_{i=1}^{s} S_i \times W_i$$

式中：$S_{\text{ROS}}$为景观单元游憩机会评分值；$S_i$为分级因子评分值，各三级单项因子满分为100分；$W_i$为分级因子权重值。

$S_{\text{ROS}}$分值介于(80,100]为高适宜水平游憩机会，$S_{\text{ROS}}$介于(70,80]为较高适宜水平游憩机会，$S_{\text{ROS}}$介于(60,70]为中度适宜水平游憩机会，$S_{\text{ROS}}$介于(50,60]为较低适宜水平游憩机会，$S_{\text{ROS}}$介于(0,50]为低适宜水平游憩机会。

表5-5 城市公园游憩机会谱评分类型表
Tab. 5-5 Evaluation standards of ROS in urban parks

| 一级分值 | 二级因子 | 二级因子权重 | 三级因子 | 三级因子权重 | 三级因子赋分值依据 |
| --- | --- | --- | --- | --- | --- |
| 城市公园景观单元游憩机会(ROS) | 物理环境质量(BQ) | 0.423 | 景观单元构成 | 0.042 | 景区区位、绿地构成、空间尺度 |
| | | | 自然环境质量 | 0.185 | 空气负离子水平宜游度、空气含菌量宜游度、空气粉尘含量宜游度、微环境声效应宜游度、小气候舒适性宜游度 |
| | | | 人文环境构成状况 | 0.104 | 园林建筑、遗址遗迹赋存状况、园林小品构成、道路通达程度、场所空间适宜性 |
| | 游憩活动质量(RQ) | 0.316 | 景观单元美感质量 | 0.092 | 风景美景度 |
| | | | 游憩活动项目 | 0.167 | 观光类、健身类、休闲类、主题类(空间对活动的支持程度) |
| | | | 游憩利用强度 | 0.135 | 频次、活动强度、干扰范围、便捷抵达程度 |
| | | | 旅游服务设施状况 | 0.014 | 供给程度、服务半径 |

(续)

| 一级分值 | 二级因子 | 二级因子权重 | 三级因子 | 三级因子权重 | 三级因子赋分值依据 |
|---|---|---|---|---|---|
| 城市公园景观单元游憩机会(ROS) | 公园管理条件(MQ) | 0.261 | 公园日常管理制度 | 0.033 | 管理制度完备程度、员工配备状况、临时员工数量充足程度 |
| | | | 公园环境卫生维护水平 | 0.052 | 垃圾清理频率、分类垃圾箱设置 |
| | | | 解说与环境教育系统 | 0.048 | 植物解说牌、遗址解说牌、景点引导图、游园须知 |
| | | | 遗产与自然资源的保护水平 | 0.091 | 植物种植管理维护、水体管理维护、设施管理维护、遗址管理维护 |
| | | | 安全与智慧景区建设水平 | 0.037 | 水边安全提示、乘船等游憩项目安全提示、游憩项目引导系统、电子广告系统、医疗卫生服务及咨询点 |

#### 5.2.3.1 评分指标权重的确定

根据分级因子之间的关系确定在模型各指标的权重是城市公园景观单元游憩机会评分模型建立的关键。目前国内外研究相关指标权重体系确定的方法有多种，如主成分分析法、层次分析法、系统动力学方法和人工神经网络等方法。理论上来讲这些方法都可用于多层次指标体系相关因子权重的确定，本研究引入层次分析法(analytic hierarchy process，简称 AHP)来分析游憩机会谱分级指标体系中各指标的关联程度和权重，以期使最终建立的城市公园景观单元游憩机会评分模型更具科学性和实用性。

层次分析法是美国运筹学家 T. L. 萨蒂(T. L. Saaty)教授于 20 世纪 70 年代初期提出的一种简便、灵活而又实用的多准则决策方法，可对一些较为复杂、较为模糊的问题做出决策的简易方法，它特别适用于那些难于完全定量分析的问题[T. L. 萨蒂(美)著，许树柏等译，1988]。鉴于游憩机会谱系各级因子之间关联的复杂性，本研究采用层次分析法来确定城市公园游憩机会谱各分级因子的权重系数。层次分析法的基本原理根据相互关联、相互制约的因素进行排序，通过比较得出各个因素在模型中重要程度。运用层次分析法建模基本步骤有四步：①建立递阶层次结构模型；②构造出各层次中的所有判断矩阵；③层次单排序及一致性检验；④层次总排序及一致性检验。

本研究采用对 155 位风景园林(75 位)、旅游管理(60 位)和环境科学(25

位)等领域的专家进行问卷调查，采用专家打分的方法将各级指标进行两两比较，确定其重要程度，将比较结果运用层次分析软件 Expert Choice 2000 进行运算，得到如表 5-5 所示的各级因子权重。

5.2.3.2 评分体系的确定

根据城市公园景观单元游憩机会评分模型中，除"自然环境质量"运用仪器设备对各项指标采用文所述研究方法进行监测客观地得到以外，其余各项指标分值采用专家打分的方法对三级因子进行赋分，各三级单项因子满分评价为 100 分。

由于城市公园一旦完全建成并且将公园的日常管理机制健全以后，公园游憩机会谱各分级指标中其他指标的变化较小，仅"自然环境质量"指标值会发生时时变动，而且也因自然环境质量在不同时期的差异使公园游憩机会谱呈现多样化的变动。对于一个建设与管理相对成熟的城市公园，监测其游憩机会谱构成的动态变化其实只需要监测其自然环境质量因子的变化即可，这在客观上方便了城市公园游憩机会谱的实践应用。

5.2.3.3 评价分级分类体系构建

游憩机会谱本质上是一种游憩资源与空间环境的分类体系，在实践上主要用于指导游憩地规划和管理，将游憩区域划分为不同类型或等级的游憩机会进行规划与管理是游憩机会谱(ROS)实施的基本程序。关于游憩机会谱的分级通常的做法是首先清查游憩场地的不同特征，然后根据可能存在的冲突或互补关系将其归类，并按某一特征属性进行分级。如美国林务局和土地管理局的 6 级游憩机会谱级别，加拿大国家公园分为现代、半现代、半原野、原野 4 级机会谱，托马斯·A. 莫等学者(Thomas A. More)将偏重城市体验游憩机会谱这一级分为大面积自然区域、小面积自然区域和由设施支配的区域 3 种级别的机会类型(Thomas A. More，Susan Bulmer，Linda Henzel，2003)，然而城市公园游憩机会谱不同于大尺度的自然区域，城市公园中很少有区域不受人类活动的影响，因此以上这些分级分类方法均不适用于城市公园的游憩机会划分。国内吴承照等学者以游憩密度为基础将城市公园游憩机会划分为高密度、较高密度、中密度、较低密度、低密度 5 类，这种划分方法对于公园针对游人活动密度及游憩活动强度而采取有针对性的管理措施是很有帮助的，特别是尺度较小、规模不大、绿地结构单一、游憩项目较少的公园的规划与管理很适用，但对于构成条件复杂、公园绿色空间类型多样、景观单元环境质量本底差异较大的城市公园来说，由于其对环境条件的区分不足，以其指导公园的规划与管理则适用性不强。

本研究从环境质量的认知出发，综合考量了游憩者的体验反应、游憩空间的构成等情况，将城市公园游憩机会谱系划分为高适宜水平游憩机会($80 < S_{ROS} \leqslant 100$)、较高适宜水平游憩机会($70 < S_{ROS} \leqslant 80$)、中度适宜水平游憩机会

$(60 < S_{ROS} \leq 70)$、较低适宜水平游憩机会$(50 < S_{ROS} \leq 60)$、低适宜水平游憩机会$(S_{ROS} \leq 50)$ 5 个级别。从游憩机会评分体系中各级因子重要性的专家调查结果来看，尽管物理环境质量因子的重要性最高，但其在总体评分体系中所占的权重也仅为 0.423，由于城市公园中游憩活动质量因素与公园管理条件与水平因素随着公园建设逐步完善而评分逐步提升，这两个因子的评分通常会因公园建设的成熟而处于较高分值，这造成公园游憩机会谱中低于 50 评分的游憩机会现象出现的几率比较少（以本游憩机会分级体系对北京紫竹院公园、玉渊潭公园、莲花池公园、海淀公园的游憩机会因子的实验评分也验证了这一点），因此将 50 分作为低适宜水平的游憩机会划分起点是合乎多数公园的现实情况的。按平均原则，每 10 分值差为一个等级标准段，80 分以上为城市公园中高适宜水平游憩机会。

## 5.2.4 城市公园游憩机会谱与其他类型游憩场所游憩机会谱的比较

自瓦格（Wager）提出露营地游憩机会的想法，到克勒克（R. N. Clerk）和斯坦奇（G. H. Stankey）总结出游憩机会谱系手册（蔡君，2006），游憩机会谱多是以自然、社会和管理因素作为标准指标来划分序列类型或等级的（见表 5-6）。尽管游憩机会谱在不同类型的游憩空间会有一些指标上的差异，但其核心思想是以连续轴的思想将空间环境按照一定标准进行类型划分。城市公园游憩机会谱的建设也是依此思想，对能够提供游憩机会的公园空间进行整体上连续划分，从而确定了城市公园不同类型的游憩机会。

表 5-6 城市公园游憩机会谱与其他类型游憩地机会谱的比较
Tab. 5-6 The ROS comparison between urban parks and other types of recreation areas

| 场所类型 | 分类方法 | 分类指标 | 机会谱系构成 | 应用范畴 |
| --- | --- | --- | --- | --- |
| 荒野类户外游憩地 ROS | "五标六类法"［美国林务局采用，后由莫尔斯、赫尔（Morse, Hall 等，2009）总结］ | 偏远程度、区域规模、人类迹象、使用密度和管理力度 5 组指标 | 分为原始区域、禁止机动车进入的半原始区域、允许机动车进入的半原始区域、有道路的自然区域、乡村区域和城市区域 6 个等级 | 国家公园、自然保护区、荒野保留地 |
| 近城游憩地 ROS | "六标三类法"托马斯·A. 莫（Thomas A. More 等，2003）提出 | 偏远程度、区域规模、人类迹象、使用密度设施水平和管理力度 6 组指标 | 大面积自然的区域、有小面积自然的区域和由设施主导的区域 3 种环境类型 | 接近城市的户外游憩地 |

(续)

| 场所类型 | 分类方法 | 分类指标 | 机会谱系构成 | 应用范畴 |
|---|---|---|---|---|
| 沙丘ROS分类 | "五标四类法"(俄勒冈州塞尤斯劳尔国有林区的大沙丘国家林地) | 可达程度、区域规模、人类迹象、道路密度和管理水平5组指标 | 禁止动力车辆进入的半原生区域、允许动力车辆进入的半原生区域、有道路的自然区域和乡村区域4类区域 | 沙丘型游憩区域 |
| 水域WROS | "七标六类法"(美国水务局) | 可达性、远隔性、自然性、游客相遇频率、游客冲击、场所营理、游客管理7组指标 | 原始区域、半原始区域、自然乡村区域、开发的乡村区域、城郊区域和城市区域6类区域 | 自然河道流域 |
| 旅游系统TOS | "六标三类法"[西安大略大学巴特勒(R. Butler)教授和沃尔布鲁克(L Waldbrook)1991提出] | 可进入性、其他类型的使用、旅游植入、社会接触、游客冲击可接受程度以及管理的可接受程度6组指标 | 分为"硬性旅游-中度旅游-软性旅游"3种渐变类型 | 城镇型旅游目的地 |
| 生态旅游机会谱ECOS | "八标三类法"由巴特勒(Richard Butler)和英国斯塔福德郡大学教授斯蒂文(Stephen Boyd)提出 | 可进入性、生态旅游和其他资源使用的关系、吸引物、现存基础设施、社会干扰、知识和技巧水平、旅游者影响的接受程度和管理类型8个指标 | 分为专家类型、中间类型和普适类型3种类型。 | 生态旅游者偏好的环境 |
| 城市公园ROS | "九标五类" | 自然环境游憩适宜度、人文环境游憩适宜度、景观美感质量、游憩活动类型、游憩活动频次、活动频次强度、环境卫生管理、遗产与自然资源保护和解说与教育9个指标 | 高适宜水平游憩机会、较高适宜水平游憩机会、中度适宜水平游憩机会、较低适宜水平游憩机会、低适宜水平游憩机会5个类别或级别 | 城市公园或绿地型游憩地 |

#### 5.2.4.1 分类标准和指标体系的区别

游憩机会谱体系构成的核心内容是分类/分级标准(standards)和具体指标(indicators)的确定。标准是判断游憩机会条件存在与否的依据;而指标是标准中的特定衡量变量,是评价游憩机会等级状况的指示。

相比荒野、水域、沙丘类 ROS 体系,城市公园游憩机会谱的分类指标更侧重公园构成环境质量的差异及环境游憩行为的支持力度,城市公园的环境本底条件与荒野、水域、沙地的情况不同,公园的绝大多数环境是可以用于游憩活动的开展的空间,对游憩活动的支持程度的差异主要体现在公园景观单元环境条件的不同;而荒野、保护区等条件不同,多是从环境敏感程度、主体服务市场的远近等角度出发来考虑机会谱的分类。与游憩机会谱(ROS)相比,旅游机会谱(TOS)更多从旅游设施对旅游活动的承载能力出发,强调"旅游植入"结果对旅游目的地的影响程度,因此将 TOS 分成硬、中、软性三种旅游行为。生态旅游机会谱(ECOS)是在 TOS 的基础上增加了"提供的吸引物"和"知识和技能水平"两个指标,并将"旅游植入"更改为"现有的设施",从而强调环境中原始的生态条件对游憩者的吸引力及要求使用者具有的基本素养,这些指标突出了生态旅游特点,强调生态旅游的客体是以原始自然环境为主,生态旅游的主体应具备一定的知识和技能水平,并主要以对旅游者的要求为分类依据将生态旅游环境分为专家、中间和普适 3 种类型;而城市公园的服务主体是城市居民、社会大众,不会因游憩者的认知水平差异而被剥夺享有公园服务价值的权利,所以城市公园游憩机会谱不会重点考虑公园使用者构成的差异,但对使用者的行为和需求则予以重点考虑,所以城市公园游憩机会谱的分类体系强调环境能否提供游憩者的需求的机会和对其行为支持的程度。

#### 5.2.4.2 游憩环境的分类/分级

游憩等级或类型的划分是为了向游憩者提供不同需求的游憩体验,荒野、水域、沙丘等游憩地 ROS 的分类框架基本是从原始未开发区域到近城或城市区域逐渐变化的数个环境类型或等级,只是在环境类型的名称、数量以及等级分界点略有差异。TOS 和 ECOS 的等级分区是根据应用区域或服务对象的特点而在 ROS 基础上进一步的细化,但基本上还是对用地的使用性质做出分类。托马斯·A. 莫(Thomas A. More, 2002)将近城游憩地分为大面积自然的区域、小面积自然的区域和由设施主导的区域这 3 种类型,按人类干扰环境为主要指标进行了环境类型划分,这种分类分级强调了近城区域游憩环境的使用潜力。城市公园 ROS 体系与上述分类方法不同,它根据城市公园环境要素以近自然的人工建设为主、场所基本能完全用于满足游憩使用需求的利用特征,其分类体系中重点突出公园内部地段性差异而形成的满足使用需求的能力的不同，环境的差异直接体现为对游人游憩行为支持力的差异。城市公园游憩机会谱对游憩环境的分类构成环境要素在游憩支持力方面的差异，同时也是继承了"连续轴"思想，使对公园环境类型进行确定不会出现空白或缺失。另外，城市公园游憩机会谱在场所类型确定方面提出了景观单元游憩机会评分模型，采用该模型可以快速对城市公园场地类型进行定性，这一点相比传统ROS在场所游憩机会确认方面依赖于专家通过场地调查并对图纸或图表进行识别的做法，实践操作更便捷。

#### 5.2.4.3 城市公园ROS的特点与应用范畴

城市公园游憩机会谱采用了"九标五类"法来确定城市公园游憩场所游憩机会，从环境对活动的支持程度角度划分出五类游憩空间：高适宜水平游憩机会、较高适宜水平游憩机会、中度适宜水平游憩机会、较低适宜水平游憩机会和低适宜水平游憩机会。"九标五类"法重视"游憩活动是否与游憩环境相适宜"，重点确认公园游憩场所对游人游憩行为的支持力情况，将游憩环境差异与游人行为差异相匹配，努力将游人引导至公园最适宜其行为活动要求的场所进行游憩体验，体现了公园环境对多样化的游憩需求的支持能力，适应城市公园环境差异性、需求多样性、管理复杂性的特点，适合城市公园游憩机会序列的判别。

由于城市公园植物生长会发生季节性变化，城市公园室外游憩场所的绿色环境会发生相应的改变，因此城市公园游憩机会谱应随环境条件变化而发生相应调整。因建设与管理相对成熟的城市公园其管理条件与社会因素不会发生太大的改变，因此在其他条件变化不大的情况下，仅仅考察游憩场所自然环境质量的变化状况就可以评判该场所游憩机会类型的变化，从而指导和引导开展相适宜的游憩活动，有利于促进城市公园管理水平的提升。在公园实施具体的管理政策时，一方面可以用城市公园游憩机会谱进行游憩功能区划；另一方面也可用于组织和开展与环境条件相适宜的活动。

## 5.3 圆明园公园游憩机会谱的构建与应用

### 5.3.1 圆明园公园游憩机会谱的构建

#### 5.3.1.1 圆明园游憩机会谱构成因子及类型分析

（1）圆明园公园游憩机会谱物理环境质量因子清查

圆明园公园现有开放的尺度大小不一的景点有103处，如果按景点为景观单元，则各景点的机会谱会过于繁杂，不利于引导游人利用，如果仅按一处单元来对待，则无法兼顾圆明园多样化的游览环境，所以本研究景观单元按圆明园公园现有景区来划分。圆明园公园现在景区有四处，分别为圆明园、长春园、绮春园和九洲景区。

圆明园景区主要以福海景区为中心，含澡身浴德、涵虚朗鉴、夹镜鸣琴、接秀山房、蓬岛瑶台、平湖秋月、藏舟坞、同乐园、西峰秀色、文源阁、汇芳书院、武陵春色、月地云居、濂溪乐处、澹泊宁静、买卖街、舍卫城、鸿慈永祜、映水兰香、山木明瑟和柳浪闻莺等遗址，目前开放的遗址景点有21处，其中藏密楼、平湖秋月、别有洞天、蓬岛瑶台、接秀山房、涵虚朗鉴、夹镜鸣琴、澡身浴德等园林遗址得到部分整修，其余遗址多已看不出原有遗迹。本区域以素妆淡抹、辽阔舒展的福海及其周边景观和南北两岸曲折幽深的优美环境引人入胜，集中展现了中国古典园林艺术、文化艺术与自然山水的完美结合，是目前游人主要活动的游憩区域。

长春园景区以开朗舒展的山水，幽静舒爽的观鱼赏花，中西合璧的园林景观取胜，主要包括目前西洋楼遗址区和东部的海岳开襟、思咏斋、含经堂、法慧寺、蔷园（茜园）、鉴园和长春园宫门等景点及文化遗址，各景点山水相依、林轩呼应、水面贯通，长春园景区遗址在圆明园公园中相对保存较好，思咏斋、玉玲珑馆、法慈寺、宝相寺、泽兰堂等部分园林建筑遗址经过修整。本区域多数景点是圆明园公园当前的标志性景点，游客较多，是一个开展爱国主义教育与文化拓展活动的区域，也是每年荷花节活动的主要场地。

绮春园景区以组合方式形成多样的古典园林建筑，并以多姿多彩的水面和岛屿见长，主要含绮春园宫门、鉴碧亭、涵秋馆、正觉寺等，是现在的主要出入区域，也是一个综合服务区，公园大多数服务设施均设于此，是当前一个大众观光旅游的主要场所。

九洲景区位于公园的西部，地处大宫门以北的环后湖一带，于2008年对外开放，由延绵不断、高低错落的山体，蜿蜒曲折、大小各异的水面，花团锦簇、色彩斑斓的园林植物加上自然野趣、开阔舒朗水景风光组成山水园林景观，主要景点包括九州清晏、镂月开云、天然图画、坦坦荡荡、勤政亲贤、碧桐书院、慈云普护、上下天光、杏花春馆、曲院风荷等文化遗址景点本区自2008年部分开放，景点与设施建设还在逐步完善中，其中上下天光、杏花春馆、坦坦荡荡、镂月开云、天然图画、碧桐书院、慈云普护等遗址得到整修，保留有原始的遗迹。

根据游憩单元景观构成、自然环境质量、人文环境赋存、景观美感质量4个二级类型及其细分的三级类型因子对圆明园公园的物理游憩环境进行清查（如表5-7所示）。

表 5-7 圆明园公园物理环境质量因子谱系(2009 年 4 月)
Tab. 5-7 Setting description for biophysical indicators of ROS in Yuanmingyuan garden (April, 2009)

| 单元景观构成 | | 自然环境质量 | | | | | 人文环境赋存 | | | | | 景观美感质量 |
|---|---|---|---|---|---|---|---|---|---|---|---|---|
| 景观区位 | 景观单元绿地构成 | 空气清洁宜游度 | 空气含菌量宜游度 | 空气粉尘含量宜游度 | 微环境声效应宜游度 | 小气候舒适性宜游度 | 园林建筑 | 遗址赋存状况 | 园林小品构成 | 道路通达程度 | 场所空间 | 景观美景度 |
| 圆明园福海景区 | 乔 | + + | + + | + | + + | + | + | + + | + + | + + + | + + | + |
| | 灌 | + | + | + | + | + | + | + + | + + | + + | + | + |
| | 草 | + | + | + | + | + | + + | + + | + + | + + | + + | + |
| | 乔灌 | + + | + + | + + | + + | + | + + | + + + | + | + + + | + + + | + + |
| | 乔草 | + + | + + | + + | + + | + | + | + + | + | + + + | + + + | + + |
| | 灌草 | + | + | + | + | + | + | + | + | + + + | + + | + |
| | 乔灌草 | + + + | + + | + + | + | + | + | + + | + | + + | + + | + |
| | 草水 | + | + | + | + | + + | + | + | + | + + | + + | + + |
| | 乔水 | + + | + + | + + | + + | + + | + | + | + | + + | + + | + + + |
| | 灌水 | + + | + + | + | + | + | + | + | + | + + | + + | + |
| | 乔灌水 | + + + | + + + | + + | + + + | + | + + | + + | + + | + | + | + + + |
| | 乔草水 | + + | + + | + | + + | + | + | + + | + + | + + | + + + | + + |
| | 灌草水 | + + | + + | + | + | + | + | + + | + | + + + | + | + |
| | 乔灌草水 | + + + | + + | + + | + | + | + | + + | + + | + + | + | + + + |
| 长春园 | 乔 | + + | + | + | + | + | + | + + | + | + | + | + + |
| | 灌 | + | + + | + | + + | + | + | + + | + | + + + | + + | + + |
| | 草 | + + | + | + | + | + | + | + + | + | + + | + + + | + + |
| | 乔灌 | + + | + + | + | + | + | + | + + | + | + + | + + + | + + |
| | 乔草 | + + | + + | + | + | + | + | + + | + | + + + | + + + | + + |
| | 灌草 | + + | + + | + | + | + | + | + + | + | + + + | + + | + + |
| | 乔灌草 | + + | + + | + + | + | + | + | + + | + | + + | + + | + + |
| | 草水 | + | + | + | + | + + | + | + | + | + + | + + | + + |
| | 乔水 | + + | + + | + | + | + | + | + + | + | + + + | + + + | + + + |
| | 灌水 | + + | + + | + | + | + | + | + + | + | + + | + + + | + + |
| | 乔灌水 | + + | + + | + | + | + | + | + + | + | + + | + + | + + |
| | 乔草水 | + + | + + | + | + | + | + | + + | + | + + + | + + + | + + |
| | 灌草水 | + + | + + | + | + | + | + | + + | + | + + | + + | + + |
| | 乔灌草水 | + + | + + | + + | + | + | + | + + | + | + + | + + | + + |

（续）

| 景观区位 | 景观单元绿地构成 | 自然环境质量 | | | | | 人文环境赋存 | | | | | 景观美感质量 |
|---|---|---|---|---|---|---|---|---|---|---|---|---|
| | | 空气清洁宜游度 | 空气含菌量宜游度 | 空气粉尘含量宜游度 | 微环境声效应宜游度 | 小气候舒适性宜游度 | 园林建筑 | 遗址赋存状况 | 园林小品构成 | 道路通达程度 | 场所空间 | 景观美景度 |
| 绮春园 | 乔 | ++ | ++ | + | + | + | + | ++ | + | + | + | +++ |
| | 灌 | + | + | ++ | ++ | + | ++ | + | + | + | + | +++ |
| | 草 | ++ | ++ | ++ | ++ | + | ++ | + | +++ | +++ | + | ++ |
| | 乔灌 | ++ | + | ++ | + | + | + | + | ++ | + | + | ++ |
| | 乔草 | + | ++ | + | + | + | + | + | ++ | + | + | + |
| | 灌草 | + | + | + | ++ | + | ++ | + | +++ | + | + | ++ |
| | 乔灌草 | + | + | + | + | ++ | + | + | ++ | ++ | + | + |
| | 草水 | ++ | ++ | + | + | + | +++ | + | + | + | + | ++ |
| | 乔水 | ++ | ++ | +++ | + | + | + | + | ++ | + | + | ++ |
| | 灌水 | ++ | ++ | + | + | + | + | + | + | ++ | + | +++ |
| | 乔灌水 | ++ | ++ | + | + | + | + | + | + | +++ | + | + |
| | 乔草水 | ++ | ++ | + | + | + | + | + | + | + | + | + |
| | 灌草水 | ++ | ++ | ++ | + | + | + | + | ++ | ++ | ++ | ++ |
| | 乔灌草水 | ++ | ++ | ++ | ++ | + | + | + | + | ++ | + | ++ |
| 九洲景区 | 乔 | ++ | ++ | + | + | + | ++ | + | + | +++ | +++ | ++ |
| | 灌 | ++ | ++ | + | + | + | ++ | + | + | + | ++ | ++ |
| | 草 | ++ | ++ | + | + | + | + | +++ | + | + | + | + |
| | 乔灌 | ++ | ++ | + | + | + | + | + | + | + | + | + |
| | 乔草 | ++ | ++ | ++ | + | + | + | + | ++ | + | + | + |
| | 灌草 | ++ | ++ | + | + | + | + | + | + | ++ | + | + |
| | 乔灌草 | ++ | + | ++ | ++ | + | + | + | + | + | + | + |
| | 草水 | ++ | ++ | ++ | ++ | + | + | + | + | ++ | ++ | ++ |
| | 乔水 | + | + | + | + | + | ++ | + | + | + | ++ | + |
| | 灌水 | + | + | + | + | + | + | + | + | + | + | + |
| | 乔灌水 | ++ | ++ | + | + | + | + | + | + | ++ | ++ | + |
| | 乔草水 | ++ | ++ | + | + | + | + | + | + | + | + | + |
| | 灌草水 | ++ | ++ | + | + | + | + | + | + | + | + | + |
| | 乔灌草水 | ++ | ++ | ++ | + | + | + | ++ | + | + | ++ | ++ |

注："+、++、+++"分别表示景观单元单项环境因子质量为"低、中、高"。

# 基于园林生态效益的圆明园公园游憩机会谱构建研究
The Construction of Recreation Opportunity Spectrum (ROS) Based on Ecological Effects Assessment in Yuanmingyuan Garden

前章所述的圆明园公园游憩机会谱适宜性分析结果与本节分析的圆明园公园物理环境质量现状是一一对应的关系，公园物理环境质量的判断依赖于园林环境游憩适宜性分析的结果。

(2) 圆明园公园游憩机会谱游憩活动质量因子谱系清查

依据圆明园公园中开展的游憩活动项目及旅游服务，按游憩活动项目、游憩利用强度与旅游服务设施状况等二级因子及其细分的三级因子对各景观单元的游憩活动质量因子谱系进行清查（如表5-8所示）。

表 5-8 圆明园公园游憩活动质量因子谱系（以福海景区乔木群落为例）

Tab. 5-8 Setting description for recreation activities indicators of ROS in Yuanmingyuan garden (Arbor communities in Fuhai scenic spot as an example)

| 类别 | 活动内容 | 游憩活动类型 ||||||||||| 游憩利用强度 |||||| 旅游服务设施 ||||
|---|---|---|---|---|---|---|---|---|---|---|---|---|---|---|---|---|---|---|---|---|---|---|---|
| | | 时段 ||| 人群 |||| 频次 || 强度 ||| 干扰范围 ||| 参与形式 ||| 供给内容 || 服务半径 ||
| | | 清晨 | 上午 | 下午 | 青年 | 老年 | 儿童 | 家庭 | 经常 | 偶尔 | 低密度 | 中密度 | 高密度 | <10m | 10~50m | 50m以上 | 个人 | 小众 | 集体 | 小卖 | 餐饮 | <500m | 500m以上 |
| 运动类 | 健走跑步 | | ● | | ● | ● | | | ● | | | ● | | | ● | | ● | | | ● | | ● | |
| | 球类活动 | | ● | | ● | | | | ● | | | ● | | | | ● | | ● | | ● | | ● | |
| | 剑拳健身 | ● | ● | | ● | | | | ● | | | ● | | | ● | | ● | | | ● | | ● | |
| | 舞蹈体操 | ● | | | ● | | | | ● | | | ● | | | | ● | | | ● | ● | | ● | |
| 观光类 | 赏花观水 | | ● | ● | | | | ● | | ● | | | ● | | ● | | ● | ● | | ● | | ● | |
| | 赏景踏青 | | ● | ● | | | | ● | | ● | | | ● | | ● | | ● | ● | | ● | | ● | |
| | 遗址瞻观 | | ● | ● | | | | ● | | ● | | | ● | | ● | | ● | ● | | ● | | ● | |
| | 参观展览 | × | × | × | × | × | × | × | × | × | × | × | × | × | × | × | × | × | × | × | × | ● | |

（续）

| 类别 | 活动内容 | 游憩活动类型 ||||||||| 游憩利用强度 ||||||||| 旅游服务设施 ||||
|---|---|---|---|---|---|---|---|---|---|---|---|---|---|---|---|---|---|---|---|---|---|---|---|
| | | 时段 ||| 人群 |||| 频次 || 强度 ||| 干扰范围 ||| 参与形式 ||| 供给内容 || 服务半径 ||
| | | 清晨 | 上午 | 下午 | 青年 | 老年 | 儿童 | 家庭 | 经常 | 偶尔 | 低密度 | 中密度 | 高密度 | <10m | 10~50m | 50m以上 | 个人 | 小众 | 集体 | 小卖 | 餐饮 | <500m | 500m以上 |
| 休闲类 | 放风筝 | | ● | ● | | | | ● | ● | | | ● | | | | ● | | | ● | ● | | ● | |
| | 溜鸟 | ● | | | | ● | | | ● | | ● | | | ● | | | ● | | | | | ● | |
| | 划船或嬉冰 | | ● | ● | ● | ● | ● | ● | ● | | | ● | | | | ● | | | ● | ● | ● | ● | |
| | 野餐 | | ● | | | | | ● | ● | | | ● | | | | ● | | | ● | | ● | ● | |
| | 野营 | | ● | | | | | ● | | ● | | ● | | | | ● | | | ● | | ● | | ● |
| | 棋牌 | ● | | | | ● | | | ● | | ● | | | ● | | | | ● | | | | ● | |
| | 读书 | ● | | | | ● | | | ● | | ● | | | ● | | | ● | | | | | ● | |
| | 交友 | | ● | | | ● | | | ● | | ● | | | | ● | | | ● | | | | ● | |
| | 书法歌乐 | ● | ● | | | ● | | | ● | | ● | | | | ● | | | ● | | | | ● | |
| | 静养 | ● | | | | ● | | | ● | | ● | | | ● | | | ● | | | | | ● | |
| 主题类 | 摄影写生 | ● | | ● | ● | | | | ● | | ● | | | | ● | | ● | | | | | ● | |
| | 亲子活动 | | ● | | | | ● | ● | ● | | | ● | | | | ● | | ● | | | | ● | |
| | 恋人独处 | | ● | ● | ● | | | | ● | | ● | | | ● | | | ● | ● | | | | ● | |

注：●表示游憩活动满足特性；×表示场所不具备该活动条件。

通过对圆明园公园游憩活动调查情况，将游憩活动类型、强度等因子内容反映在各景观单元游憩活动质量分析图表中。

（3）圆明园公园管理与水平因子谱系清查

采用走访、座谈、观察等方法对圆明园公园日常管理制度建设、环境卫生维护水平、解说与环境教育系统建设、遗产与自然资源保护水平、安全与智慧景区建设水平5个方面进行调查,并根据细分三级分支因子清查圆明园公园各景观单元管理条件与水平因子谱系构成(具体类型见表5-9)。

表5-9 圆明园公园管理条件与水平因子谱系(以福海景区乔木群落为例)

Tab. 5-9 Setting description for managerial indicators of ROS in Yuanmingyuan garden ( Arbor communities in Fuhai scenic spot as an example)

| 日常管理制度建设 | | |
|---|---|---|
| 管理制度完备程度 | 员工配备 | 临时员工数量 |
| √√√ | √√ | √√√ |
| 环境卫生维护水平 | | |
| 垃圾清理频率 | | 分类垃圾箱设置 |
| √√√ | | √√√ |
| 解说与环境教育系统建设 | | | |
| 植物解说牌 | 遗址解说牌 | 景点引导图 | 游园须知 |
| √√ | √√√ | √√√ | √√√ |
| 遗产与自然资源保护水平 | | | |
| 植物种植管理维护 | 水体管理维护 | 设施管理维护 | 遗址管理维护 |
| √√ | √√ | √√√ | √√ |
| 安全与智慧景区建设水平 | | | | |
| 水边等危险地段有安全提示 | 乘船等游憩项目有安全提示 | 游憩项目引导系统 | 电子广告系统 | 医疗卫生服务及咨询点 |
| √√√ | √√ | √√ | — | √ |

注:"√、√√、√√√"分别表示管理条件与水平因子质量为"低、中、高","—"为本单元无此管理内容。

### 5.3.1.2 圆明园公园游憩机会谱系构成

将上述建立的"公园物理环境质量因子"、"游憩活动质量因子"以及"管理条件与水平因子"在进行综合汇总,按前文提出的"九标五类"划分法,确定圆明园公园游憩机会谱系序列(表5-10)。

## 5 圆明园公园游憩机会谱(ROS)构建

表 5-10 圆明园公园游憩机会谱系构成(2009 年 4 月)
Tab. 5-10 The formation of ROS in Yuanmingyuan garden (April, 2009)

| 分布区域 | 景观单元 | 物理环境质量因子 | | | 游憩活动质量因子 | | | 管理条件与水平因子 | | | 游憩机会 |
|---|---|---|---|---|---|---|---|---|---|---|---|
| | | 自然环境游憩适宜度 | 人文环境游憩适宜度 | 景观美感质量 | 类型("+"数量表示内容丰富程度的差异) | 频次("+"数量表示环境允许程度的差异) | 强度("+"数量表示环境允许程度的差异) | 环境卫生 | 遗产与自然资源保护 | 解说与教育 | 类型(A~E 表示高至低游憩适宜水平) |
| 圆明园福海景区 | 乔 | ++ | ++ | + | ++ | ++ | ++ | +++ | +++ | +++ | B |
| | 灌 | + | ++ | + | ++ | ++ | ++ | ++ | ++ | ++ | C |
| | 草 | + | ++ | + | ++ | ++ | ++ | ++ | ++ | ++ | C |
| | 乔灌 | ++ | +++ | ++ | +++ | +++ | +++ | +++ | +++ | +++ | B |
| | 乔草 | ++ | ++ | ++ | ++ | ++ | ++ | +++ | +++ | +++ | B |
| | 灌草 | + | ++ | + | ++ | ++ | ++ | ++ | ++ | ++ | C |
| | 乔灌草 | ++ | ++ | + | ++ | ++ | ++ | ++ | ++ | ++ | B |
| | 草水 | + | + | ++ | + | + | + | ++ | ++ | ++ | C |
| | 乔水 | ++ | + | +++ | + | + | + | ++ | ++ | ++ | B |
| | 灌水 | ++ | ++ | ++ | ++ | ++ | ++ | ++ | ++ | ++ | B |
| | 乔灌水 | +++ | ++ | +++ | ++ | ++ | ++ | + | + | + | A |
| | 乔草水 | ++ | ++ | ++ | ++ | ++ | ++ | ++ | ++ | ++ | B |
| | 灌草水 | ++ | ++ | + | ++ | ++ | ++ | +++ | +++ | +++ | B |
| | 乔灌草水 | +++ | ++ | +++ | ++ | ++ | ++ | ++ | ++ | ++ | A |
| 长春园 | 乔 | + | ++ | ++ | ++ | ++ | ++ | + | + | + | B |
| | 灌 | ++ | ++ | ++ | ++ | ++ | ++ | +++ | +++ | +++ | B |
| | 草 | ++ | + | + | ++ | ++ | ++ | +++ | +++ | +++ | C |
| | 乔灌 | ++ | ++ | ++ | ++ | ++ | ++ | +++ | +++ | +++ | B |
| | 乔草 | ++ | ++ | ++ | ++ | ++ | ++ | +++ | +++ | +++ | B |
| | 灌草 | ++ | ++ | ++ | ++ | ++ | ++ | +++ | +++ | +++ | B |
| | 乔灌草 | +++ | ++ | +++ | ++ | ++ | ++ | ++ | ++ | ++ | A |
| | 草水 | ++ | + | ++ | + | + | + | ++ | ++ | ++ | C |
| | 乔水 | ++ | ++ | +++ | ++ | ++ | ++ | +++ | +++ | +++ | B |
| | 灌水 | ++ | ++ | ++ | ++ | ++ | ++ | ++ | ++ | ++ | B |
| | 乔灌水 | +++ | ++ | ++ | ++ | ++ | ++ | ++ | ++ | ++ | A |
| | 乔草水 | +++ | +++ | +++ | ++ | ++ | ++ | +++ | +++ | +++ | A |
| | 灌草水 | ++ | ++ | ++ | ++ | ++ | ++ | ++ | ++ | ++ | B |
| | 乔灌草水 | +++ | +++ | ++ | ++ | ++ | ++ | ++ | ++ | ++ | A |

（续）

| 分布区域 | 景观单元 | 物理环境质量因子 | | | 游憩活动质量因子 | | | 管理条件与水平因子 | | | 游憩机会 |
|---|---|---|---|---|---|---|---|---|---|---|---|
| | | 自然环境游憩适宜度 | 人文环境游憩适宜度 | 景观美感质量 | 类型（"+"数量表示内容丰富程度的差异） | 频次（"+"数量表示环境允许程度的差异） | 强度（"+"数量表示环境允许程度的差异） | 环境卫生 | 遗产与自然资源保护 | 解说与教育 | 类型（A~E表示高至低游憩适宜水平） |
| G绮春园 | 乔 | ++ | ++ | +++ | ++ | ++ | ++ | + | + | + | B |
| | 灌 | + | ++ | +++ | ++ | ++ | ++ | + | + | + | B |
| | 草 | + | + | ++ | ++ | ++ | ++ | +++ | +++ | +++ | C |
| | 乔灌 | ++ | ++ | ++ | ++ | ++ | ++ | ++ | ++ | ++ | B |
| | 乔草 | ++ | ++ | ++ | ++ | ++ | ++ | ++ | ++ | ++ | B |
| | 灌草 | ++ | ++ | ++ | ++ | ++ | ++ | +++ | +++ | +++ | B |
| | 乔灌草 | +++ | ++ | ++ | ++ | + | + | ++ | ++ | ++ | B |
| | 草水 | ++ | +++ | ++ | +++ | +++ | +++ | ++ | ++ | ++ | B |
| | 乔水 | ++ | ++ | ++ | ++ | ++ | ++ | ++ | ++ | ++ | B |
| | 灌水 | ++ | ++ | +++ | ++ | ++ | ++ | +++ | +++ | +++ | B |
| | 乔灌水 | +++ | +++ | ++ | + | + | + | ++ | ++ | ++ | B |
| | 乔草水 | +++ | +++ | +++ | ++ | ++ | ++ | ++ | ++ | ++ | A |
| | 灌草水 | ++ | ++ | ++ | ++ | ++ | ++ | ++ | ++ | ++ | B |
| | 乔灌草水 | +++ | +++ | +++ | ++ | ++ | ++ | +++ | +++ | +++ | A |
| 九洲景区 | 乔 | ++ | + | ++ | ++ | ++ | ++ | ++ | ++ | ++ | B |
| | 灌 | + | ++ | ++ | ++ | ++ | ++ | ++ | ++ | ++ | C |
| | 草 | + | ++ | +++ | + | +++ | + | ++ | ++ | ++ | C |
| | 乔灌 | ++ | + | ++ | + | + | + | +++ | +++ | +++ | B |
| | 乔草 | ++ | ++ | ++ | ++ | ++ | ++ | ++ | ++ | ++ | B |
| | 灌草 | + | ++ | ++ | ++ | ++ | ++ | ++ | ++ | ++ | C |
| | 乔灌草 | ++ | ++ | ++ | ++ | ++ | ++ | ++ | ++ | ++ | B |
| | 草水 | + | + | ++ | ++ | ++ | ++ | ++ | ++ | ++ | B |
| | 乔水 | + | + | ++ | + | + | + | ++ | ++ | ++ | C |
| | 灌水 | + | + | ++ | ++ | ++ | ++ | ++ | ++ | ++ | C |
| | 乔灌水 | +++ | ++ | ++ | ++ | ++ | ++ | ++ | ++ | ++ | B |
| | 乔草水 | +++ | ++ | ++ | ++ | ++ | ++ | +++ | +++ | +++ | B |
| | 灌草水 | ++ | + | ++ | ++ | ++ | ++ | ++ | ++ | ++ | B |
| | 乔灌草水 | +++ | ++ | ++ | ++ | ++ | ++ | ++ | + | + | B |

注："+++、++、+"分别表示单项因子质量"高、中、低"或环境允许程度的"高、中、低"。

根据实际游憩活动发生的现状进行逐一校正，能得出圆明园公园游憩机会谱系表(如表5-10所示)。可初步得出结论：圆明园公园提供了各类型游憩机会56个，依据物理环境质量现状图、游憩活动质量分析图和管理条件与水平分析图的叠合，得出游憩机会谱在公园内部空间分布情况。

5.3.1.3　圆明园游憩机会谱分类

根据城市公园景观单元游憩机会评分模型，对圆明园公园组成景区的各绿地类型景观单元进行专家评分，分别得出56个不同游憩机会区域的分值，量化游憩机会的等级，依据其得分确定各游憩机会的类型，并绘制出游憩机会分类图。

5.3.1.4　圆明园游憩机会谱的实践应用

(1)确定适游区域

根据圆明园公园各景观单元的游憩机会谱构成，可以确定一段时期内公园内部园林绿色空间能提供的游憩机会类型，公园管理者在组织或开展各类游憩活动时可根据各区景观单元游憩机会的等级确定场所中适宜开展的活动，从而为公园游人游憩空间组织提供支持，并且公园可根据游憩机会谱序列表或游憩机会分布图确定游憩项目适宜开展的区域或地点。如公园九洲景区草坪地被类景观单元在四月份时多处于"C"级游憩机会，环境对开展的活动类型有一定限制，允许活动的强度可大，但频次不能过多，场所环境质量与同期其他类型景观单元相比相对较差，不适宜休闲类等活动，因此，四月份九洲景区可以开展一些歌咏比赛、群众娱乐等活动，但活动频率不能过高。

与传统的公园设计中功能分区不同，按游憩机会谱确定的公园各游憩功能区是动态变化的，根据各时期机会谱构成的差异会发生相应的调整。因此，圆明园公园的游憩区划只能在一段时间内保持相对稳定，按本研究的结果，每月或每季度都应进行游憩功能分区的实时调整。

(2)推荐适游时段

由于公园绿地生态效益的实时变化会使景观单元的游憩机会序列发生实时性改变，因此，理想的游憩行为应发生在游憩机会谱的适宜范围内。公园可以根据游憩机会谱的月变化、甚至日变化向游憩者提供、推荐适宜活动服务，引导在适宜的时期、适宜时段内到适宜区域参与活动，以获得期望的游憩体验。如圆明园公园曾经推出过"公园健身长走线路"，通过游憩机会谱的分析发现，该线路在春、冬两季清晨和下午时都不适宜，因此在这个时间段可以推荐游人参与其他活动，从而更加合理地利用公园环境。

(3)建议适游对象

根据圆明园公园游憩机会谱的构成及游人在公园内游憩行为与需求特征，

可以很好地将游憩机会序列与游憩主体构成情况进行匹配,从而向不同类型游人推荐适游活动(表5-11)。

表5-11 圆明园公园环境适宜游憩状况(四月)
Tab. 5-11 Recreational activities for different population and zones in Yuanmingyuan garden (in April)

| 人群 | 适游项目 | 时段 | 活动区域 |
| --- | --- | --- | --- |
| 老年人 | 散步,太极拳,赏花观水,欣赏风景,棋牌,歌乐书法,静养 | 7:00~9:00 | 万春园2,长春园5、6,圆明园福海周边(无静养适宜、允许区) |
|  |  | 9:00~15:00 | 各区域均可,圆明园和九州景区尤佳;静养适宜区为长春园4、圆明园8、九州景区13,允许区为圆明园9、15、16 |
|  |  | 15:00~17:00 | 长春园3、4、6,圆明园7、10;圆明园6、10非常适应静养 |
| 青年人 | 散步跑步,球类活动,赏花观水,欣赏风景,参观遗址、展览,划船,野餐,野营,看书,晒太阳,摄影写生,恋人独处 | 7:00~9:00 | 长春园5、6 |
|  |  | 9:00~15:00 | 各区域均可,圆明园和九州景区尤佳 |
|  |  | 15:00~17:00 | 长春园3、4、6,圆明园7、10 |
| 家庭 | 散步跑步,球类活动,赏花观水,欣赏风景,放风筝,划船,野餐,晒太阳,亲子活动 | 7:00~9:00 | 长春园5、6 |
|  |  | 9:00~15:00 | 长春园4,圆明园8,九州景区13 |
|  |  | 15:00~17:00 | 长春园3、4、6,圆明园7、10 |
| 儿童 | 跑步,跳绳、踢毽子,放风筝,野餐 | 7:00~9:00 | 长春园5、6 |
|  |  | 9:00~15:00 | 长春园4,圆明园8、15、16,九州景区13、17 |
|  |  | 15:00~17:00 | 绮春园2,长春园3、4、6,圆明园7、10 |

注:文中数字为景观单元分区编号。

## 5.3.2 圆明园公园游憩环境对游人游憩行为的支持

按照圆明园公园游憩机会谱划分，圆明园公园四个景区可分为56种游憩机会类型，公园各场所游憩机会类型确定的出发点是为了让游人选择到偏好的游憩机会、参与喜欢的游憩活动并从中获取期望的游憩体验，圆明园公园56种游憩机会可提供游人多样化的游憩行为支持。长春园乔草、乔灌草结构类型绿地，绮春园乔灌、乔灌草结构类型绿地和圆明园福海景区近水的乔灌草结构类型绿地为高适宜水平游憩机会区域，能够提供满足观光、休闲、主题类等多样游憩活动的适宜场地；长春园近水乔木林类型绿地、绮春园乔草结构类型绿地和圆明园福海景区的乔灌结构类型绿地为较高适宜水平游憩机会区域，可供游人参与多数运动类、文化类、休闲类游憩活动；长春园近水灌草结构类型绿地、绮春园乔木林类型绿地、圆明园福海景区乔草结构类型、九洲景区近水的乔灌、乔木林结构型绿地多属于中度适宜水平游憩机会区域，可为文化瞻观、健走、亲子游憩等活动提供适宜的绿色空间；长春园草地类型绿地、绮春园灌草、近水灌木林结构类型绿地、圆明园福海景区近水灌草结构类型绿地、九洲景区灌木结构类型绿地多属较低适宜水平游憩机会，可开展一些观光、休闲类活动游憩活动，公园中其他地域的绿色空间多属低适宜水平游憩机会区域，适合个人、成组或家庭为单位的小众游人开展一些休闲类游憩活动。

圆明园公园绿地空间五类游憩机会序列的定性，从环境对游憩行为的适宜、承受等维度确立了游憩体验受到公园环境质量的影响和支持的程度，为公园使用者提供了多样的游憩机会选择途径，使公园的场所属性与职能得以明确，有利于公园对活动项目的组织和游人行为的引导。当前圆明园发生的散步通行、健走跑步、球类活动、剑拳健身、舞蹈体操、赏花观水、欣赏风景、遗址瞻观、参观展览、放风筝、溜鸟、划船或嬉冰、野餐、野营、棋牌、读书、交友、书法歌乐、静养、摄影写生、亲子活动等主要活动均可以在公园内部对应到适宜的机会区域。可将各种场所类型的环境特征、资源特点采用一定的形式进行展示，激发圆明园公园游人选择偏好的环境参与活动。当进入公园的游人能通过一定的解说媒介提前了解、认识各个场所的游憩机会类型及适宜开展的活动，游人的游憩行为将由盲目的"自组织"，变成有目的的"被组织"，活动体验的机会可以供游人有目标的选择，公园的游憩活动将变得可选择、有理性、可持续，游人的满意水平也会自然得到提升。

现以长春园蔷园遗址景点为例，论述一下游憩机会谱对游憩行为的支持。蔷园遗址位于长春园西南角，现为乔草型绿地结构、乔木多是以纪念林形式栽植的国槐,二月兰为主的地被草地,景点中残留一处基础遗迹、一处断碑,设有分类垃圾箱,座椅一处。在4月份时日平均菌环境情况:细菌481CFU/$m^3$、真菌8CFU/$m^3$,为清洁;声环境情况:49dB,较安静;空气中尘含量为0.14mg/$m^3$,轻度污染;空气负离子含量460Ions/$cm^3$,较清洁,温湿指数为17.1,环境舒适。按照景观单元游憩机会评分模型计算为67分,为中等适宜水平游憩机会区。由4月份圆明园公园蔷园游憩机会谱构成情况来看,景点环境支持剑拳健身、欣赏风景、遗址瞻观、摄影写生等游憩行为,不支持静养、看书、交友、亲子游戏等游憩活动。

研究也发现,目前公园一些高密度游人活动区域可能是较低水平或低适宜水平的游憩机会区,因此有必要对这些场所开展的一些活动进行空间上的合理疏导。

### 5.3.3 游憩机会谱与游客游憩心理期望的比较分析

(1)圆明园公园游憩现状特征

游客问卷调查的结果显示,在游憩线路方面有84.6%的游客没有固定的游憩线路,但有91.4%期望公园推荐游览线路。在游憩活动方面,游客比较偏好的活动前5位的是:散步84.6%、赏景踏青73.5%、在长椅或草坪上晒太阳等静养活动47.7%、摄影写生39.6%、文化瞻观36.7%,游人偏好的活动类型较为集中,与行为观察得到的游人实际活动类型相比,除摄影写生、文化瞻观两类活动比例与游客偏好相差不多,其他活动实际发生比例显著低于偏好率。在游客满意度方面,调查采用李克特五点量表赋分形式就公园小气候适游程度、垃圾桶和厕所数量、环境噪声程度、商服设施与质量、游憩设施质量、游览路径合理性、游憩项目丰富度、休息设施数量和位置、风景与植被状况、历史人文景观状况、工作人员服务态度、休闲目的实现机会等方面对公园游人($N=2268$)进行了调查,以满意程度1~5分值分别代表"非常不满意"至"非常满意",如图5-2所示,公园环境总体满意度才3.36,也就是有近三分之一的游人对圆明园公园的游憩体验感到不满意。

(2)公园"游憩机会差"的改善

前文分析已知,圆明园公园全年各月虽然机会谱构成有差异,但对游憩行为的支持还是比较广泛的,当前开展的散步通行、健走跑步、剑拳健身、舞蹈体操、欣赏风景、遗址瞻观、参观展览、静养、摄影写生、亲子活动等主要活动在公园内都能找到与活动相适宜的空间,但从问卷调研结果来看,游人期望体验的活动与游憩机会还存在一定的差异。这里把游人期望的游憩机会与公园理想的游憩机会之间的差异称为"游憩机会差",游憩机会差的存

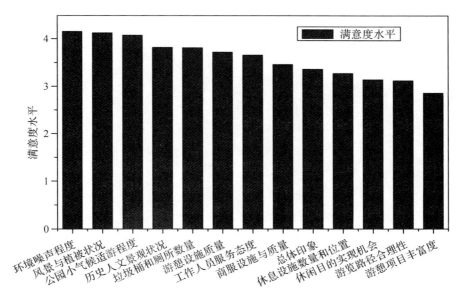

图 5-2　圆明园公园游憩体验满意度情况

Fig. 5-2　The satisfaction of visitors' recreation experience in Yuanmingyuan garden

在表明公园在游憩项目组织与规划管理方面还有改进的余地。圆明园公园散步、健走、赏景等活动的需求量大于公园在这方面可提供的机会场所，而在亲子活动、剑拳健身、舞蹈体操、赏花观水、划船或嬉冰、野餐、棋牌、读书、交友等活动机会方面，游人的需求量远远小于公园提供的机会。由于散步、健走、赏景等行为多是发生在公园的园路场所，而圆明园公园目前开放的园区中园路多按原来园林格局布置，所以路径数量少于游客期望数量，一边是路上游人拥挤，另一边则是景点内游人罕至。一方面圆明园公园应通过西北区、东北区和东区加大遗址恢复力度，增加开放空间和园路长度与数量，另一方面，还应在园路沿途加强公园内部景景之间交通引导，适当增加可进入空间，方便游人实现运动休闲的目标。

## 5.3.4　游憩机会谱理想状态与公园利用现实的比较

从游憩者行为观察与问卷调查的结果来看，圆明园公园参与人数最多的五种游憩活动有 37.4% 发生在低水平适宜活动区域，为提升公园的管理水平，更好地开展适宜的相关游憩活动，有必要将对游憩机会谱可能提供的理想状态与现实情况进行对比，从而有针对性地找出发展问题。表 5-12 反映了按照城市公园游憩机会谱的九项一级指标逐项比较结果，据此总结分析公园存在的问题并指出改进意见。

表 5-12　圆明园公园游憩机会谱理想与现实状况比较
Tab. 5-12　Comparative analysis of ideal condition and reality of ROS in Yuanmingyuan garden

| 景观单元 | 一级指标 | 应有状况 | 现实状况 |
| --- | --- | --- | --- |
| 绮春园景区 | 自然环境游憩适宜度 | 较好 | 较好 |
|  | 人文环境游憩适宜度 | 较好 | 较好 |
|  | 景观美感质量 | 好 | 好 |
|  | 游憩活动类型 | 较丰富 | 丰富 |
|  | 游憩活动频次 | 较高 | 高 |
|  | 游憩活动强度 | 高 | 高 |
|  | 环境卫生管理 | 较好 | 好 |
|  | 遗产与自然资源保护 | 较好 | 较好 |
|  | 解说与教育 | 好 | 好 |
| 长春园景区 | 自然环境游憩适宜度 | 好 | 较好 |
|  | 人文环境游憩适宜度 | 较好 | 一般 |
|  | 景观美感质量 | 好 | 较好 |
|  | 游憩活动类型 | 丰富 | 较丰富 |
|  | 游憩活动频次 | 高 | 较高 |
|  | 游憩活动强度 | 较高 | 高 |
|  | 环境卫生管理 | 较好 | 较好 |
|  | 遗产与自然资源保护 | 较好 | 一般 |
|  | 解说与教育 | 好 | 较好 |
| 圆明园福海景区 | 自然环境游憩适宜度 | 好 | 好 |
|  | 人文环境游憩适宜度 | 较好 | 一般 |
|  | 景观美感质量 | 较好 | 较好 |
|  | 游憩活动类型 | 较丰富 | 较丰富 |
|  | 游憩活动频次 | 高 | 较高 |
|  | 游憩活动强度 | 较高 | 高 |
|  | 环境卫生管理 | 好 | 较好 |
|  | 遗产与自然资源保护 | 好 | 较好 |
|  | 解说与教育 | 好 | 一般 |

(续)

| 景观单元 | 一级指标 | 应有状况 | 现实状况 |
|---|---|---|---|
| 圆明园九洲景区 | 自然环境游憩适宜度 | 较好 | 较好 |
|  | 人文环境游憩适宜度 | 较好 | 一般 |
|  | 景观美感质量 | 较好 | 一般 |
|  | 游憩活动类型 | 丰富 | 一般 |
|  | 游憩活动频次 | 较高 | 一般 |
|  | 游憩活动强度 | 较高 | 一般 |
|  | 环境卫生管理 | 较好 | 一般 |
|  | 遗产与自然资源保护 | 较好 | 较好 |
|  | 解说与教育 | 较好 | 一般 |

通过对比圆明园公园4大景区的游憩机会谱理想状态与公园现存状况，两者之间还是存在程度不一的差异。绮春园景区在游憩活动强度方面，公园开展的活动略超出其环境承载水平，主要体现在作为公园的主出入口，游人密度高、开展的活动种类较多所致，应加强游览组织，加强东南、西南门的进入路径引导，合理对游人进行游览空间错时分流；长春园景区主要存在游人活动密度不均衡、东部遗址区整理工作尚不到位、部分区域植物种类有待进一步调整、解说系统还需完善等问题；福海景区的差异主要表现为部分景点游人密度高、游人行为对环境有一定的干扰、厕所等卫生服务设施数量不足等；九洲景区相差程度略高，一方面是景区因复建时间短植物未达盛景时期状态，还与公园管理措施不完备有关。

尽管圆明园公园是国家AAAA级旅游景区，在管理水准相对北京地区一般的城市公园处于较高的水平，但其部分场所的管理工作还存在进一步提升的必要。问卷调查结果显示，目前游人意见主要集中在门票价格、开放时间、厕所、休憩设施（座椅）、内部餐饮价格、指引牌、公园水质等方面，游客期望采取的措施有：减免门票；开放时间因时节作调整，夏季延长开放时间；多建厕所，配备卫生纸；多建休憩设施，尤其是环湖座椅；降低内部餐饮价格；增加路标、解说等指引牌，给不同人群设计不同的游览线路；进一步改善公园水面水质。有些游人要求因公园性质和资源条件限制尚不能完全满足，但对公园环境卫生与休憩设施的改善等既是公园游憩机会谱的理想要求，也是现实中公园可以通过努力做到的。

### 5.3.5 圆明园公园游憩功能区划与游憩行为引导

(1) 游憩功能分区

根据构建的圆明园公园 ROS 谱系，对游憩机会中的一级因子做出分析，结合公园内景区景点的环境，可绘制出各月份游憩功能分区图（如图 5-3 所示）。公园的"游憩功能分区图"能够体现公园游憩机会谱的使用价值，可以凭此对游人有针对性、有效地进行行为引导，同时提高资源保护水平和游人游憩体验满意度。如以每月门票附属游览图形式印刷，可便于游人参与适宜的游憩体验。

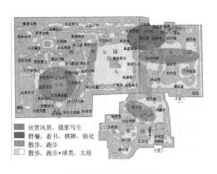
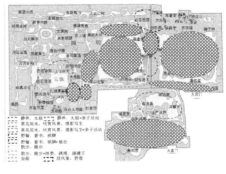

三月份游憩功能区划　　　　　　四月份游憩功能区划

**图 5-3　基于游憩机会谱的游憩功能分区**
**Fig. 5-3　Recreational division based on ROS**

(2) 游憩行为引导

依据公园游憩功能区划图，游人可以寻找到自己期望体验的活动机会区域，并根据该区域的机会等级了解到该区域的机会序列，从中了解游憩活动项目和资源使用要求，从而更加理性地在公园进行游览活动。公园管理者也可通过游人规模、活动强度的现实状况，对游人进行必要的组织与分流，可以保证游憩活动类型、频率、强度都控制在具体场所环境可承载的范围内。

## 5.4　本章研究结论与讨论

### 5.4.1　本章研究结论

(1) 城市公园游憩机会谱可由城市公园物理环境质量因子、游憩活动质量因子和管理条件与水平因子三项指标及其细分的三级因子构成。本研究在此

## 5 圆明园公园游憩机会谱(ROS)构建

基础上提出了"九标五类"法来确定城市公园游憩场所游憩机会谱,此方法采用了"自然环境游憩适宜度、人文环境游憩适宜度、景观美感质量、游憩活动类型、游憩活动频次、活动频次强度、环境卫生管理、遗产与自然资源保护、解说与教育"9项指标,从环境对活动的支持程度角度划分出五类游憩空间,这五类游憩场所的级别分别是高适宜水平游憩机会、较高适宜水平游憩机会、中度适宜水平游憩机会、较低适宜水平游憩机会和低适宜水平游憩机会。

此"九标五类"法与其他类型场所游憩机会谱确定的方法不同之处在于,它从"游憩活动是否与游憩环境相适宜"角度来考虑公园游憩场所对游人游憩行为的支持程度,将游人的游憩行为特征与场所空间环境特征相匹配,重点比较环境质量与绿色空间构成的差异,相比其他主要从立地类型角度划分游憩场所提供的游憩机会谱系的方法,更适合城市公园游憩机会谱的确定。

(2)城市公园游憩机会谱是随时间变化而发生改变的,城市公园自然环境质量因子的变动是城市公园游憩机会谱动态性变化的主因。由于城市公园植物生长随季节改变发生规律性的生理周期性变化,导致了城市公园绿色空间的环境条件与质量发生改变。建设与管理相对成熟的城市公园在其他条件变化不大的情况下,仅仅考察游憩场所自然环境质量的变化状况就可以评判该场所游憩机会类型的变化,从而开展相适宜的游憩活动,使游人游憩行为得到环境的最大量、最合理的支持。

(3)本研究建立了城市公园景观单元游憩机会等级评估模型。通过对评价因子的专家赋值、采用游憩机会等级模型计算,可以快速地鉴别景观单元游憩机会的类型,有助于公园管理者、规划者对公园景观单元基址条件的判断。

(4)城市公园游憩机会谱适用作为城市公园的管理框架(managing framework)。一方面城市公园游憩机会谱可以作为公园的规划框架,用于公园的游憩功能分区,另一方面也适合对公园开展的游憩活动进行组织,引导游人在适宜区域参与游憩活动。

(5)城市公园游憩机会谱是城市公园游憩环境与游憩行为匹配的桥梁。游憩行为是游憩体验需求的外在表现,它在一定的空间和场所发生,需要场所环境的支持,游憩机会谱的价值在于体现城市公园环境对游憩行为的支持力度。

(6)采用"九标五类"法划分了56个圆明园公园游憩机会谱,表明公园在理想与现实状态之间还存在一定的差异,部分景区还有进一步提升环境质量与管理水平的空间;通过公园游憩机会谱与游人游憩期望值相比较,公园应加强活动的组织和行为引导,可以进一步提升游人的游憩体验质量。

### 5.4.2 本章研究讨论

(1) 城市公园游憩机会谱是建立在对公园环境质量差异分析基础上的，是对公园场所空间构成条件的全面认识。传统的游憩地规划与设计多从资源角度出发，强调根据场所的游憩资源利用条件来规划和开发游憩项目，设计游览空间，以游憩产品来组织市场。这种以资源为导向的游憩地开发方法，侧重于对场所物理空间的利用，难免会忽视游客的游憩行为与游憩环境的关系，规划师凭主观判断设计的游憩空间与游憩活动未必是最适宜的场所和最令游憩者满意的项目。而游憩机会谱对城市公园场所的分析是以环境与行为的关系认知入手的，分析场所的整体环境（包括自然与人文资源、可开展的活动、管理的水平等）对潜在开展的游憩行为的支持程度，从而确定该场所的使用方向与强度。城市公园游憩机会谱的建立，是城市公园游憩规划思路与框架的确定过程，通过详细调查分析城市公园场所的地段性环境差异，确定场所游憩机会谱的类型，以此为前提研究活动、设施、管理，从而可以形成严谨的规划与设计方案。

(2) 应用游憩机会指导公园的管理应是一个动态的过程，城市公园作为城市居民日常生活的重要休闲游憩场所具有活动多样、管理复杂的特征，尤其是公园绿地环境会有地段性和季节性，因此公园的管理与游憩活动组织应适应这一特点，建立基于环境变化而发生的管理行为，能够有效提高使用者游憩体验质量，保护和利用好公园的自然与人文资源。

本研究以寻求解决城市公园环境中如何开展适宜活动与相应管理的问题为出发点，尝试把国外游憩机会谱理论应用于圆明园公园案例研究中，在详细的调查分析公园场所物理环境、游憩活动与管理条件后发现，建设与管理相对成熟的城市公园中，仅物理环境因素中的自然环境会发生地段性、规律性的改变，其他因素的改变量相对较小，因此可以从公园环境的地段与季节差异入手合理地调整环境、活动、管理的之间的互动关系，进而提升公园的管理水平和使用者的满意度。因此在一定程度上来说，游憩机会谱是一个成熟的城市公园的管理利器。研究也表明，圆明园公园作为一个建设期近30年、管理水平相对较高的城市公园，游憩机会谱理论在其公园活动组织、游人引导方面能够发挥较好的作用。

(3) 城市公园游憩机会谱除了在游憩活动项目设置和游人游憩组织等方面应用外，还可在公园游憩环境承载力、游憩场所利用水平评估等方面发挥作用。游憩机会谱构建的核心是体现游憩环境对游憩行为的整体支持力度，强调环境对行为的包容，因此可以用于公园环境承载力方面的探索。在实际的公园管理中通过建立城市公园游憩机会分级分类，可以清楚地展现公园游憩活动频率与强度的时空分布，准确地对游憩场地提供的特定游憩机会进行时时评估，进而可以采取相应的管理措施合理优化游憩机会的空间配置。

（4）本研究所提出的城市公园景观单元游憩机会等级模型在应用上还可能因景观单元类型划分标准的不同而适用于不同的类型环境区域。在以圆明园公园为对象的研究中，对景观单元的划分是以绿地植物群落构成类型为标准划分的立地区域，适用于圆明园公园这种植物种类多样、群落结构复杂的绿色空间划分，对于绿地结构较单一的城市公园或其他游憩区，也可采取立地类型、景点构成等分类标准区分景观单元，对其确立的景观单元也适用城市公园景观单元游憩机会等级模型。但应当注意的是，由于城市公园的建设情况从基址到资源均不可能完全一致，因此城市公园游憩机会等级模型在实际使用时，应根据各城市公园的实际游憩活动发生的情况进行校正，从而得到公园适用的游憩机会类型与谱系。

# 6

# 城市公园"游憩前线"系统建设

## 6.1 "游憩前线"系统的内涵

### 6.1.1 "游憩前线"的概念

(1)"游憩前线"的内涵

游憩预报是将游憩目的地存在及可能提供的游憩机会及状态向现实和潜在游憩者发布的一种预前信息告知行为。游憩预报涵盖了游憩目的地游憩机会的分析、发现、判断、动态变化的监测以及采取通畅的途径提前告知使用者的全过程。本研究所指的"游憩前线"(front of recreation)是对一定时期的游憩目的地环境的现状进行时空多维连续、动态监测、分析与评价,确定内部场所游憩机会变化的趋势、速度以及这些机会的最佳利用时间变化区段等,并将实时的机会信息借助一定媒介及时向游憩场所使用者发布并对游憩行为做出相应指导的程序。"游憩前线"是一种游憩预报程序,是对游憩行为的一种引导体系。

"前线"(front)这个词并不是本研究的"独创",日本很早就有预报观光樱花花期的"樱花前线"。日本的樱花通常在每年三四月份从南到北逐渐地开放,每当樱花开放的时期从报纸到电视几乎所有的媒体都开始报道各地樱花开放的时间,以引导游人前往观赏,这就是世界闻名的"樱花前线"。假设各游憩场所能够清楚地认知自身的环境与资源条件及能够向游人提供的游憩机会,而且社会公众也期望能通过一定途径了解游憩场所的功能和活动项目,那么游憩场所的活动预报就有必要存在并能发挥引导游人、合理分流、缓解游憩"热点"区域压力的作用。

"游憩前线"通过便利的信息发布渠道,对游憩地一定时间段内、一定区域内的适宜的游憩机会动向进行预测和引导,使游憩效果达到最佳。这里的游憩效果包括游憩者的游憩体验质量、游憩地环境管理状态和游憩场所的环境、社会与经济收益。"游憩前线"以游憩体验者为中心,借助一定的信息平台作媒介,让体验者可以很方便地获取与游憩地有关的游憩机会信息,并为其提供从出行前游憩动机激发到在游憩地寻找到适宜的游憩机会并获得满意游憩体验的全方位信息服务。随着当代社会信息技术的快速发展,许多游憩机会提供者(包括政府、企业)都在积极提升游憩地或场所服务的自动化和智能化水平,"游憩前线"概念的提出契合时代发展要求。

(2)"游憩前线"系统

"游憩前线"系统保证游憩场所从游憩机会识别到发布的全部支持因素的总和,是"游憩前线"运行的平台。"游憩前线"系统是一个复杂的多因素系统,是为了保障游憩机会预报工作顺利进行并在发展过程中监测机会变化情况以引导游人参与适宜的游憩活动而建立的资源管理和游憩服务系统。该系统是一种游憩机会揭示并预报的信息服务平台,通过这一服务平台,游人在出游前充分了解到游憩目的地提供的游憩机会类型与开展的活动项目,在游憩体验中通过各类智能终端享受游憩机会提供者的智能化导览服务和及时的游憩参与项目意见参考,并能将游憩体验意见及时反馈相关管理部门,以使管理者能随时对游憩场所的游憩机会状态做出修正。

随着大众休闲时代的到来,公众对游憩场所提供休闲公共服务的要求也迅速提高。当前,在游憩体验者中,相比有组织的团队游客,自助游人数量比例增加明显,据报道称自助散客占旅游出行游人的 85% 以上(金卫东,2012)。社会公众的游憩需求具有量大面广、类型多样、个性化定制等特征,传统的导游讲解服务模式不可能面对并满足游憩者海量的个性化游憩需求。因此,准确地识别决断场所能提供的游憩机会类型并及时让公众知晓,并在游憩体验过程中依靠现代技术手段对游人提供游憩公共服务,是一项必要的工作。"游憩前线"系统的建立将是一次"休闲的革命",依赖这一系统,广大民众能够获得"各取所需"的游憩机会服务,这是构建现代化社会公共服务体系的主要内容之一,也是各类游憩机会提供者把自身培育成为体验者满意、经营者受益、管理者方便的现代化游憩机会制造者的必然选择。

## 6.1.2 "游憩前线"系统运行模式

"游憩前线"系统的主要功能是分析与预报,分析是建立在游憩地环境游憩适宜性监测与评价的基础上提出适宜游憩机会谱的过程,预报是接收游憩机会信息并向游憩者发布信息的过程,环境质量监测与信息发布平台共同构

## 6 城市公园"游憩前线"系统建设

成了"游憩前线"系统。"游憩前线"系统通过对游憩目的地环境质量与变化发展态势进行监测与评估,提出适宜的场所游憩机会谱并通过信息平台进行发布,激发和引导游人顺利而快乐地参与游憩活动。因此,"游憩前线"系统同时具有监测、评价、预报和引导功能,是对游憩环境质量实施监测、识别和推介的一种手段,目的在于将游憩场所宜游的状态和场所提供的游憩机会变化趋势告知公众,保证游人获得可靠的信息导引,顺利地实现游憩体验目的。

"游憩前线"系统的运行过程包括监测游憩环境质量、判别游憩机会、预报适宜活动和区域、引导游人参与游憩活动四个阶段(如图6-1所示)。明确游憩环境质量是游憩信息发布与预报的基础,分析、判别游憩机会是对环境宜游因素的综合评价与分级、分类,预报活动和区域则是将适宜的游宜机会推介给公众,科学合理地引导、组织游人参与体验游憩活动"游憩前线"系统构建的主要目标。就游憩者的游憩过程而言,"游憩前线"系统可以让游人在出行前全面了解游憩相关信息,在游憩中动态地了解信息并获得帮助,游憩活动结束后通过该系统进行有效的信息反馈。游客在游憩信息获取、出行决策、享受服务和意见反馈等游憩活动进行的整个过程中都能感受到"游憩前线"系统带来的全新服务体验。

在"游憩前线"系统中,游憩地环境游憩适宜性作为重要指标被实时监测,对环境适宜性变化情况进行准确评判,并实时发布游憩信息。"游憩前线"系统的建成,使城市居民的闲暇游憩变得"可订制"和"可互动",这将改变游人的行为模式、场所的运营模式和管理机构的管理模式,从而逐步优化整个城市游憩大系统。

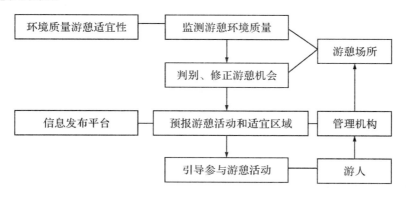

图6-1 "游憩前线"系统运行机制

Fig. 6-1 Operating mechanism of front of recreation system

## 6.2 "游憩前线"系统建设目的与必要性

### 6.2.1 "游憩前线"系统建设的目的与目标

(1)"游憩前线"系统建设目的

将游憩机会作为信息及时、准确地传递给游人以引导游人获得满意的游憩体验是"游憩前线"系统建设的初衷。当游憩目的地面对海量的游憩需求时,及时将场所提供的游憩机会与游憩需求对接、匹配,是实现高质量游憩体验的前提。"游憩前线"系统通过信息服务平台,借助"线上服务"优势,能把游憩机会信息及时告知公众,激发潜在游人的兴趣与动机,保障游人的游憩质量,提升游憩地管理与服务效率。

"游憩前线"系统建设主要针对游憩者对游憩地时空信息不对称问题,构筑信息平台并提供智能服务,消除游人在获取游憩信息方面的障碍,从而有效提升游憩场所的综合服务水平。"游憩前线"系统主要服务于游客的出行决策、参与活动方式、游憩行为引导等方面,帮助游人获得愉悦的游憩经历和满意的游憩体验。

(2)"游憩前线"系统建设目标

"游憩前线"系统具有维护游人、管理者、游憩地三者权益的作用。"游憩前线"系统的建立,是游人游憩环境知情权的体现,游人传统的游憩信息获取方式主要通过第三方,难以保证信息的时效和质量,在这种信息不对称的情况下,游人做出的游憩决策可能是不合理的。再者,"游憩前线"系统可直接获得游人对游憩场所的反馈意见,便于管理者及时修正场所游憩机会谱特征,保证游憩活动的正常开展。最后,"游憩前线"系统能促进游憩目的地或场所的可持续发展,通过合理引导游人,可以保障游憩资源利用的公平性和可持续性。所以,"游憩前线"系统建设核心目标是监测游憩环境、合理使用资源,向游人提供便捷、高质的体验机会,促进游憩场所管理水平与资源效益的提升。

### 6.2.2 "游憩前线"系统建设的必要性

#### 6.2.2.1 智慧旅游业态发展要求

IBM 公司于 2008 年首次提出建设"智慧地球"概念,其主要思想是把信息技术充分运用在各行各业之中,通过"云计算"将"物联网"整合以便全人类能以更加精细和动态的方式管理生产和生活,从而达到全球"智慧"状态。智慧旅游是以这种思想为指导,将旅游物理资源和信息技术高度整合从而服务于社会公众的旅游形态(裴盈盈,袁国宏,2012)。2005年美国科罗拉多州"蒸汽船"(steamboat)滑雪场推出可实时监测游客位置、推荐滑雪路线的游客定位反馈系统——"Mountain Watch",开了世界智慧旅游发展先河,2012年英国伦敦在奥运会前推出了基于3G通信系统的"伦敦智能导游系统",韩国也在同年推出"I Tour Seoul"智慧旅游系统让自助游客通过手机进行旅游咨询和订制个性旅游产品(颜敏,2012)。意大利比萨斜塔景区提前12小时进行游览人数、交通状况及景区接待饱和量的预报以避免游人在当地游憩活动的盲目性。

智慧旅游不仅是国外行业关注的热点,在国内也引起行业和学术界的重视。2009年国务院《关于加快发展旅游业的意见》中明确提出应建立健全旅游信息服务平台;2010年江苏省镇江市提出智慧旅游发展专项规划;2012年北京市发布了《智慧北京行动纲要》,开展智慧旅游城市建设(朱娜,卡茜燕,2012)。智慧旅游在国内发展态势如火如荼,许多省市的"十二五"发展规划都把它作为重要内容列入其中(裴盈盈,袁国宏,2012)。同时,一些学者也开始把研究目光转向这一新的研究领域(金卫东,2012;张凌云等,2012;朱珠等,2011)。

"游憩前线"系统建设符合智慧旅游的行业发展要求,它通过信息平台发布游憩目的地的游憩机会信息,为游人提供全方位、高质量的游憩咨询与引导服务,创新了当前旅游行业的公共服务模式,对旅游业实现"资源多样化、服务便利化、管理精细化"的目标有积极的促进作用。

#### 6.2.2.2 游憩场所建设与游人需求满足

(1)游憩场所建设的要求

随着休闲时代的到来,旅游地的"冷热点"现象越发突出,许多城市的游憩场所或知名旅游景区总能见到人满为患、交通拥挤、设施损坏、环境恶化等现象,另外还有一些"冷点"游憩场所因资源与环境不为人知,到访者较少。有必要通过"游憩前线"系统对游人的行为加以引导,这对于游憩地的健康发展很有必要。游憩目的地如能对自身资源与环境条件进行全面、透彻的分析,可以有效地提出游憩机会谱构成方案,这时再通过智能网络将游憩机会信息及时予以发布,不仅能有效利用资源和保护游憩环境,还能提高公共游憩服务质量,实现游憩场所环境、社会和经济效益的全面提升。

(2)游憩者的现实需求

当前,游人参与游憩体验的需求越来越具有个性化、多样化的变化趋势,而且在信息时代微博、社交网络、智能终端设备已越来越多地应用于社会公众的生活，人们在搜索、获取游憩信息方面也有越来越多的便利条件。"游憩前线"系统正基于这一社会背景而发展，通过该系统游人可以方便地订制偏好的游憩产品，并能将自身需求与游憩场所机会主动对接，从而在适宜到达的空间范围内通过信息平台筛选到符合自身偏好和需求的游憩机会信息（李仁杰，路紫，2011）。当目的地游憩机会谱发生动态变化时，"游憩前线"系统能及时向游人推介实时适宜机会，使游人能准确把握目的地的游憩机会状态。"游憩前线"系统是一个具有人性化特征的系统，它可以根据游憩者兴趣爱好提供订制的场景式游憩信息服务，可以显著提高游人游憩体验的满意度（金江军，2012）。

## 6.3 城市公园"游憩前线"系统建设内容

### 6.3.1 城市公园"游憩前线"系统构成框架

"游憩前线"系统具有监测、评价、预报和引导四方面的职能，它至少应包括如下组成部分：

（1）游憩场所环境质量游憩适宜性动态监测

通过制定一整套城市公园游憩环境质量监测指标，敏感地反映城市公园游憩场所自然、人文和社会环境因素游憩适宜程度的动态变化及其出现的异常情况，并准确辨别这些情况对场所能够提供的游憩机会谱构成的影响。

（2）游憩场所游憩机会谱（ROS）构成分析

对城市公园游憩场所能提供的游憩机会谱系进行梳理并分级、分类，并能根据自然、社会、文化因素的改变及游人意见反馈及时修正游憩机会谱。

（3）游憩场所提供的游憩机会实时预报

通过合理的媒介安排作为信息发布平台，将城市公园的游憩机会信息、活动项目设置等内容及时传递给到访和潜在的游人。

（4）游憩行为引导系统

借助微博、微信、自助导游等信息技术服务，将城市公园游憩场所适宜开展的活动时空信息传递给游人持有的手机、Ipad 等智能终端设备，从而实现对游人行为的合理引导，游憩活动组织形式由盲目的感性活动变成有目的的理性行为。

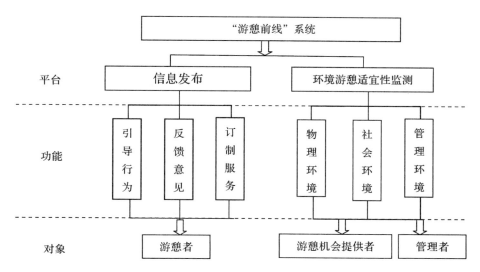

图 6-2 "旅游前线"系统构成框架

Fig. 6-2 The framework of front of recreation system

如图 6-2 所示,"游憩前线"系统在服务的对象、系统的功能和依托平台这三个层次上构成系统框架体系。服务的对象是指"游憩前线"系统的使用者,是系统建设与利用的主体;系统的功能是指"游憩前线"系统所具有的能力,上文所述的四个组成部分直接反映了系统在分析与发布两方面所表现出的功能;依托平台是指"游憩前线"系统建设所依赖的物质基础条件。这三个方面简要描述了"游憩前线"系统在组成、功能、应用范围、服务对象等方面的特征。

### 6.3.2 城市公园"游憩前线"指标体系构成

"游憩前线"指标体系是指通过"游憩前线"系统信息发布平台向社会公众告知的内容,是直观评价和判断游憩场所宜游程度的依据和标准,也是表征场所游憩特质的重要标志。"游憩前线"系统功能发挥的有效性取决于"游憩前线"指标体系的选取是否恰当,为了准确地测度游憩场所游憩适宜程度和游憩机会谱的序列构成,需要从大量的环境指示因子中筛选各种典型指标。从一定程度讲,"游憩前线"系统在实践中效果好坏不仅在于平台建设与环境监测的准确程度,而且依赖于一个合理的公开发布的指标体系的科学性、合理性。

#### 6.3.2.1 城市公园"游憩前线"指标分类

城市公园"游憩前线"指标体系是由一系列反映城市公园整体游憩环境各个方面及其之间复杂联系的各种游憩环境的构成指标。

通过对城市公园游憩场所提供的游憩机会构成进行分析,可把城市公园的"游憩前线"指标体系划分为物理因素、社会因素和管理因素三个类别，通过这三个层面重要指标值来直观反映城市公园游憩适宜程度和能提供的游憩机会类型。指标体系不是各项环境指标的堆积，而是各指标中具有代表性、更为游人认识程度所接受的指标组合。至于具体选择哪些指标作为某一场所的"游憩前线"表征指标，还视该场所的实际情况、旅游资源特殊性、场所的类型属性等情况而定。

6.2.3.2　城市公园"游憩前线"指标的选取原则

"游憩前线"指标的选择是指寻找与游憩场所游憩适宜性和提供的游憩机会谱构成相关的主要因素，在分析各因素与游憩活动关系的基础上，寻找出既能表征环境特征，又有吸引力能激发游憩动机的典型因素，如美景指数、负离子指数等，既让游人能直观理解、比较，又能产生游憩吸引力。"游憩前线"指标的选择应该遵循以下原则：

（1）科学性

城市公园"游憩前线"指标体系一定要建立在科学分析的基础上，选择的指标能客观、真实地反映城市公园的环境与资源状态，能够准确评判场所游憩机会的类型。同时，指标的概念范畴应清楚明确，监测方法要符合标准，分析计量方法要规范。

（2）典型性

城市公园"游憩前线"指标体系构成较复杂，具体会涉及到游憩环境、游憩活动、管理行为等很多方面，这要求指标体系的覆盖面要广，能全面地反映城市公园游憩场所各个方面情况，同时又应有代表性，能代表并反映要素质与量的特征。

（3）动态性

城市公园"游憩前线"的构成状况会因环境因素的改变而发生较大的弹性变动，因此指标应能及时根据指标动态变化直观反映城市公园游憩环境变化的情况。

（4）可操作性

城市公园"游憩前线"指标体系应既能全面反映城市公园所涉及的资源、空间、设施、管理等整体环境的各种内涵，又要尽可能地利用现有的统计资料或很便捷地采用科学实验方法获得数据，指标要尽可能量化，具有可比性。

6.2.3.3　城市公园"游憩前线"指标体系构建

本研究在城市公园"游憩前线"指标体系的构建方面广泛分析研究了国内外旅游地环境质量构成与评价的各类指标体系方案，参照城市公园游憩机会谱系构建指标体系的方法，建立了城市公园"游憩前线"指标体系，分为目标层、领域层、要素层和指标层四个层次(如表6-1所示)。

表6-1 "游憩前线"指标体系构成
Tab. 6-1 Index system for front of recreation

| 目标层 | 领域层 | 要素层 | 指标层 |
| --- | --- | --- | --- |
| "游憩前线"信息发布内容 | 物理层面 | 场所环境质量 | 小气候舒适度、空气微生物水平、空气负离子水平、声环境质量、空气清洁度、适宜游憩区域、美景度 |
| | | 自然资源质量 | 植物(花期、叶季)、水体、山形 |
| | | 人文资源质量 | 建筑、小品、园路、遗址、文化意境 |
| | 社会层面 | 游憩活动 | 活动类型、项目内容、适宜人群、适游区域、进行中的节事等 |
| | 管理层面 | 管理水平 | 服务设施提供类型与数量等 |

这里有必要对指标层的构建加以说明,由于指标是指标体系中的最基本层次,最能直观反映城市公园要素的特征。"游憩前线"所选择的指标包含"游憩前线"信息发布内容涉及的所有指标。这些指标多数可量化统计,定性的指标也能以级别或类别形式加以比较,这些指标具有系统性特征,能够支持上一级目标层的性质判断,同时也具有便捷性特征,多数指标值可通过实验方法获取。当然由于其他游憩地类型的差异,在具体指标使用时,可根据目的地特征进行适当增减。

## 6.4 城市公园游憩机会谱对城市公园"游憩前线"系统的支持

通过比较城市公园游憩机会谱的构成与"游憩前线"系统的构成不难发现,"游憩前线"系统的建设正是以城市公园游憩机会谱分析为基础的,通过信息平台将公园的游憩机会信息向公众告知。"游憩前线"系统是向社会公众提供游憩信息,帮助游憩者洞悉公园可用的游憩机会的途径,游憩机会谱的分析是建立在专家特长、专业技术角度的游憩环境认知,它不易直接被公众所理解和接受,但通过"游憩前线"公众可直观了解并比较各种不同场所提供游憩机会的信息,因此在一定程度上说,"游憩前线"是游憩机会谱的通俗化、描述化、数量化特征的再现。

城市公园有责任和义务为城市居民提供户外游憩的机会，因此研究城市公园游憩机会谱是一项有实践意义的工作，游憩机会谱建立过程中主要以技术为手段，真实、客观、精确地对环境要素进行描述或测量，从物理、社会和管理三个因素互相作用层面判断公园环境对游憩行为的支持和允许程度。客观地说，游憩机会谱信息更适合专业化的环境认知，而"游憩前线"系统不同，它更侧重于游人对游憩环境的理解，它把机会谱翻译成社会公众喜闻乐见的指标，"游憩前线"是公众理解游憩机会谱的桥梁。机会谱是客观、专业地对游憩场所分类、分级，它包含的信息量非常丰富，既能反映环境特征，又能体现游憩需求、行为支持特征，海量的信息不易为游人所接受，所以从供给角度看，管理者更乐意向游人介绍"游憩前线"。

## 6.5 城市公园"游憩前线"系统应用意义与价值

城市公园"游憩前线"系统主要解决了在游憩问题上最困扰城市居民的"去哪里玩"、"玩什么"、"怎么玩"的问题。"游憩前线"三个应用对象为游憩体验者、游憩机会提供者和游憩场所管理者，这三个应用对象之间对"游憩前线"交互需求，"游憩前线"系统不仅能够为游憩者提供直接的服务，还能够使游憩目的地管理及游憩项目的发展相融合。

对游憩体验者而言，"游憩前线"直接提供"玩什么"的服务内容。通过"游憩前线"，游人可以获取游憩地全域和游憩全程的信息服务，从出游前的信息查询、游憩活动选择、到访时间安排到游程中智能导览、个性服务等内容，"游憩前线"全部予以支持。如城市公园提供的智能导览服务能够使游客感受到更加个性化的游憩服务，"游憩前线"通过智能手机、自助导览或固定导览终端等设备向游客景点讲解、路线指引、活动邀请等功能。对游憩机会提供者而言，"游憩前线"体现的是解释"去哪里玩"的应用价值。"游憩前线"可以进行发布游憩信息、特殊资源展示、项目营销服务、意见反馈与满意度调查、游人行为追踪等工作，如通过对公园内游憩场所实际的游憩环境指标进行监测，"游憩前线"系统根据实时城市公园游憩机会谱的变化情况进行自动修正，因此能实时向游憩体验者发出最合理的游憩场所和活动的建议。对公园游憩场所管理者而言，"游憩前线"可以提供"怎么玩"的引导功能。通过"游憩前线"，公园管理者可以实施现场组织、实时反应、应对突发事件和公众参与管理等工作。城市公园的发展需要及时、迅速、准确地将适宜的游憩活动信息传递给社会公众，"游憩前线"的建立为三大应用对象的及时沟通提供了媒介基础，它的实现将使城市公园的游憩活动发生更为理想化的变革。

## 6.6 本章小结与讨论

在城市公园游憩机会谱构建的基础上，本研究提出了建设城市公园"游憩前线"系统的构想，从平台建设、具备功能、应用对象三个方面设想了"游憩前线"系统构成框架，并对"游憩前线"通过信息平台发布的指标体系进行了构成分析。城市公园"游憩前线"能够较好地解决城市居民"去哪里玩"、"玩什么"、"怎么玩"的问题，能有效提升城市公园对社会公共服务体系的贡献。

城市公园"游憩前线"系统是一个相对复杂的系统，它把城市公园中各种相互作用和相互依赖的自然环境因素、社会文化因素与公园的管理因素等重要环境条件的层次、特征、功能、区域、时段进行了综合梳理、叠加，并通过以物联网为主要形式的信息平台向社会公众发布"理想的游憩环境"。城市公园"游憩前线"系统是一个开放系统，它在游憩环境与使用对象之间建立联系并存在各种各样的交换关系，同时它也是一个动态系统，其内部各组成要素会不断发生变化而需要实时修正、更新。"游憩前线"描述的是"理想的城市户外游憩的未来"，借助于越来越成熟的智慧城市、智慧旅游系统，"游憩前线"终会把"理想的未来"带进人们"现实的生活。"

# 7 结论与讨论

北京的圆明园由清王朝的雍正皇帝命名，在其《圆明园记》中有"圆而入神，君子之时中；明而普照，达人之睿智"的记载，表明其具有"王权威加海内，治世平衡有序"的深刻蕴意，历尽沧桑的圆明园在如今的盛世更把"体圆光明"的思想发扬光大，圆明园不再是统治阶级的专利，而是社会公众公平享有的城市公园，任何人都能到访体验其园林魅力与环境效益。从为当代乃至后代人更好地提供社会公共服务的视角出发，研究圆明园作为一个城市公园，所能提供、如何提供、怎样利用为公众服务的游憩机会，更具有现实的实践指导意义。本研究在长期监测、分析圆明园公园园林生态效益的基础上，将游憩机会谱(ROS)理论引入公园游憩组织与环境管理，对圆明园公园的游憩环境从物理、社会、管理三个方面进行梳理，尝试着分析圆明园公园游憩机会谱的动态变化趋势，探讨了在当前智慧旅游时代背景下游憩机会谱在公众游憩过程中发挥的作用。

## 7.1 研究结论

（1）圆明园公园环境优美、绿量丰沛，具有较高园林生态效益水平。在增湿降温效应方面，圆明园公园植物群落通过植物蒸腾、叶片反射太阳辐射吸收地面反射等因素的共同作用，使得公园各类型结构的绿地微环境中温湿条件发生改变，形成明显的小气候特征，尤其在春、夏、秋三季植物处于生长期时增湿降温效应明显，使得公园在湿热条件方面优于城区环境，也利于公园观光、游憩活动的开展；在滞尘效应方面，圆明园公园植物群落具有降低空气悬浮颗粒物浓度的显著作用，尤其是乔灌草型、乔灌型、乔灌结合水面型植物群落的阻滞粉尘效果最佳，公园植物夏季滞尘能力强，公园环境适宜外出游憩；在抑菌效应方面，圆明园公园绿地环境表现较强的抑菌效应，公园中乔木为主体的植物群落微生物含量相对较低，而结构复杂、密植、郁闭高的植物群落中含菌量相对较高，绿地植被在创造健康清洁微环境方面具有很大的作用；在降噪效应方面，圆明园公园绿地具有显著的降噪能力，植物群落结构特征、郁闭度、宽度、噪声源特征等因子是决定绿地降噪效应的主要影响因子，植物群落郁闭度与群落降噪能力呈正相关关系，不同组成结构的植物群落降噪能力也不同；产生空气负离子方面，公园绿地是影响绿地空气负离子水平的主要因素，绿量越大、植被的郁闭度越高、越靠近水体的场所，绿地空气负离子浓度就能愈加保持在较高水平。正是公园绿地具有良好的生态效益，为圆明园公园创造宜游空间奠定了坚实基础。

（2）良好的园林生态效益发挥提升了圆明园公园园林环境游憩适宜性水平。研究建立了城市公园环境游憩适宜性评价体系，从自然、社会、美学三个方面对圆明园公园园林环境的游憩适宜性进行了全面评估，评估的主要结果如下：采用温湿指数和风效指数两个指标分析了圆明园公园逐月小气候的游憩适宜性，表明春、秋两季是圆明园公园适宜游憩的时期；而在夏季和冬季的二月份等时间段是较不适宜游憩的季节；圆明园公园绿地微生物含量在一年中均处于"非常适宜"和"很适宜"的游憩水平，夏、冬两季公园整体区域均处于微生物含量"非常适宜"游憩区域，春、秋两季部分绿地空间为"很适宜"区域，建议体质弱的游人在"非常适宜"区域参与游憩活动；从圆明园公园空气总悬浮颗粒物（TSP）水平来看，圆明园公园夏季宜游而秋、冬两季不宜游，公园中近水空间比非近水空间更适宜开展游憩活动，以乔木结构为主体的乔木、乔草、乔灌草等结构的公园绿地空气质量相对较高；从空气负离子效应来看，圆明园公园五月至十一月份具有良好的空气负离子效应，尤其夏季空气负离子水平非常适宜户外游憩活动；从声环境质量角度看，圆明园公园夏季（七月份除外）声环境质量较高，以乔木为主体的乔灌草型、乔灌型复层植物群落内适宜开展安静型游憩活动；通过对圆明园公园景观美景度的分析，发现园林植被盖度、绿地可进入条件、山水组合意境、景观亲水程度、园林建筑与环境的和谐程度和文化遗存的价值高低是决定圆明园公园园林景观美学价值的主要因素；圆明园公园人文资源主要以园林遗址的形式体现，现存的93处遗址中有27处遗址为不适宜游憩区，有66处园林遗址为适宜游憩区。

（3）研究采用现场观察法和问卷调查法对圆明园公园到访游客的游憩行为特征进行了分析，总结了公园游客参与的活动、体验的方式、动机的影响因素等游憩行为规律。研究发现，圆明园公园游人参与的游憩活动内容可划分为运动类、观光类、休闲类和主题类 4 种类型，这 4 种类型涵盖了公园目前的全部游憩活动；高密度使用的场地中文化观光类、运动类游憩活动为主导，低密度使用空间以主题类游憩活动为主；圆明园公园中绮春园、长春园和圆明园福海景区的使用密度相对较高，九洲景区利用率低；激发圆明园公园游人游憩动机的主要因素是园林环境和园林文化，游客最喜好的环境条件依次为：植物多样、水域风情、文化深厚、环境清幽、设施完备、空间宽敞、娱乐多样、建筑独特、远景相宜；公园的小气候特征、绿色空间构成形式、园林建筑与文化遗址的分布与整理、基础服务设施的完善程度等环境因素对游客的游憩行为有着直接或间接的影响。

（4）游憩机会谱是游憩环境与游憩行为匹配的桥梁，在公园环境适游性和游人行为特征分析的基础上，提出并采用"九标五类"法确定了 56 个圆明园公园游憩机会谱，将圆明园公园内部游憩空间总体上划分为高适宜水平游憩机会、较高适宜水平游憩机会、中度适宜水平游憩机会、较低适宜水平游憩机会和低适宜水平游憩机会五种级别与类型，研究发现城市公园游憩机会谱随时间变化而发生规律性改变，提出对于圆明园公园这样的建设与管理相对成熟的城市公园通过监测自然环境质量因子的变动能够实时修正公园的游憩机会谱。

（5）研究提出了城市公园游憩机会谱应用设想——构建城市公园"游憩前线"系统，从平台建设、具备功能、应用对象三个方面设想了"游憩前线"系统构成框架及其指标体系构成。城市公园"游憩前线"系统是城市公园游憩机会谱在实践中的具体应用，能够较好地解决城市居民"去哪里玩"、"玩什么"、"怎么玩"的问题，对提升城市公园的社会公共服务功能具有现实意义。

## 7.2　研究讨论

（1）城市公园游憩机会谱是建立在对公园环境质量差异性分析基础上的，通过分析场所的整体环境对潜在或已开展的游憩行为的支持程度，从而确定该场所的使用方向与强度。通过详细调查分析城市公园场所的地段性环境差异，确定场所游憩机会谱的类型，以此为前提研究活动、设施、管理，从而可以形成严谨的城市公园游憩规划与设计方案。应用游憩机会谱指导公园的管理应是一个动态的过程，公园环境有地段性和季节性变化特征，因此公园的管理与游憩活动组织应适应这一特点，建立基于环境质量变化而发生的管理行为，能够有效提高使用者游憩体验质量，保护和利用好公园的自然与人文资源。城市公园游憩机会谱还可在公园游憩环境承载力、游憩场所利用水平评估等方面发挥作用。游憩机会谱构建的核心是体现游憩环境对游憩行为的整体支持力度，强调环境对行为的包容，因此可以用于公园环境承载力方面的探索。在实际的公园管理中通过建立城市公园游憩机会分级分类，可以清楚地展现公园游憩活动频率与强度的时空分布，准确地对游憩场地提供的特定游憩机会进行实时评估，进而可以采取相应的管理措施合理优化游憩机会的空间配置。综上所述，城市公园游憩机会谱的建立，对促进游憩场所合理使用、提升公园管理水平、提高游人体验质量有着现实的应用价值。

（2）公园的园林环境有别于大尺度、少人工干扰的自然景观，本研究建立了若干评价公园游憩环境质量的标准，如"城市公园环境空气微生物含量游憩适宜性评价标准"、"城市公园环境空气总悬浮颗粒物（TSP）水平游憩适宜度分级标准"、"城市公园声环境质量游憩适宜性评价标准"、"城市公园空气负离子系数评价标准与计算模型"等，均需要在今后的实证性研究中加以检验。

（3）在本研究提出的"游憩前线"的概念描述了"理想的城市户外游憩的未来"，借助于越来越成熟的智慧城市、智慧旅游系统，"游憩前线"终会成为生活中的现实。在"游憩前线"系统中，信息平台、环境质量监测平台都非常重要，网络地理信息系统（Web of GIS）能实时跟踪游憩场所变化并与物联网有较好的接口，在今后面对游人对象的游憩机会谱的实际应用中，该技术可能会得到更加广泛的应用。

## 7.3 本研究主要解决的问题及应用意义

### 7.3.1 本研究主要解决的问题

本书主要解决的问题如下：

（1）城市公园游憩机会谱是表征公园环境对游憩行为支持力的方法，通过分析公园环境的构成因子，探索从"公园物理环境质量"、"游憩活动质量"以及"管理条件与水平"这三个层次构建游憩机会谱的分析技术是研究开展的一个关键，科学制定城市公园游憩机会谱的分级、分类标准是机游憩机会谱确定的前提，以此标准展开对圆明园公园游憩机会谱构成的分析与类型的确定是本研究的核心内容。

（2）对园林环境游憩适宜性水平的分析是建立城市公园游憩机会谱的基础，探讨从自然、社会、美学三个层次建立城市公园环境游憩适宜性评价体系是全面评估、认知圆明园公园环境游憩适宜性的前提。由于国内外关于环境游憩适宜性评价的标准不多，建立新的环境质量分级标准及表征指标体系并以此为依据确定圆明园公园环境质量的适游程度是本研究的一个重点要解决的问题。

（3）在公园环境整体评价的内容中，对自然环境质量及变化特点与趋势的分析是本研究的一项基础工作。研究采用实验的方法对构成公园微环境质量差异的因素进行分析与总结，以期寻找、总结公园自然环境质量改变的规律。

（4）游憩机会谱建立是为公园使用的主体——游人服务的，对圆明园公园游人游憩行为特征与影响因素的分析是确定游憩机会谱如何与之匹配的另一关键步骤。当前多数研究采用行为观察法或问卷调查法，因采样时间与人力因素限制多是一季或某时段内的研究，为了消除调查误差，本研究进行了为期一年、四个季度的现场观察与游客问卷抽样调查，详述了圆明园公园游人的游憩行为特征。

（5）游憩场所的游憩机会谱直观上不易被公众理解与接受，在专业性强的规划与管理领域可以发挥很好的作用，但在直接引导游人参与游憩活动方面还存在公众认知上的困难。如何使游憩机会谱在直接游憩服务领域发挥应有的作用也是本研究试图努力解决的一个问题。

### 7.3.2　本研究的应用意义

（1）本书拓展了园林生态效益监测与评价结果的实践应用领域。常规对园林生态效益的分析与评价多是强调环境本底的差异或尽可能用评价结果指导规划、设计旅游产品与线路等。本书以园林生态效益监测的结果为基础，分析场所环境质量在游憩适宜性方面的差异与分布规律，并据此建立了城市公园游憩机会谱体系。游憩机会谱不仅能指导规划，更是游人活动组织与部门管理的有力工具。

（2）研究丰富了游憩机会谱构建的理论。传统的游憩机会谱多以自然保护地、风景林地、河流整个流域等尺度大、类型单一的区域为研究对象，而对人工环境为主、构成情况相对复杂的城市公园研究较少。圆明园公园游憩机会谱构建的技术程序与"九标五类"等相关分类标准可为其他城市公园、娱乐游憩场所的游憩机会谱构建提供参考与借鉴。

（3）针对公园环境游憩适宜性的分析与评价，本研究提出了若干城市公园主题环境质量的分级标准、指标体系与计算模型。为了分析圆明园公园环境微生物含量的游憩适宜水平，本研究综合中科院生态中心和世界卫生组织环境微生物水平标准特征，建立了"城市公园环境空气微生物含量游憩适宜性评价标准"；为研究空气环境空气粉尘的适游标准，综合了我国和欧盟关于环境空气质量标准的规定提出了新的"城市公园环境空气总悬浮颗粒物（TSP）水平游憩适宜度分级标准";为了衡量安静型游憩活动适宜的场所,规定提出了"城市公园声环境质量游憩适宜性评价标准";为研究园林绿地空气负离子水平对游憩活动的适宜程度而提出了 PCI 指数模型及评价方法与评价标准等。这些新标准的提出对比较城市公园中不同场所的环境游憩适宜性差异程度是有帮助的。在对圆明园公园园林景观的审美特征进行评判时,将园林文化(场所意境)这项指标引入评价指标体系,突破了传统美景度评价(SBE)只评价物质类实体而忽视场所文化的内容限定,使具有文化特征的景观审美评估更加客观。

(4)在城市游憩机会谱应用领域方面作了大胆的讨论,探索性提出"游憩前线"这个概念及"游憩前线"系统的构成框架。该设想如果能实现,将助力智慧旅游事业的发展,使城市居民的休闲游憩活动发生本质性的改变。

## 7.4 结束语

本书以寻求解决城市公园环境中如何开展适宜活动与相应管理的问题为出发点,尝试把国外游憩机会谱理论应用于圆明园公园案例研究中,在详细的调查分析公园场所物理环境、游憩活动与管理条件后发现,建设与管理相对成熟的城市公园中,仅物理环境因素中的自然环境会发生地段性、规律性的改变,其他因素的改变量相对较小,因此可以从公园的地段与季节差异入手实时地监测环境质量改变情况并据此准确地修正游憩机会谱,这将提升公园的实际管理水平和使用者的满意度。因此在一定程度上来说,游憩机会谱是一个成熟的城市公园的管理利器。

圆明园公园是珍贵的文化遗产,如何有效地继承并利用好这一资源,更好地为社会公众服务,是值得当前公园管理者与学术研究者共同思考的问题。为了保证遗产利用的公平性、提升到访游人的体验质量、正确引导游人游憩行为、保护遗产使用处于承载水平之内,科学地建立并及时修正、完善公园游憩机会谱,可以让圆明园公园的游憩机会、活动、体验与保护互动之间达到一种可贵的平衡状态,促进圆明园公园游憩活动的健康开展。

# 参考文献

[1] 安·福赛思(美),劳拉·穆萨基奥(美). 生态小公园设计手册[M]. 杨至德译. 北京:中国建筑工业出版社,2007.

[2] 安倍. 关于空气离子测定[J]. 芦敬,等译. 空气清净,1980,7(6):243-248.

[3] 安俊岭,张仁健,韩志伟. 北方15个大型城市总悬浮颗粒物的季节变化[J]. 气候与环境研究,2000,5(1):25-29.

[4] 柏秦凤,霍治国,贺楠,等. 中国20座旅游城市人体舒适度指数分析[J]. 生态学杂志,2009,28(8):1607-1612.

[5] 鲍淳松,楼建华,曾新宇,等. 杭州城市园林绿化对小气候的影响[J]. 浙江大学学报:农业与生命科学版,2001,27(4):415-418.

[6] 蔡朝双. 模糊综合评价法在宗教文化旅游资源评价中的应用[J]. 福建师大福清分校学报,2011(3):96-99.

[7] 蔡君. 国家森林公园游憩承载力研究[M]. 北京:中国林业出版社,2010.

[8] 蔡君. 略论游憩机会谱(recreation opportunity spectrum, ROS)框架体系[J]. 中国园林,2006,22(16):73-77.

[9] 柴一新,祝宁,韩焕金. 城市绿化树种的滞尘效应——以哈尔滨市为例[J]. 应用生态学报,2002,13(9):1121-1126.

[10] 车凤翔,胡庆轩,李军保,等. 北京市区大气细菌与真菌粒子关系的研究[J]. 卫生研究,1995(4):207-211.

[11] 陈芳,高成广,樊国盛. 西双版纳热带植物园美景度测定[J]. 西南林学院学报,2008(1):61-63.

[12] 陈芳,周志翔,肖荣波,等. 城市工业区绿地生态服务功能的计量评价——以武汉钢铁公司厂区绿地为例[J]. 应用生态学报,2006,26(7):2229-2236.

[13] 陈佳瀛,宋永昌,陶康华,等. 上海城市绿地空气负离子研究[J]. 生态环境,2006(5):1024-1028.

[14] 陈洁,吴晋峰. 国内游憩行为研究综述[J]. 商场现代化,2010(13):97-99.

[15] 陈龙,谢高地,盖力强,等. 道路绿地消减噪声服务功能研究——以北京市为例[J]. 自然资源学报,2011,26(9):1526-1534.

[16] 陈挺. 昆明市翠湖公园老年人游憩行为研究[D]. 昆明：云南师范大学，2009.

[17] 陈玮，何兴元，张粤，等. 东北地区城市针叶树冬季滞尘效应研究[J]. 应用生态学报，2003，14(12)：2113－2116.

[18] 陈鑫峰，贾黎明. 京西山区森林林内景观评价研究[J]. 林业科学，2003，39(4)：59－66.

[19] 陈鑫峰，王雁. 森林美剖析——主论森林植物的形式美[J]. 林业科学，2001，37(2)：122－130.

[20] 陈秀龙，李希娟，陈秋波. 海口市街道绿化类型减噪效应的测定与分析[J]. 华南热带农业大学学报，2007，13(1)：43－46.

[21] 陈咏淑. 古典园林旅游解说系统探讨[J]. 社会科学家，2008(4)：99－102.

[22] 陈勇，梁小僚，孙冰，等. 深圳市生态风景林的人体舒适效应[J]. 中国城市林业，2006，4(2)：48－51.

[23] 陈自新，苏雪痕，刘少宗，等. 北京城市园林绿化生态效益的研究[J]. 中国园林，1998(7)：57－64.

[24] 程好好，曾辉，汪自书，等. 城市绿地类型及格局特征与地表温度的关系——以深圳特区为例[J]. 北京大学学报(自然科学版)，2009，45(3)：194－501.

[25] 程明昆，柯豪. 城市绿化的声衰减[J]. 环境科学学报，1982(3)：32－33.

[26] 程绪珂，胡运骅. 生态园林的理论与实践[M]. 北京：中国林业出版社，2006.

[27] 程占红. 生态旅游与植被：芦芽山自然保护区[M]. 北京：中国环境科学出版社，2008.

[28] 褚弘阳，弓弼，马梅. 园林树木杀菌作用的研究[J]. 西北林学院学报，1995，10(4)：64－67.

[29] 崔凤军. 论旅游环境承载力[J]. 经济地理，1995，15(1)：105－109.

[30] 崔霖. 番塘公园建筑环境行为调研分析[J]. 南方建筑，2001(1)：83－86.

[31] 戴菲，章俊华. 规划设计学中的调查方法4：行动观察法[J]. 中国园林，2009，25(2)：55－59.

[32] 戴锋，刘剑秋，方玉霖，等. 福建师范大学旗山校区主要绿化植物的滞尘效应[J]. 福建林业科技，2010，37(1)：53－58.

[33] 但新球. 现代心理美学派与森林审美机制比较研究[J]. 中南林业调查规划，1995，14(2)：54－57.

[34] 董巍，刘昕，孙铭，等. 生态旅游承载力评价与功能分区研究——以金华市为例[J]. 复旦学报(自然科学版)，2004(6)：1024－1028.

[35] 董希文，崔强，王丽敏，等. 园林绿化树种枝叶滞尘效果分类研究[J]. 防护林科技，2005(1)：28－29.

[36] 杜玲，张海林，陈阜. 京郊越冬植被叶片滞尘效应研究[J]. 农业环境科学学报，2011(2)：249－254.

[37] 范海兰，胡喜生，陈灿，等. 福州市空气负离子空间变化特征[J]. 福建林学院学报，2008(1)：27－30.

[38]范亚民,何平,李建龙,等.城市不同植被配置类型空气负离子效应评价[J].生态学杂志,2005,24(8):883-886.

[39]范业正,郭来喜.中国海滨旅游地气候适宜性评价[J].自然资源学报,1998,13(4):17-24.

[40]方东,欧阳夏骏,梅卓华.南京市大气微生物调查及其动态研究[J].环境监测管理与技术,2002(6):14-17.

[41]方治国,欧阳志云,胡利锋,等.北京市夏季空气微生物群落结构和生态分布[J].生态学报,2005,25(1):83-88.

[42]方治国,欧阳志云,胡利锋,等.北京市夏季空气真菌生态分布特征[J].环境科学学报,2005(2):25-29.

[43]方治国,欧阳志云,胡利锋,等.城市生态系统空气微生物群落研究进展[J].生态学报,2004,24(2):315-322.

[44]方治国,欧阳志云,胡利锋.北京市三个功能区空气微生物中值直径及粒径分布特征[J].生态学报,2005,25(12):3220-3224.

[45]冯朝阳,高吉喜,田美荣,等.京西门头沟区自然植被滞尘能力及效益研究[J].环境科学研究,2007,20(5):155-159.

[46]冯海霞,朱爱民,何必,等.基于遥感反演的山东省森林资源调节温度服务的研究[J].地理科学,2009,25(5):760-765.

[47]冯义龙,马跃,先旭东.重庆主城核心区地表温度与绿地乔木基干横断面积和相关性研究[J].西南师范大学学报(自然科学版),2009,34(5):177-179.

[48]冯义龙,田中,何定萍.重庆市区绿地园林植物群落降温增湿效应研究[J].园林科技,2008,108(2):1-6.

[49]弗朗西斯科·阿森西奥·切沃(西班牙).城市公园[M].龚恺,等译.南京:江苏科学技术出版社,2002.

[50]符霞,乌恩.游憩机会谱(ROS)理论的产生及其应用[J].桂林旅游高等专科学校学报,2006,17(6):691-694.

[51]傅本重,赵洪波,永保聪,等.昆明市不同功能区夏季空气微生物污染监测[J].中国环境监测,2012,28(3):104-106.

[52]高金晖,王冬梅,赵亮,等.植物叶片滞尘规律研究——以北京市为例[J].北京林业大学学报,2007,29(2):94-99.

[53]高万辉,卢涛.城市娱乐场所感知空间研究[J].人文地理,2007(6):21-25.

[54]高卫东,姜巍,胡莎莎.济南市旅游气候的舒适度研究[J].济南大学学报,2009,23(1):95-98.

[55]高炎冰,王大庆,张黎黎,等.绥芬河国家森林公园生态因子效应分析[J].东北林业大学学报,2007,35(11):39-43.

[56]高阳华,田永中,陈志军,等.基于GIS的重庆市复杂地形干旱精细化空间分布[J].中国农业气象,2009,30(3):421-425.

[57]高阳华,王堰,邱新法,等.基于GIS的复杂地形风能资源模拟研究[J].太阳能

学报,2008,29(2):163-169.

[58] 宫宾. 城市自然遗留地综合评价方法及实例研究[D]. 上海:上海交通大学,2007.

[59] 宫春亭,许先升,张蕊. 基于游憩行为的海口万绿园调查研究[J]. 中国农学通报,2011(25):312-316.

[60] 宫春亭,许先升. 海口综合性城市公园对游憩行为支持的调查研究[J]. 黑龙江农业科学,2011(8):68-71.

[61] 管露露. 城市森林公园游憩林及其游憩者行为研究[D]. 合肥:安徽农业大学,2008.

[62] 郭二果. 北京西山典型游憩林生态保健功能研究[D]:北京:中国林业科学研究院,2008.

[63] 郭小平,彭海燕,王亮. 绿化林带对交通噪声的衰减效果[J]. 环境科学学报,2009,29(12):2567-2571.

[64] 郭永英. 略论中国古典园林的审美旅游价值[J]. 南方职业教育学刊,2011(5):65-70.

[65] 郭志刚. 社会统计分析方法:SPSS软件应用[M]. 北京:中国人民大学出版社,1999.

[66] 郭志宏,金熙. 益阳市秀峰公园环境行为调查分析[J]. 南方建筑,2005(5):29-31.

[67] 韩佳,王中卫. 空气微生物作为大气污染常规分析指标的必要性[J]. 环境科学与管理,2012(8):129-131.

[68] 韩敬,陈广艳,杨银萍. 临沂市滨河大道主要绿化植物滞尘能力的研究[J]. 湖南农业科学,2009(6):141-142.

[69] 韩学伟. 水体类风景区旅游环境容量计算——以薄山湖风景区为例[J]. 河池学院学报,2004(10):76-80.

[70] 何静,田永中,高阳华,等. 重庆山地人居环境气候适宜性评价[J]. 西南大学学报(自然科学版),2010(9):100-106.

[71] 胡淼淼. 北京奥林匹克森林公园植物景观与生态效益初探[D]. 北京:北京林业大学,2009.

[72] 胡庆轩,车凤翔,叶斌严,等. 北京地区大气细菌粒子浓度及其分布[J]. 环境科学研究,1992(4):30-35.

[73] 胡庆轩,李军保,叶斌严,等. 北京市区大气细菌粒度分布及降雨的影响[J]. 福建环境,1995(3):19-20.

[74] 胡庆轩,徐桂清,徐秀芝,等. 大气微生物的粒度分布[J]. 中国环境科学,1990,10(2):99-102.

[75] 胡庆轩,徐秀芝,陈梅玲. 大气微生物的研究——大气细菌粒数中值直径及粒度分布[J]. 中国环境监测,1994,10(6):37-39.

[76] 胡舒,肖昕,贾含帅,等. 徐州市主要落叶绿化树种滞尘能力比较与分析[J]. 中

国农学通报,2012(16):95-98.

[77] 胡译文,秦永胜,李荣桓,等. 北京市三种典型城市绿地类型的保健功能分析[J]. 生态环境学报,2011(12):1872-1878.

[78] 罗德尼·R. 怀特(Rodney R. White). 生态城市的规划与建设[M]. 沈清基,吴斐琼译. 上海:同济大学出版社,2009.

[79] 黄海,刘建军,康博文,等. 城市绿地内部温湿效应及光环境的初步研究[J]. 西北林学院学报,2008,23(3):57-61.

[80] 黄慧,舒展. 哈尔滨市区绿地对交通噪声衰减效果研究[J]. 环境科学与管理,2009,34(3):39-71.

[81] 黄健屏,吴楚才. 与城区比较的森林区微生物类群在空气中的分布状况[J]. 林业科学,2002,38(2):173-176.

[82] 黄良美,黄玉源,黎桦,等. 城市不同绿地生境小气候的时空变异规律分析. 城市环境与城市生态,2007,20(1):29-34.

[83] 黄向,保继刚,等. 场所依赖(place attachment):一种游憩行为现象的研究框架[J]. 旅游学刊,2006(9):19-24.

[84] 黄向,保继刚,沃尔·杰弗里. 中国生态旅游机会图谱(CECOS)的构建[J]. 地理科学,2006,26(5):629-634.

[85] 纪文静. 中国非物质文化遗产旅游开发研究[J]. 现代商贸工业,2009(5):85-86.

[86] 江胜利,金荷仙,魏彩霞,等. 杭州常见道路绿化灌木秋季滞尘能力研究[J]. 江西农业学报,2012(4):51-54.

[87] 江胜利,金荷仙,许小连. 园林植物滞尘功能研究概述[J]. 林业科技开发,2011(6):5-9.

[88] 姜贝. 圆明园规划布局及其结构研究[D]. 天津:天津大学,2012.

[89] 姜红卫. 苏州高速公路绿化减噪吸硫滞尘效果初探[D]. 南京:南京农业大学,2005.

[90] 金江军. 智慧旅游及其关键技术和体系框架研究[C]. 第十六届全国区域旅游开发学术研讨会,中国湖北荆门,2012.

[91] 金秋,赵伟韬. 沈阳五里河公园公众破坏行为研究[J]. 沈阳农业大学学报(社会科学版),2009,11(4):481-484.

[92] 金卫东. 智慧旅游与旅游公共服务体系建设[J]. 旅游学刊,2012(2):5-6.

[93] 柯合作. 园林绿地中植物构成的空间类型及其应用[J]. 亚热带植物通讯,1999,28(1):51-55.

[94] 克莱尔·库珀,马库斯,卡罗琳·费郎西斯. 人性场所——城市开放空间设计导则[M]. 2版. 俞孔坚译. 北京:中国建筑工业出版社,2001.

[95] 李冰冰. 长沙市常见行道树固碳释氧滞尘效益研究[D]. 长沙:中南林业科技大学,2012.

[96] 李冬林,张文豹,金雅琴,等. 京杭运河淮安段天然芦苇群落的消风减噪效应

[J]. 中国水土保持科学,2012(4):108-112.

[97]李丰生,赵赞,聂卉,等. 河流风景区生态旅游环境承载力指标体系研究——以漓江为例[J]. 桂林旅游高等专科学校学报,2003(10):13-18.

[98]李峰,王如松. 城市绿色空间生态服务功能研究进展[J]. 应用生态学报,2004,15(3):527-531.

[99]李光耀,程朝霞,张涛. 园林植物景观评价研究进展[J]. 安徽农学通报(上半月刊),2012(7):164-165.

[100]李海梅,刘霞. 青岛市城阳区主要园林树种叶片表皮形态与滞尘量的关系[J]. 生态学杂志,2008,27(10):1659-1662.

[101]李海梅,王珂. 青岛市城阳区5种绿化植物滞尘能力研究[J]. 山东林业科技,2009(3):34-36.

[102]李寒娥,王志云,谭家得,等. 佛山城市绿地系统环境效益的研究[J]. 佛山科学技术学院学报(自然科学版),2006,24(2):58-63.

[103]李继育. 植物对空气负离子浓度影响的研究[D]. 咸阳:西北农林科技大学,2008.

[104]李明阳,崔志华,申世广,等. 紫金山风景林美学评价与森林游憩活动适宜度量化模型研究[J]. 北京林业大学学报(社会科学版),2008(3):6-11.

[105]李秋,仲桂清. 环渤海地区旅游气候资源评价[J]. 干旱区资源与环境,2005,19(2):149-153.

[106]李仁杰,路紫. 旅游个性化推介服务的未来发展:时空一体化[J]. 旅游学刊,2011(10):82-88.

[107]李瑞雪,张明军,张永芳. 石家庄大叶黄杨叶片滞尘量及滞尘颗粒物的粒度[J]. 城市环境与城市生态,2009,22(1):15-19.

[108]李文明,钟永德. 生态旅游环境教育[M]. 北京:中国林业出版社,2010.

[109]李延明,郭佳,冯久莹. 城市绿色空间及对城市热岛效应的影响[J]. 城市环境与城市生态,2004,17(1):1-4.

[110]连洁,贾长松. 基于人群行为的北京市园林夜景观调查研究[J]. 山西建筑,2010,36(12):344-345.

[111]梁存柱,朱宗元,郝敦元,等. 河西走廊及其邻近地区的景观生态格局[J]. 干旱区资源与环境,2000(12):49-54.

[112]梁留科,周二黑,王惠玲. 旅游系统预警机制与构建研究[J]. 地域研究与开发,2006(3):72-76.

[113]廖荣. 森林游憩的发展回顾与前景展望[J]. 四川农业大学学报,2006,21(2):168-171.

[114]林箐. 欧美现代园林发展概述[J]. 建筑师,1998(6):103.

[115]林霞,尹秀,王丽欣,等. 嘉兴市城区空气微生物污染状况调查[J]. 浙江预防医学,2003,15(5):6-7.

[116]蔺银鼎,韩学孟,武小刚,等. 城市绿地空间结构对绿地生态场的影响[J]. 生态

学报,2006(10):3339-3346.

[117]蔺银鼎,韩学孟,武小刚,等.城市绿地空间结构对绿地生态场的影响[J].生态学报,2006,26(10):3339-3346.

[118]蔺银鼎,王有栓,阎海冰.3种城市植物群落湿度效应的时空格局[J].中国园林,2007(1):85-88.

[119]刘翠玲.新疆喀纳斯森林景观美学质量形成机制与自然火干扰体制研究[D].乌鲁木齐:新疆农业大学,2009.

[120]刘华中.森林浴——最新潮健身法[M].台北:青春出版社,1984:63-65.

[121]刘娇妹,李树华,吴菲,等.纯林、混交林型园林绿地的生态效益[J],生态学报,2007,27(2):674-684.

[122]刘娇妹,李树华,杨志峰.北京公园绿地夏季温湿效应[J].生态学杂志,2008,27(11):1972-1978.

[123]刘敬伟.辽宁滨海区旅游气候资源评价与开发[J].新学术,2007(1):89-91.

[124]刘军林,范云峰.智慧旅游的构成、价值与发展趋势[J].重庆社会科学,2011(10):121-124.

[125]刘凯昌,苏树权,江建发,等.不同植被类型空气负离子状况初步调查[J].广东林业科技,2002(3):1-3.

[126]刘磊.不同类型城市绿地降噪效果研究综述[J].科技创新与应用,2012(23):123.

[127]刘玲.旅游环境承载力研究方法初探[J].安徽师大学报(自然科学版),1998,21(3):250-254.

[128]刘梅,于波.人体舒适度研究现状及其开发应用前景[J].气象科技,2002,2(1):11-18.

[129]刘明丽,张玉钧.游憩机会谱(ROS)在游憩资源管理中的应用[J].世界林业研究,2008,21(3):28-33.

[130]刘明丽.河流游憩机会谱研究[D].北京:北京林业大学,2008.

[131]刘宁宁.武汉木兰天池景区旅游环境容量管理研究[D].北京:北京林业大学,2006.

[132]刘芊.城市滨湖区植物景观视觉分析——以武汉市滨湖植物景观为例[D].武汉:华中农业大学,2003.

[133]刘清春,王铮,许世远.中国城市旅游气候舒适性分析[J].资源科学,2007,29(1):133-141.

[134]刘文杰,李红梅.西双版纳旅游气候资源[J].自然资源,1997(2):62-66.

[135]刘新,吴林豪,张浩,等.城市绿地植物群落空气负离子浓度及影响要素研究[J].复旦学报(自然科学版),2011(2):206-212.

[136]刘艳红,郭晋平.基于植被指数的太原市绿地景观格局及其热环境效应[J].地理科学进展,2009,28(5):798-804.

[137]刘艳琴.南京市城市森林抑菌——滞尘效益研究[D].南京:南京林业大

学,2006.

[138]刘颖,周春玲,安丽娟. 青岛市居住区夏季植物景观评价[J]. 北方园艺,2011(5):136-140.

[139]刘云国,马涛,张薇,等. 植物挥发性物质的抑菌作用[J]. 吉首大学学报(自然科学版),2004,25(2):39-42,47.

[140]龙良碧. 重庆城市绿化与夏季气候舒适度研究[J]. 西南师范大学学报(自然科学版),1996,21(6):611-616.

[141]龙香华. 长沙市公园绿地植物景观群落特征研究[J]. 江西农业学报,2009,21(S):44-46.

[142]陆鼎煌,陈健,崔森,等. 北京居住楼区绿化的夏季辐射效益[J]. 1984,4:1-7.

[143]陆东芳. 大学校园植物景观评价模型及其应用[J]. 福建林学院学报,2008,28(4):328-332.

[144]栾春凤,林晓. 城市湿地公园中的人类游憩行为模式初探[J]. 南京林业大学学报(人文社会科学版),2008(1):76-78.

[145]罗文泊,盛连喜. 生态监测与评价[M]. 北京:化学工业出版社,2011.

[146]罗英,何小弟,李晓储. 生态景观型城市绿地的滞尘效应分析[J]. 园林绿化,2009(5):58-61.

[147]罗红艳,李吉跃,刘增. 绿化树种对大气$SO_2$的净化作用[J]. 北京林业大学学报,2001,22(1):45-50.

[148]陆兆苏. 森林美学初探[J]. 华东森林经理,1995,9(3):24-28.

[149]陆兆苏. 森林美学与森林公园的建设[J]. 华东森林经理,1996,10(1):44-49.

[150]吕伟林. 体感温度及其计算方法[J]. 北京气象,1997(4):23-25.

[151]马俊. 上海市当代城市公园游憩行为特征初步研究[D]. 上海:上海交通大学,2008:13-70.

[152]马丽君,孙根年,谢越法,等. 50年来东部典型城市旅游气候舒适度变化分析[J]. 资源科学,2010,32(10):1963-1970.

[153]马扬梅. 游憩机会谱与生态旅游的整合研究——生态游憩机会谱的构建[J]. 经济研究导刊,2010(15):166-167.

[154]毛东兴,洪宗辉. 环境噪声控制工程[M]. 2版. 北京:高等教育出版社,2010.

[155]毛辉青. 不同功能区空气负离子的监测分析[J]. 环境污染与防治,1996,18(3):37.

[156]毛炯玮,朱飞捷,车生泉. 城市自然遗留地景观美学评价的方法研究——心理物理学方法的理论与应用[J]. 中国园林,2010,26(3):51-54.

[157]蒙晋佳,张燕. 地面上的空气负离子主要来源于植物的尖端放电[J]. 环境科学与技术,2005,28(1):112-113.

[158]孟刚,李岚,李瑞冬,等. 城市公园设计[M]. 上海:同济大学出版社,2003.

[159]孟国忠．雨花台烈士陵园植物景观空间结构及美景度评价研究[D]．南京：南京林业大学，2007．

[160]孟彤．从圆明园的九宫格局看皇家园林营造理念[J]．华中建筑，2011(11)：94-96．

[161]明雷，郑洁，程浩，等．常青道路景观配置对交通噪声的衰减效果[J]．环境污染与防治，2012(1)：15-18．

[162]莫珣．中国古典园林的旅游审美价值初探[J]．南宁职业技术学院学报，2010(4)：84-87．

[163]倪君，徐琼，石登荣，等．城市绿地空气负离子相关研究——以上海公园为例[J]．中国城市林业，2004，2(3)：30-33．

[164]聂磊，代色平，陆璃．广州城市绿地植物群落生态效应分析[J]．福建林业科技，2008(4)：29-33．

[165]牛君丽，徐程扬．风景游憩林景观质量评价及营建技术研究进展[J]．世界林业研究，2008(3)：34-37．

[166]牛世丹，王薇薇．北华大学东校区绿地抑菌效果研究初探[J]．黑龙江农业科学，2011(1)：98-99．

[167]欧阳勋志．婺源县森林景观美学评价及其对生态旅游影响的研究[D]．南京：南京林业大学，2004．

[168]欧阳友生，陈仪本，谢小保，等．广州城区主要交通枢纽空气微生物浓度的测定[J]．中国卫生检疫杂志，2003，13(6)：692-693．

[169]欧阳友生，谢小保，陈仪本，等．广州市空气微生物含量及其变化规律研究[J]．微生物学通报，2006(3)：47-51．

[170]潘辉，李永莉，黄石德，等．棕榈科植物群落空气负离子密度影响因素[J]．东北林业大学学报，2010，38(3)：69-70．

[171]潘剑彬，董丽，廖圣晓，等．北京奥林匹克森林公园空气负离子浓度及其影响因素[J]．北京林业大学学报，2011，33(2)：61-66．

[172]潘剑彬，董丽．城市绿地空气负离子评价方法——以北京奥林匹克森林公园为例[J]．生态学杂志，2010，29(9)：1881-1886．

[173]潘剑彬．北京奥林匹克森林公园绿地生态效益研究[D]．北京：北京林业大学，2011．

[174]潘立勇，孙菱，杨靖，等．城市人居环境空气微生物污染评价指标的比较分析与研究[C]．2010中国环境科学学会学术年会，上海，2010．

[175]裴伶俐，王洪俊．城市不同绿地结构对空气负离子水平的影响研究[J]．安徽农业科学，2012(10)：6068-6070．

[176]裴盈盈，袁国宏．智慧旅游浅析[J]．当代经济，2012(10)：46-47．

[177]戚继忠，由士江，王洪俊，等．园林植物清除细菌能力的研究[J]．城市环境与城市生态，2000a，13(4)：36-38．

[178]戚继忠，由士江，王洪俊．园林树木净菌作用及主要影响因子[J]．中国园林，

2000b,16(70):74-75.

[179]钱乐,周明浩,甄世祺,等.常见空气微生物采样器研究[J].江苏预防医学,2012(4):49-50.

[180]钱妙芬,叶梅.旅游气候宜人度评价方法研究[J].成都气象学院学报,1996,11(3):128-134.

[181]钱妙芬,张友金.行道树绿化夏季小气候效应研究及模糊综合评[J].南京林业大学学报,2000,24(6):54-58.

[182]乔治·F(美),汤普森,弗雷德里克·R.斯坦纳.生态规划设计[M].何平,等译.北京:中国林业出版社,2008.

[183]郄光发,王成,彭镇华.森林生物挥发性有机物释放速率研究进展[J].应用生态学报,2005,16(6):1151-1155.

[184]秦俊,王丽勉,高凯,等.上海居住区常见植物群落对改善夏季热环境的研究[C].应用研究,2007:575-578.

[185]秦俊,张明丽,胡永红,等.上海植物园植物群落对空气质量评价指数的影响[J].中南林业科技大学学报,2008,28(1):70-73.

[186]秦耀民,刘康,王永军,等.西安城市绿地生态功能研究[J].生态学杂志,2006,25(2):135-139.

[187]邱媛,管东生,宋巍巍,等.惠州城市植被的滞尘效应[J].生态学报,2008,28(6):2455-2462.

[188]邱媛,管东生.经济快速发展区域的城市植被叶面降尘粒径和重金属特征[J].环境科学学报,2007,27(12):2080-2087.

[189]屈雅琴.山地城市公园游憩行为与规划设计研究[D].重庆:西南大学,2007.

[190]曲大铭,郭颖涛,权顺子.SBE法评价北京市朝阳公园植物配置效果[J].黑龙江生态工程职业学院学报,2010,23(2):8-10.

[191]曲少杰.城市滨水区域空间的开发与更新机制研究[J].工业建筑,2004(5):30-34.

[192]任斌斌,李延明,卜燕华,等.北京冬季开放性公园使用者游憩行为研究[J].中国园林,2012(4):58-61.

[193]任国玉,徐铭志,初子莹,等.近54年中国地面气温变化[J].气候与环境研究,2005,10(4):717-727.

[194]任健美,牛俊杰,胡彩虹,等.五台山旅游气候及其舒适度评价[J].地理研究,2004,23(6):856-862.

[195]任启文,王成,郄光发,等.城市绿地空气颗粒物及其与空气微生物的关系[J].城市环境与城市生态,2006(5):22-25.

[196]任启文,王成,郄光发.城市绿地空气细菌含量变化特征[J].城市环境与城市生态,2007(1):24-28.

[197]任启文,王成,杨颖,等.城市绿地空气微生物浓度研究——以北京元大都公园为例[J].干旱区资源与环境,2007,21(4):80-83.

[198]任启文.北京市绿地空气微生物浓度的变化特征研究[D].北京:北京林业大学,2007.

[199]日本公害防止技术和法规编委会.公害防止技术——噪声篇[M].卢贤昭译.北京:化学工业出版社,1988.

[200]邵海荣,杜建军,单宏臣,等.用空气负离子浓度对北京地区空气清洁度进行初步评价[J].北京林业大学学报,2005,27(4):56-59.

[201]邵海荣,贺庆棠,阎海平,等.北京地区空气负离子浓度时空变化特征的研究[J].北京林业大学学报,2005,27(3):35-39.

[202]邵海荣,贺庆棠.森林与空气负离子[J].世界林业研究,2000,13(5):19-23.

[203]沈少林,王京.北京市朝阳区局部地区环境空气质量调查[J].环境与健康杂志,2005,22(4):282-284.

[204]施燕娥,王雅芳,陆旭蕾.城市绿化降噪初探[J].兵团教育学院学报,2004,14(1):40-41.

[205]石鼎.圆明园遗址该如何传承——从遗产保护与发展的角度所作的一些思考[J].黑龙江科技信息,2009(26):334.

[206]石培礼,李文华.生态交错带的定量判定[J].生态学报,2002,22(4):586-592.

[207]石强,舒惠芳,钟林生,等.森林游憩区空气负离子评价研究[J].林业科学,2004,40(1):36-40.

[208]史欣,吴统贵,徐大平,等.广州帽峰山森林公园的"冷岛"效应分析.中国城市林业,2005,3(3):46-48.

[209]宋力,何兴元,张洁.沈阳城市公园植物景观美学质量测定方法研究——美景度评估法、平均值法和成对比较法的比较[J].沈阳农业大学学报,2006,37(2):200-203.

[210]宋丽华,赖生渭,石常凯.银川市几种针叶绿化树种的春季滞尘能力比较[J].中国城市林业,2008,6(3):57-59.

[211]宋凌浩,宋伟民,施玮,等.上海市大气微生物污染对儿童呼吸系统健康影响的研究[J].环境与健康杂志,2000,17(3):135-138.

[212]宋新建.呼和浩特市综合公园植物景观评价[D].呼和浩特:内蒙古农业大学林学院,2008.

[213]宋亚男,车生泉.上海城市公园典型植物群落美景度评价[J].上海交通大学学报(农业科学版),2011(2):16-24.

[214]宋云龙.哈尔滨欧式建筑植物配置评价[D].哈尔滨:东北林业大学园林学院,2006.

[215]苏国良,吴必虎,党宁.中小城市家庭规模与游憩行为的关系研究[J].旅游学刊,2007(6):53-58.

[216]苏泳娴,黄光庆,陈修治,等.广州市城区公园对周边环境的降温效应[J].生态学报,2010,30(18):4905-4918.

[217]苏泳娴,黄光庆,陈修治,等.城市绿地的生态环境效应研究进展[J],生态学

报,2011,31(23):302-315.

[218]孙根年,马丽君. 西安旅游气候舒适度与客流量年内变化相关性分析[J]. 旅游学刊,2007(7):34-39.

[219]孙健健,林金明,张江山,等. 空气负离子属性评价模型的建立及应用[J]. 环境科学导刊,2008,27(5):84-86.

[220]孙明珠,田媛,刘效兰. 北京不同功能区空气负离子差异的实验研究[J]. 环境科学与技术,2010(S2):515-519.

[221]孙平勇,刘雄伦,刘金灵,等. 空气微生物的研究进展[J]. 中国农学通报,2010(11):336-340.

[222]孙启臻,吴泽民. 上海植物园典型群落景观美景度评价[J]. 中国城市林业,2012(2):1-4.

[223]孙伟,王德利. 草坪与稀树草坪生态作用的比较分析[J]. 草原与草坪,2001(3):18-21.

[224]覃杏菊. 城市公园游憩行为的研究[D]. 北京:北京林业大学,2006.

[225]谭益民,吴章文. 森林旅游地秋季度假环境的研究[J]. 中南林业科技大学学报,2009(3):85-89.

[226]唐东芹. 园林植物景观评价方法及其应用[J]. 浙江林学院学报,2001,18(4):394-397.

[227]唐焰,封志明,杨艳昭. 基于栅格尺度的中国人居环境气候适宜性评价[J]. 资源科学,2008,30(5):648-653.

[228]滕丽,王铮,蔡砥. 中国城市居民旅游需求差异分析[J]. 旅游学刊,2004(4):9-13.

[229]田玉军,巨天珍,冯克宽,等. 兰州市功能区大气细菌污染和城市绿地系统杀菌效应分析[J]. 中国环境监测,2003,19(3):45-47.

[230]田志会,郑大玮,郭文利,等. 北京山区旅游气候舒适度的定量评价[J]. 资源科学,2008(12):1846-1851.

[231]王冰. 浅析中国有效利用游憩机会谱(ROS)的途径[J]. 河北林业科技,2007(5):44-47.

[232]王春梅,张广军. 草坪降低噪声规律的初步研究[J]. 西北林学院学报,2006,21(6):81-83.

[233]王丹虹,尹群智,王淮清. 浅谈城郊绿化对城市生态环境的作用[J]. 防护林科技,1999(4):52-54.

[234]王德瀚. 我国南方体感温度(温湿指数)分布的气候学特征[J]. 热带地理,1986(1):38-44.

[235]王凤珍,李楠,胡开文. 景观植物的滞尘效应研究[J]. 现代园林,2006(6):33-37.

[236]王根轩. 生态场理论[J]. 地球科学进展,1993(6):76-78.

[237]王海峰,彭重华. 园林石景美景度评价的研究[J]. 中南林业科技大学学报,

2011(12):124-132.

[238] 王浩,王亚军. 生态园林城市规划[M]. 北京:中国林业出版社,2008.

[239] 王洪俊,孟庆繁. 城市绿地中空气负离子水平的初步研究[J]. 北华大学学报,2005,6(3):264-268.

[240] 王洪俊,王力,孟庆繁. 城市不同功能区对空气负离子水平的研究[J]. 中国城市林业,2004,2(2):49-52.

[241] 王洪俊. 城市森林结构对空气负离子水平的影响[J]. 南京林业大学学报,2004,28(5):96-98.

[242] 王继梅,冀志江,隋同波. 空气负离子与温湿度的关系[J]. 环境科学研究,2004,17(2):68-70.

[243] 王金亮,王平,蒋莲芳. 昆明人居环境气候适宜度分析[J]. 经济地理,2002,22(增刊):196-200.

[244] 王金亮,王平. 香格里拉旅游气候的适宜度[J]. 热带地理,1999,19(3):235-239.

[245] 王竞红,魏殿文,张峥嵘. 深圳市莲花山公园植物景观评价[J]. 国土资源与研究,2007(1):57-58.

[246] 王竞红. 园林植物景观评价体系的研究[D]. 哈尔滨:东北林业大学,2008.

[247] 王娟. 城市绿地生态场效应因素分析[J]. 山西农业大学学报(自然科学版),2008,28(1):77-80.

[248] 王兰萍. 校园空气微生物污染的监测与分析[J]. 中国卫生检验杂志,2005,15(11):1354-1355.

[249] 王连喜. 生态气象学导论[M]. 北京:气象出版社,2010.

[250] 王敏珍,郑山,王式功,等. 1951—2008年中国主要城市风效指数的时空变化趋势[J]. 干旱区资源与环境,2012(7):64-70.

[251] 王蓉丽,方英姿,马玲. 金华市主要城市园林植物综合滞尘能力的研究[J]. 浙江农业科学,2009(3):574-576.

[252] 王瑞君,包帆. 宜春市城区空气微生物数量测定及分析[J]. 宜春学院学报,2011(4):118-119.

[253] 王伟利. 公路交通噪声在声影区降噪量的计算探讨[J]. 环境科学与技术,2005,28(1):26-33.

[254] 王小婧. 北京市主要风景游憩林两种保健资源及其作用初探[D]. 北京:北京林业大学,2008.

[255] 王晓俊. 关于风景评价中心理物理学方法局限性的讨论[J]. 自然资源学报,1996,11(2):170-176.

[256] 王晓俊. 森林风景美的心理物理学评价方法[J]. 世界林业研究,1995(6):8-15.

[257] 王学良,倪国裕,王银平. 空气微生物含量与气象条件的关系[J]. 湖北气象,1993(Z1):53-54.

[258] 王亚超. 城市植物叶面尘理化特性及源解析研究[D]. 南京：南京林业大学, 2007.

[259] 王雁, 陈鑫峰. 心理物理学方法在国外森林景观评价中的应用[J]. 林业科学, 1999, 35(5): 110-117.

[260] 王远飞, 沈愈. 海市夏季温湿效应与人体舒适度[J]. 华东师范大学学报（自科版）, 1998(3): 60-66.

[261] 王月菡. 基于生态功能的城市森林绿地规划控制性指标研究[D]. 南京：南京林业大学, 2004.

[262] 王铮, 邓悦, 葛昭攀, 等. 理论经济地理学[M]. 北京：科学出版社, 2002.

[263] 韦朝领, 王敬涛, 蒋跃林, 等. 合肥市不同生态功能区空气负离子浓度分布特征及其与气象因子的关系[J]. 应用生态学报, 2006, 17(11): 2158-2162.

[264] 韦新良, 周国模, 余树全. 森林景观分类系统初探[J]. 中南林业调查规划, 1997, 16(3): 41-51.

[265] 魏园园. 游客游憩行为特点与城市森林公园旅游产品设计[J]. 林业勘察设计, 2007(1): 190-193.

[266] 翁殊斐, 陈锡沐, 黄少伟. 用 SBE 法进行广州市公园植物配置研究[J]. 中国园林, 2002(5): 84-86.

[267] 翁殊斐, 柯峰, 黎彩敏. 用 AHP 法和 SBE 法研究广州公园植物景观单元[J]. 中国园林, 2009(4): 78-81.

[268] 吴必虎, 黄安民, 孔强. 长春市城市游憩者行为特征研究[J]. 旅游学刊, 1996(2): 26-29.

[269] 吴必虎. 区域旅游规划原理[M]. 北京：中国旅游出版社, 2004.

[270] 吴必虎. 上海城市游憩者流动行为研究[J]. 地理学报, 1994, 49(2): 117-127.

[271] 吴楚材, 黄绳纪. 桃源洞国家森林公园的空气负离子含量及评价[J]. 中南林学院学报, 1995, 15(1): 9-12.

[272] 吴楚材, 郑群明, 钟林生. 森林游憩区空气负离子水平的研究[J]. 林业科学, 2001, 37(5): 75-81.

[273] 吴楚材, 钟林生, 刘晓明. 马尾松纯林林分因子对空气负离子浓度影响的研究[J]. 中南林学院学报, 1998, 18(1): 70-73.

[274] 吴兑. 多种人体舒适度预报公式讨论[J]. 气象科技, 2003(4): 34-36.

[275] 吴菲, 李树华, 刘剑. 不同绿量的园林绿地对温湿度变化影响的研究[J]. 中国园林, 2006(7): 56-60.

[276] 吴菲, 李树华, 刘娇妹. 城市绿地面积与温湿效益之间关系的研究[J]. 中国园林, 2007(6): 71-74.

[277] 吴国平, 胡伟, 滕恩江, 等. 室外空气污染对成人呼吸系统健康影响的分析[C]. 2001: 17, 33-38.

[278] 吴昊. 城市女性公园游憩行为及其阻碍因素研究[J]. 乐山师范学院学报, 2010(12): 47-52.

[279]吴焕忠,刘志武,李茂深. 住宅区绿化与空气离子及空气清洁度关系的研究[J]. 广东林勘设计,2002(3):1-3.

[280]吴吉林,廖博儒,陈功锡. 基于 SBE 法的张家界国家森林公园金鞭溪风景游憩林美景度研究[J]. 湖南文理学院学报(自然科学版),2011(4):81-86.

[281]吴际友,程政红,龙应忠. 园林树种林分中空气负离子水平的变化[J]. 南京林业大学学报,2003,27(4):78-80.

[282]吴家钦. 植物作为景观材料的视觉特性研究[D]. 北京:北京林业大学,2004.

[283]吴耀兴,康文星,郭清和,等. 广州市城市森林对大气污染物吸收净化的功能价值[J]. 林业科学,2009,45(5):42-48.

[284]吴云霄. 重庆市主城区主要绿地生态效益研究[D]. 重庆:西南大学,2006.

[285]吴志萍,王成,许积年,等. 六种城市绿地内夏季空气负离子与颗粒物[J]. 清华大学学报,2007,47(12):2153-2157.

[286]吴志萍,王成. 城市绿地与人体健康[J],世界林业研究,2007,20(2):32-37.

[287]吴中能,于一苏,边艳霞. 合肥主要绿化树种滞尘效应研究初报[J]. 安徽农业科学,2001,29(6):780-783.

[288]习复芳,毛端谦,周叶. 城市居民公园休闲行为研究——以南昌市为例[J]. 科技广场,2007(6):32-35.

[289]夏廉博. 人类生物气象学[M]. 北京:气象出版社,1986.

[290]肖随丽. 北京城郊山地森林景区游憩承载力研究[D]. 北京林业大学,2011.

[291]谢慧琳,李树人,袁秀云. 植物挥发性分泌物对空气微生物杀灭作用的研究[J]. 河南农业大学学报,1999,33(2):127-133.

[292]谢淑敏,洪俊华. 大气微生物研究——京津地区大气微生物区系[J]. 环境科学学报,1998,8(1):40-48.

[293]谢淑敏. 京津地区大气微生物本底研究[J]. 环境科学,1986(5):57-62.

[294]徐波,赵锋,李金路. 关于"公共绿地"与"公园"的讨论[J]. 中国园林,2001,17(2):6-10.

[295]徐大海,朱蓉. 人对温度、湿度、风速的感觉与着衣指数的分析研究[J]. 应用气象学报,2000,11(4):430-439.

[296]徐谷丹,许大为,王竞红,等. 以 SBE 法为基础确定森林景观最佳观赏点及游览路线[J]. 林业科学研究,2008(3):397-402.

[297]徐菊风. 北京市居民旅游行为特征分析[J]. 旅游学刊. 2006,8(21):34-39.

[298]徐磊青. 人体工程学与环境行为学[M]. 北京:中国建筑工业出版社,2009.

[299]徐业林,王乃益. 居住区大气负离子卫生标准的研究[J]. 安徽预防医学志,1996,2(2):1-4.

[300]闫娜,龚雪梅,张晓玮,等. 城市绿化树种滞尘效应研究综述[J]. 职业技术,2012(5):129-130.

[301]闫长春,陈超,姚平. 运用 BIB-LCJ 审美评判法评价榕属植物景观[J]. 热带农业科学,2011,31(5):79-83.

[302]颜敏. 智慧旅游及其发展——以江苏省南京市为例[J]. 中国经贸导刊, 2012(20): 75-77.

[303]扬·盖尔著. 交往与空间[M]. 何人可译. 北京: 中国建筑工业出版社, 2002.

[304]杨建松, 杨绘, 李绍飞, 等. 不同植物群落空气负离子水平研究[J]. 贵州气象, 2006, 30(3): 23-27.

[305]杨明. 休闲与旅游调研导论[M]. 北京: 中国旅游出版社, 2006.

[306]杨锐. 美国国家公园的立法和执法[J]. 中国园林, 2003(4): 63-66.

[307]杨瑞卿, 肖扬. 徐州市主要园林植物滞尘能力的初步研究[J]. 安徽农业科学, 2008, 36(20): 8576-8578.

[308]杨小波, 吴庆书. 城市生态学[M]. 北京: 科学出版社, 2004.

[309]杨懿琨. 基于SBE法的长沙市居住区植物景观量化评价[J]. 中南林业调查规划, 2007, 26(1): 35-38.

[310]杨玉梅. 人的行为与公园设计[D]. 北京: 北京林业大学, 2005.

[311]姚琨. 城市居住社区声环境评价研究[D]. 北京: 首都经济贸易大学, 2006.

[312]姚霞珍, 邢震, 泽旺, 等. 西藏校园植物群落降噪效果研究[J]. 北方园艺, 2011(16): 117-118.

[313]殷红梅, 许芳. 城市公园游憩者时空分布规律初探[J]. 贵州师范大学学报(自然科学版), 1999, 17(2): 76-80.

[314]殷杉. 上海浦东新区绿地系统研究——分布格局、生态系统特征及服务功能[D]. 上海: 上海交通大学, 2011.

[315]游彩云, 梅拥军. 论述国内外对森林景观美学评价的方法[J]. 科技信息, 2010(19): 625-626.

[316]于超. 西安城墙环城绿带游憩行为与空间规划设计研究[D]. 西安: 西安建筑科技大学, 2006.

[317]于淼. 人工湿地微生物气溶胶研究[D]. 青岛: 青岛理工大学, 2009.

[318]于守超, 崔心泽, 张惠梓, 等. 公园美景度评价模型研究——以聊城市姜堤乐园为例[J]. 山东建筑大学学报, 2012, 27(4): 412-415.

[319]于玺华. 现代空气微生物学[M]. 北京: 人民军医出版社.

[320]于志会, 杨波. 不同结构绿地对空气负离子水平的影响[J]. 安徽农业科学, 2011(23): 14326-14328.

[321]余曼, 汪正祥, 雷耘, 等. 武汉市主要绿化树种滞尘效应研究[J]. 环境工程学报, 2009, 3(9): 1133-1139.

[322]余叔文. 大气污染生物监测方法[M]. 广州: 中山大学出版社, 1993.

[323]俞孔坚. 自然风景质量评价研究: BIB-LCJ审美评判测量法[J]. 北京林业大学学报, 1988, 10(2): 1-8.

[324]俞莉莉, 梁惠颖, 何小弟, 等. 扬州城市道路部分绿化树种滞尘效应研究[J]. 北方园艺, 2012(15): 114-117.

[325]俞曦, 汪芳. 城市园林游憩活动谱研究——以无锡市为例[J]. 中国园林, 2008,

24(4): 84-88.

[326]俞学如. 南京市主要绿化树种叶面滞尘特征及其与叶面结构的关系[D]. 南京: 南京林业大学, 2008.

[327]郁东宁, 王秀梅, 马晓程. 银川市区绿化噪声效果的初步观察[J]. 宁夏农学院学报, 1998, 19(1): 75-78.

[328]袁宁, 黄纳, 张龙, 等. 基于层次分析法的古村落旅游资源评价——以世界遗产地西递、宏村为例[J]. 资源开发与市场, 2012, 10(2): 179-181.

[329]战金艳. 生态系统服务功能辨识与评价[M]. 北京: 中国环境科学出版社, 2011.

[330]张福金. 大连桃源街和丹东五龙背地区空气离子浓度测定[J]. 中国疗养医学, 1994, 3(3): 1-4.

[331]张浩, 王祥荣. 城市绿地降低空气中含菌量的生态效应研究[J]. 环境污染与防治, 2002, 24(2): 101-103.

[332]张吉儒, 潘东. 森林公园生态旅游适宜度评价的原则和方法[J]. 甘肃科技纵横, 2008(6): 74-75.

[333]张剑光, 冯云飞. 贵州气候宜人性评价探讨[J]. 旅游学刊, 1991, 6(3): 50-53.

[334]张凯旋, 凌焕然, 达良俊. 上海环城林带景观美学评价及优化策略[J]. 生态学报, 2012(17): 5521-5531.

[335]张凯旋. 上海环城林带群落生态学与生态效益及景观美学评价研究[D]. 上海: 华东师范大学, 2010.

[336]张来, 张显强. 安顺市区典型绿化植物滞尘能力与杀菌作用研究[J]. 科技导报, 2011(31): 48-53.

[337]张凌云, 黎巎, 刘敏. 智慧旅游的基本概念与理论体系[J]. 旅游学刊, 2012(5): 66-73.

[338]张明丽, 胡永红, 秦俊. 城市植物群落的减噪效果分析[J]. 植物资源与环境学报, 2006, 15(2): 25-28.

[339]张明丽, 秦俊, 胡永红. 上海市植物群落降温增湿效果的研究[J]. 北京林业大学学报, 2008, 30(2): 87-91.

[340]张平. 重庆市城市主干道行道树绿带景观审美评价[D]. 重庆: 西南大学, 2007.

[341]张庆费, 郑思俊, 夏檑, 等. 上海城市绿地植物群落降噪功能及其影响因子[J]. 应用生态学报, 2007, 18(10): 2295-2300.

[342]张晟, 郑坚, 付永川, 等. 重庆市城区空气微生物污染及评价[J]. 环境与健康杂志, 2002(3): 231-233.

[343]张书余. 医疗气象预报基础[M]. 北京: 气象出版社, 1999.

[344]张秀珍. 北京紫竹院公园老年人游憩行为的研究[D]. 北京: 北京林业大学, 2007.

[345]张学峰, 陈景和. 石门山森林植物景观评价及规划设想[J]. 山东林业科技,

1995(4): 25-29.

[346] 张岳恒, 黄瑞建, 陈波. 城市绿地生态效益评价研究综述[J]. 杭州师范大学学报(自然科学版), 2010(4): 268-271.

[347] 张哲, 潘会堂. 园林植物景观评价研究进展[J]. 浙江农林大学学报, 2011, 28(6): 962-967.

[348] 张智, 张少莉, 李裕国. 国外林业经营管理政策法规研究——日本国有林野法及其实施规则[J]. 林业勘查设计, 2003, 127(3): 13-19.

[349] 张周强, 郑远, 杜豫川, 等. 绿化带对道路交通噪声的影响实测与分析[J]. 城市环境与城市生态, 2007, 20(6): 17-19.

[350] 章俊华. 规划设计学中的调查分析法——SD法[J]. 中国园林, 2004(10): 54-58.

[351] 章银柯, 王恩, 林佳莎, 等. 城市绿地空气负离子研究进展[J]. 山东林业科技, 2009(3): 139-141.

[352] 章志都, 徐程扬, 龚岚, 等. 基于SBE法的北京市郊野公园绿地结构质量评价技术[J]. 林业科学, 2011(8): 53-60.

[353] 赵爱华, 李冬梅, 胡海燕, 等. 园林植物与园林空间景观的营造[J]. 西北林学院学报, 2004, 19(3): 136-138.

[354] 赵德海. 风景林美学评价方法的研究[J]. 南京林业大学学报, 1990, 14(4): 50-55.

[355] 赵迪. 浅析美国娱乐机会谱系理论及其在中国的应用[J]. 重庆建筑, 2006(9): 31-34.

[356] 赵君. 圆明园盛期植物景观研究[D]. 北京: 北京林业大学, 2009.

[357] 赵丽艳, 王有宁, 汪殿蓓, 等. 基于SBE法的孝感市居住区园林植物配置研究[J]. 南方农业, 2012(12): 32-36.

[358] 赵明, 孙桂平, 何小弟, 等. 城市绿地群落环境效应研究——以扬州古运河风光带生态林为例[J]. 上海交通大学学报(农业科学版), 2009, 27(2): 167-176.

[359] 赵深, 刘克旺, 毕丽霞. 长沙不同绿地对缓解热岛效应的作用[J]. 江西农业学报, 2007, 19(9): 50-52.

[360] 赵士洞, 赖鹏飞. 千年生态系统评估报告集(二)生态系统与人类福祉[M]. 北京: 中国环境科学出版社, 2007.

[361] 赵雄伟, 李春友, 葛静茹, 等. 刺槐林地空气负离子水平[J]. 东北林业大学学报, 2007, 35(11): 29-31.

[362] 赵子忠, 桑娟萍. 天水市树种滞尘能力及绿地降温增湿效应[J]. 中国城市林业, 2012(2): 12-14.

[363] 郑敬刚, 张景光, 李有. 郑州市热岛效应研究与人体舒适度评价[J]. 应用生态学报, 2005, 16(10): 1838-1842.

[364] 郑琦玉. 游憩机会序列应用于大甲溪流域游憩资源分类系统适宜性之研究[D]. 台湾: 逢甲大学土地管理研究所, 1996.

[365]郑少文,邢国明,李军,等. 北方常见绿化树种的滞尘效应[J]. 山西农业大学学报(自然科学版),2008,28(4):383-387.

[366]郑少文,邢国明,李军,等. 不同绿地类型的滞尘效应比较[J]. 山西农业科学,2008,36(5):70-72.

[367]郑思俊,夏檑,张庆费. 城市绿地群落降噪效应研究[J]. 上海建设科技,2006(4):33-34.

[368]郑文俊,颜春妮,邱玮玮. 南宁城市公园游憩者行为的调查与分析[J]. 广东园林,2010,32(3):68-70.

[369]郑芷青,蔡莹洁,陈城英. 广州不同园林绿地温湿效应的比较研究[J]. 广州大学学报(自然科学版),2006(2):37-41.

[370]郑洲翔,陈锡沐,翁殊斐,等. 运用 BIB-LCJ 审美评判法评价棕榈科植物景观[J]. 亚热带植物科学,2007,36(1):46-48.

[371]中国大百科全书编委会编. 中国大百科全书(建筑-园林-城市规划卷)[M]. 北京:中国大百科全书出版社,1985.

[372]钟林生,吴楚材,肖笃宁. 森林旅游资源评价中的空气负离子研究[J]. 生态学杂志,1998,17(6):56-60.

[373]钟素飞. 长沙市公园绿地典型园林植物群落美景度与偏好度评价研究[D]. 长沙:中南林业科技大学,2011.

[374]钟原,刘玉英,邱金梅,等. 圆明园植物资源与景观现状调查研究[J]. 北京林业大学学报,2010(S1):144-152.

[375]周春玲,张启翔,孙迎坤. 居住区绿地的美景度评价[J]. 中国园林,2006(4):62-67.

[376]周单红,马世锋,王少登,等. 4种景观林对空气微生物的抑制作用[J]. 浙江林学院学报,2010,27(1):93-98.

[377]周雷芝,张国庆,张爱光. 森林公园旅游设施建设中舒适度问题的探讨[J]. 林业资源管理,2002(2):56-59.

[378]周连玉,乔枫,米琴,等. 校园绿地空气微生物的含量及抑菌效应[J]. 江苏农业科学,2012(7):160-162.

[379]周连玉,乔枫. 中国绿地空气微生物研究现状与展望[J]. 中国农学通报,2011(20):269-273.

[380]周述明. 成都市城市街道绿化景观评价及其环境效益研究[D]. 成都:四川农业大学,2003.

[381]周曦,李湛东. 生态设计新论:对生态设计的反思和再认识[M]. 南京:东南大学出版社,2003.

[382]周小琴. 城市森林滞尘、抑菌效应研究[D]. 南京:南京林业大学,2001:1-27.

[383]周晓炜,亢秀萍. 几种校园绿化植物滞尘能力研究[J]. 安徽农业科学,2008,36(24):10431-10432.

[384]周志翔,邵天一,唐万鹏,等.城市绿地空间格局及其环境效应——以宜昌市中心城区为例[J].生态学报,2004,24(2):186-192.

[385]朱春阳,李树华,李晓艳.城市带状绿地空气负离子水平及其影响因子[J].城市环境与城市生态,2012(2):34-37.

[386]朱坚,翁燕波,高占国,等.生态环境质量评估与数据共享研究[M].北京:科学出版社,2009.

[387]朱建平,殷瑞飞.SPSS在统计分析中的应用[M].北京:清华大学出版社,2007.

[388]朱娜,卡茜燕.智慧旅游背景下城市旅游公共信息服务体系构建——以北京市为例[J].城市旅游研究,2012(12):62-63.

[389]朱天燕.南京雨花台区主要绿化树种滞尘能力与绿地花境建设[D].南京:南京林业大学,2007.

[390]朱珠,张欣.浅谈智慧旅游感知体系和管理平台的构建[J].江苏大学学报(社会科学版),2011(6):97-100.

[391]祝宁,李敏,柴一新.城市绿地综合生态效益场[J].中国城市林业,2004,2(1):26-28.

[392]祝宁,李敏,等.哈尔滨市绿地系统生态功能分析[J].应用生态学报,2002,13(9):1117-1120.

[393]祝遵凌,杜丹,韩笑.7种阔叶植物群落降噪的临界达标宽度[J].城市环境与城市生态,2012(3):22-25.

[394]庄梅梅,孙冰,胡传伟,等.森林景观美学评价现状与展望[J].中国园艺文摘,2010(4):49-53.

[395]邹建勤,宋丁全.定量AHP模型在城市居住区植物景观评价中的应用[J].金陵科技学院学报,2009,25(1):66-69.

[396]Guenther A B, Monson R K, Fall R. Isoprene and monoterpene emission rate variability: observations with eucalyptus and emission rate algorithm development[J]. Journal of Geophysical Research, 1991, 96: 10799-10808.

[397]Jubenville A, Twinght B W, Becker R H. Outdoor recreation management: theory and application revised and enlarged[M]. Oxford: Venture Publishing Inc, 1987.

[398]Ozbolen A, Kalin A. The semantic value of plants in the perception of space[J]. Building and Environment, 2001, 36: 257-259.

[399]Jaten A, Driver B L. Meaningful measures for quality recreation management[J]. Journal of Park and Recreation Administration, 1998, 16(3): 43-57.

[400]Beaton A A, Funk D C. An evaluation of theoretical frameworks for studying physically active leisure[J]. Leisure Sciences, 2008, 30(1): 53-70.

[401]Arden Pope III C, Verrier R L, Lovett E G, et al. Heart rate variability associated with particulate air pollution[J]. American Heart Journal, 1999, 138(5): 890-899.

[402]Fiore A M, Horowitz L W, Purves D W, et al. Evaluating the contribution of changes

in isoprene emissions to surface ozone trends over the eastern United States[J]. Journal of Geophysical Research, 2005, 110(D12303): 1-18.

[403] Arthur L M. Predicting scenic beauty of forest environments: Some empirical tests[J]. Forest Science, 1977, 23(2): 151-160.

[404] Aukerman R, Haas G. Water recreation opportunity spectrum users' guidebook[R]. USA: Denver Federal Center, Lakewood, Colorado: USDI, Bureau of Reclamation, 2004.

[405] Kaltenborn B P. Setting preferences of Arctic tourists: a study of some assumptions in the recreation opportunity spectrum framework from the Svalbard Archipelago[J]. Norwegian Journal of Geography, 1999, 53(1): 45-55.

[406] Beckett K P, Freer-Smith P H, Taylor G. The capture of particulate pollution by trees at five contrasting urban sites[J]. Arboric J, 2000(24): 209-230.

[407] Shelby B. A Case Study of River Research in Grand Canyon[R]. U. S.: USDA Forest Service, 1981.

[408] McFarlane B. Recreation Specialization and Site Choice Among Vehicle-Based Campers[J]. Leisure Sciences, 2004, 26(3): 309-322.

[409] Briggs D J, France J. Landscape Evaluation: A comparative study[J]. Journal of Environmental Management, 1980, 10: 263-275.

[410] Brown P, et al. The Opportunity Spectrum Concept and Behavioral Information in Outdoor Recreation Resource Supply Inventories: Background and Application[R]. Integrate Inventories of Renewable Natural Resources: Proceedings of the Workshop. USDA-Forest Service General Technical Report, 1978.

[411] Brown P, et al. Inventorying recreation potentials on dispersed tracts[J]. Journal of Forestry, 1979(3): 765-768.

[412] Brown T C, Daniel T C. Predicting scenic beauty of timber stands[J]. Forest Science, 1986, 32(2): 471-487.

[413] Brown P, Ross D. Using desired recreation experiences to predict setting preference[R]. St. Pau MN: University of Minnesota Agricultural Experiment Station Minnesota Report, 1982.

[414] Lighthart B. Mini-review of the Concentration Variations Found in the Alfresco Atmospheric Bacterial Populations[J]. Aerobiologia, 2000(16): 7-16.

[415] Bryan H. Leisure value systems and recreational specialization: The case of trout fishermen[J]. Journal of Leisure Research, 1977(12): 229-241.

[416] Buhyoff G J, Leuschner W A, Arndt L K. Replication of a scenic preference function[J]. Forest Science, 1980, 26(2): 227-230.

[417] Buhyoff G J, Leuschner W A. Estimation psychological disutility from damaged forest stands[J]. Forest Science, 1978, 24: 424-432.

[418] Buhyoff G J, Wellman J D. Landscape preference metrics, an international comparison[J]. Environment. Management. 1983, 16: 181-190.

[419] Buist L J, Hoots T A. Recreation opportunity spectrum approach to resource planning [J]. Journal of Forestry, 1982, 80(2): 84 – 86.

[420] Butler R, Waldbrook L. A new planning tool: the tourism opportunity spectrum[J]. Journal of Tourism Studies, 1991, 2(1): 1 – 14.

[421] Butler R, Boyd S. Managing ecotourism: an opportunity spectrum approach[J]. Tourism Management, 1996, 17(8): 557 – 566.

[422] Zini C A, Zanin K D, Christensen E, et al. Solid – phase microextraction of volatile compounds from the chopped leaves of three species of Eucalyptus[J]. Journal of Agricultural and Food Chemistry, 2003a, 151(9): 2679 – 2686.

[423] Geron C, Guenther A, Greenberg J. Biogenic volatile organic compound emissions from a lowland tropical wetforest in Costa Rica[J]. Atmospheric Environment, 2002, 36(23): 3793 – 3802.

[424] Pierskallaa C D, Siniscalchia J M, Selina S W, et al. Using events as a mapping concept that complement existing ROS methods[J]. Leisure Sciences, 2007, 29(1): 71 – 89.

[425] Chilman, Kenneth, Vogel, et al. A Successful Replication of the River Visitor Inventory and Monitoring Process for Capacity Management[R]. Proceedings of the Fourth Social Aspects and Recreation Research Symposium, 2004.

[426] Green1 C F, Scarpinol P V, Gibbs S G. Assessment and Modeling of Indoor Fungal and Bacterial Bioaerosol Concentrations[J]. Aerobiologia, 2003(19): 159 – 169.

[427] Clark R N, Stankey G H. The recreation opportunity spectrum: a framework for planning, management and research[R]. USA: USDA Pacific Northweat Forest and Range Experiment Station, 1979.

[428] Cole D N, et al. Managing Wildness Recreation Use: Common Problems and Potential Solutions[R]. USDA Forest Service General Technical Report, 1987.

[429] Helmig D, Guenther A, Zimmerman P, et al. Volatile organic compounds and isoprene oxidation products at a temperate deciduous forest site[J]. Journal of Geophysical Research, 1998, 103(17): 22397 – 22414.

[430] Helmig D, Ortega J, Guenther A, et al. Sesquiterpene emissions from loblolly pine and their potential contribution to biogenic aerosol formation in the Southeastern U. S. [J]. Atmospheric Environment, 2006, 40(22): 4150 – 4157.

[431] Hitchcock D. Trees and air quality: six methods to get sip credit for trees[M]. AICP Houston Advanced Research Center, 2004.

[432] Hartel D R. Trees & Air Pollution. Southern center for urban forestry research and information[R]. USDA Forest Service, 2003.

[433] Daniel T C, Boster R S. Measuing Landscape Aesthetics: the Scenic Beauty Estimation Method[R]. Washington D C: USDA Forest Service Research Paper, 1976: 24 – 167.

[434] Daniel T C, Michael M M. Representational validity of landscape visualizations: the effects of graphical realism perceived scenic beauty of forest vistas[J]. Environ Psychol, 2001,

21: 61-72.

[435] Parkinl D, Batt D, Waring B, et al. Providing for a diverse range of outdoor recreation opportunities: a "micro-ROS" approach to planning and management[J]. Australian Parks and Leisure, 2000, 2(3): 41-47.

[436] Freitas C. Human climates of Northern China[J]. Atmospheric Environment, 1979, 13: 71-77.

[437] Vlachogiannis D, Andronopoulos S, Passamichali A. A three-dimensional model study of the impact of AVOC and BVOC emissions ozone in an urban area of the eastern spain[J]. Environmental Monitoring and Assessment, 2000, 65(1-2): 41-48.

[438] Oguz D. User surveys of Ankara's urban parks[J]. Landscape and Urban Planning, 2000(52): 165-171.

[439] Driver B L, Brown P J, Stankey G H, Gregoire T H. The ROS Planning System: Evolution, Basic Concepts, and Research Needed[J]. Leisure Sciences, 1987(9): 201-202.

[440] Wollmuth D C, Schomaker J H, Merriam. Jr. L C. River recreation experience opportunities in two recreation opportunity spectrum classes[J]. Journal of the American Water Resources Association, 1985, 21(5): 851-857.

[441] McPherson E G, Simpson J R. Reducing air pollution through urban forestry[C]. The proceedings of the 48th annual meeting of the California Forest Pest Council, November 18-19, 1999 in Sacramento, CA.

[442] Freer Smith P H, Beckett K P, Taylor G. Deposition velocities to Sorbus aria, Acer campestre, Populus deltoids trichocarpa 'Beaupre' Pinus nigra and Cupressocyparis leylandii for coarse, fine and ultrafine particles in the urban environment[J]. Environ Pollut, 2005, 133: 157-167.

[443] Schaab G, Lacaze B, Lenz R, et al. Assessment of long-term vegetation changes on potential isoprenoid emission for a Mediterranean-type ecosystem in France[J]. Journal of Geophysical Research, 2000, 105(D23): 28863-28873.

[444] Schaab G, Steinbrecher R, Lacaze B. Influence of seasonality, canopy light extinction, and terrain on potential isoprenoid emission from a Mediterranean-type ecosystem in France[J]. Journal of Geophysical Research, 2003, 108(D13): 4392.

[445] Seufort G, Kotzias D, Sparta C. Volatile organics in Mediterranean shrubs and their potential role in a changing environment. In: Moreno J, Oechel J, Oechel W. Global Change and Mediterranean-type Ecosytstems[R]. Berlin: Springer-Verlag, 1995: 343-370.

[446] Smiatek G, Steinbrecher R. Temporal and spatial variation of forest VOC emissions in Germany in the decade 1994—2003[J]. Atmospheric Environment, 2006, 40(suppl. 1): S166-S177.

[447] Weekley G M. Recreation Specialization and the Recreation Opportunity Spectrum: A Study of Climbers[D]. USA: West Virginia University, 2002.

[448] Ranallil G, Principi P, Sorlini C. Bacterial Aerosol Emission from Wastewater Treat-

ment Plants: Culture Methods and Biomolecular Tools[J]. Aerobiologia, 2000(16): 39-46.

[449] Givoni B. Impact of planted areas on urban environmental quality: a review[J]. Atmospheric Environment, 1991, 25B(3): 289-299.

[450] Leduc G, Thellier F, Lacarriere B, et al. Regulation of a human thermal environment by inverse method Applied Thermal Engineering, 2006: 2176-2183.

[451] Hakola H, Tarvainen V, Laurila T, et al. Seasonal variation of VOC concentrations above a boreal coniferous forest[J]. Atmospheric Environment, 2003, 37(12): 1623-1634.

[452] Rennenberg H, Loreto F, Polle A, et al. Physiological responses of forest trees to heat and drought[J]. Plant biology, 2006, 18(5): 556-571.

[453] Saathoff H, Linke C, Wagner R, et al. Temperature dependence of the yield of secondary organic aerosol from the ozonolysis of a-pinene and limonene[J]. Journal of Aerosol Science, 2004, 1: 151-152.

[454] Mahdy H M , El-Sehrawi M H. Airborne Bacteria in the Atmosphere of El-Taif region, Saudi Arabia[J]. Water, Air, and Soil Pollution, 1997(98): 317-324.

[455] Hammitt W E, Cole D N. Wildland Recreation: Ecology and Management[M]. New York: John Wiley, 1998.

[456] Hammitt W E, Mcdonald C D, Cary D. Past On-Site Experience and Its Relationship to Managing River Recreation Resources[J]. Forest Science, 1983, 29(2): 262-266.

[457] Hayward J. Urban parks: Research, planning, and social change. In Public places and spaces[M]. Irwin Altman and Ervin Zube. New York: Plenum Press, 1989.

[458] Hedelin H, Jonsson K. Chronic abacterial prostatitis and cold exposure: an explorative study[J]. Scand J Urol Nephrol, 2007, 41(5): 430-435.

[459] Heywood J. Visitor inputs to recreation opportunity spectrum allocation and monitoring [J]. Journal of Park and Recreation Administration, 1991, 9: 18-30.

[460] Heywood J L, Christensen J E, Stankey G H. The relationship between biophysical and social setting factors in the recreation opportunity spectrum[J]. Leisure Sciences, 1991(13): 239-246.

[461] Zhu H, Phelan P E, Duan T H. Experimental Study of indoor and Outdoor Airborne Bacterial concentrations in Tempe, Arizona, USA[J]. Aerobiologia, 2003(19): 201-211.

[462] Huddart L. The Use of Vegetation for Traffic Noises Creening[A]. Transport and Road Research Laboratory Research Report, Crowthorne, 1990: 238-238.

[463] Hull IV R B, Buhyoff G J. The scenic beauty temporal distribution method: An attempt to make scenic beauty assessments compatible with forest planning efforts[J]. Forest Science, 1986, 32(2): 271-286.

[464] Iwama H. Negative air ions created by water shearing improve erythrocyte deformability and aerobic metabolism[J]. Indoor Air, 2004, 14(4): 293-297.

[465] Diem J E, Comrie A C. Integrating remote sensing and local vegetation information for ahigh-resolution biogenic emissions inventory-Application to an urbanized, semi-arid region

[J]. Journal of the Air & Waste Management Association, 2000a, 50(11): 1968 – 1979.

[466] Greenberg J P, Guenther A B, Petron G, et al. Biogenic VOC emissions from forested Amazonian landscapes[J]. Global Change Biology, 2004, 10(5): 651 – 662.

[467] Kaltenborn J, Hindrum B P, Emmenlin L. Tourism in the High North: management challenges and recreation opportunity spectrum planning in Svalbard, Norway[J]. Environmental Management, 1993, 17(1): 41 – 50.

[468] Oliver J E. Climate and Environment – An Introduction to Applied Climatology[M]. New York: John Wiley and Sons INC, 1973.

[469] Jubenville A, Wtwight B. Outdoor Recreation Management: Theory and Application [M]. Venture Publishing Inc, 1987.

[470] Yamaki K, Shoji Y. Classification of trail settings in an Alpine National Park using the recreation opportunity spectrum approach [R]. Finland: The Finnish Forest Research Institute2, 2004.

[471] Chilman K C, Marneu L F, Foster D. A Carrying Capacity Strategy[R]. U.S.: USDA Forest Service, 1981.

[472] Krenichyn K. The City Assembled: The only place to go and be in the city: women talk about exercise, being outdoors, and the meanings of a large urban park[J]. Health& Place, 2006(12): 631 – 643.

[473] Knowlton K, Rotkin – Ellman M, King G, et al. The 2006 California heat wave: impacts on hospitalizations and emergency department visits[J]. Environ Health Perspect, 2009, 117 (1): 61 – 67.

[474] Korublue I H. The clinical effect of aero – ionization[J]. Medical Biometeorology, 1990, 33(2): 25 – 29.

[475] Krueger A P, Reed E J. Biological impact of small air ions[J]. Science, 1976, 193 (4259): 1209 – 1213.

[476] Krueger A P. The biological effects of air ion[J]. Biometeorol, 1985, 29(3): 205 – 209.

[477] Kuo Y H, et al. Feasibility of short – range numerical weather prediction using observations from a network of profilers[J]. MonWeaRev. 1987, 115: 2402 – 2427.

[478] Otter L B, Guenther A, Wiedinmyer C, et al. Spatial and temporal variations in biogenic volatile organic compound emissions for Africa south of the equator[J]. Journal of Geophysical Research, 2003, 108(D13): 8505.

[479] L B Otter, A Guenther, Greenberg J. Seasonal and spatial variations in biogenic hydrocarbon emissions from southern African savannas and woodlands[J]. Atmospheric Environment, 2002, 36(26): 4265 – 4275.

[480] Lacey J, Dutkiewicz J. Bioaerosols and Occupational Lung Disease[J]. Journal of Aerosol Science, 1994, 25(8): 1371 – 1404.

[481] Lee, B D. Motives, behaviors, and attachments: A comparative study between older

travelers younger travelers in a national scenic area[D]. The Pennsylvania State University, 2005.

[482] Lindmanm J, Constantinidou H, Barchet W. Plants as sources of airborne bacteria, including ice nucleation - action bacteria[J]. Applied and Environmental Microbiology, 1982, 44(5): 1059.

[483] Lorenz E N, Emanuel K. A Optimal sites for supplementary weather observations: simulation with a small model[J]. J AtmosSci, 1998] 55: 399 -414.

[484] Loukaitou-Sidris A. Urban form and social context: Cultural differentiation in the uses of urban parks[J]. Journal of Planning Education and Research, 1995, 14: 89 -102.

[485] Centritto M, Liu S R, Loreto F. Biogenic emissions of volatile organic compounds by urban forests[J]. Chinese Forestry Science and Technology, 2005, 4(1): 20 -26.

[486] Mancinelli R. Airborne bacteria in an urbn environment[J]. Applied and Environmental Microbiology, 1978, 35(6): 1095.

[487] Manning R. Diversity in a democracy: Expanding the recreation opportunity spectrum [J]. Leisure science, 1985(7): 377 -399.

[488] Manning R E. Diversity in a democracy - Expanding the recreation opportunity spectrum[J]. Leisure Sciences, 1985(4): 377 -399.

[489] Baud-Bovy M, Lawson F. Tourism and recreation handbook of planning and design [M]. Reed Educational and Professional Publishing Ltd, England, 1998.

[490] Nikolopolou M, Steemers K. Thermal comfort and psychological adaption as a guide for design urban spaces[J]. Building and Energy, 2003, 35(1): 95 -101.

[491] Martinez K, Sheehy J, Jones J, et al. Microbial containment in conventional fermentation processes[J]. Appl. Ind. Hyg, 1988, 3: 177 -181.

[492] Jensen M O. Backcountry managers need social science information[R]. U S: USDA Forest Service, 1981.

[493] McPherson E G, Scott K I, Simpson J R. Estimating cost effectiveness of residential yard trees for improving air quality in Sacramento, California using existing models[J]. Atmos Environ, 1998, 32: 75 -84.

[494] More T A, et al. USDA - Forest Service Extending the Recreation Opportunity Spectrum to Nonfederal Lands in the Northeast: An Implementation Guide[R]. Northeastern Research Station General Technical Report, 2003.

[495] Mu D, Liang Y H. Air negative ion concentration and its relationships with meteorological factors in greenbelts of Jiamusi, Heilongjiang Province[J]. Ying Yong Sheng Tai Xue Bao, 2009, 20(8): 2038 -2041.

[496] Nowak D J, Klinger L, Karlic J, et al. Tree leaf area - leaf biomass conversion factors [M]. Unpublished data. USDA forest service, Syracuse, NY, 2000.

[497] Oliver J E. Climate and man's environment: an introduction to applied climatology [M]. New York: John Wiley & Sons. Inc, 1978.

[498] Thunis P, Cuvelier C. Impact of biogenic emissions on ozone formation in the Mediter-

ranean areaa BEMA modelling study[J]. Atmospheric Environment, 2000, 34(3): 467 – 481.

[499] Nilsen P, Tayler G. A comparative analysis of protected area planning and management frameworks[R]. USA: Department of Agriculture Forest Service, Rocky Mountain Research Station, 1997.

[500] Platz L. Motives for recreational gambling and other recreation activities among users[D]. University of Nevada, Las Vegas, 2006.

[501] Prusty B A K, Mishra P C, Azeez P A. Dust accumulation and leaf pigment content in vegetation near the national highway at Sambalpur, Orissa, India[J]. Ecotoxicology and Environmental Safety, 2005, 60(2): 228 – 235.

[502] Janson R, de Serves C, Romero R, et al. Emission of isoprene and carbonyl compounds from a boreal forest and wetlandin Sweden[J]. Agricultural and Forest Meteorology, 1999: 98 – 99, 671 – 681.

[503] Maier R M, Pepper L L, Gerba C P. Environmental Microbiology[M]. 北京: 科学出版社, 2004.

[504] Schreyer R, Roggenbuck J W. Visitor Images of National Parks: The Influence of Social Definitions of Places on Perceptions and Behavior[R]. U.S.: USDA Forest Service, 1981.

[505] Ditton R B, Graefe A R, Fedler A J. Recreational Satisfaction at Buffalo National River: Some Measurement Concerns [R]. U.S.: USDA Forest Service, 1981.

[506] Manning R E. Studies in outdoor recreation search and research for satisfaction[M]. 2nd ed. Oregon: Oregon State University Press, 1999.

[507] Robinette G O. Plants, People, and Environmental Auality: A Study of Plants and Their Environmental Functions[M]. Washington D C: US Department of the Interior, 1972.

[508] Owen S M, MacKenzie A R, Stewart H, et al. Biogenic volatile organic compound (VOC) emission estimates from an urban tree canopy[J]. Ecological Applications, 2003, 13(4): 927 – 938.

[509] Schreyer R M, Beulieu J T. Attribute preference for wildland recreation settings[J]. Journal of Leisure Research, 1986(18): 231 – 247.

[510] Schroeder H, Daniel T C. Progress in predicting the perceived scenic beauty of forest landscapes[J]. Forest Science, 1981, 27(1): 71 – 80.

[511] Onder S, Dursun S. Air borne heavy metal pollution of Cedrus libani(A. Rich.) in the city centre of Konya (Turkey)[J]. Atmos Environ, 2006, 40(5): 1122 – 1133.

[512] Souch C A, Souch C. The effect of trees on summertime below canopy urban climates: a case study Bloomington, Indiana [J]. Arbor, 1993, 19(5): 303 – 312.

[513] Andronopoulos S, Passamichali A, Gounaris N, et al. Evolution and transport of pollutants over a mediterranean coastal area: the influence of biogenic volatile orgainc compound emissions on ozone concentrations[J]. Journal of Applied Meteorology, 2000, 39(4): 526 – 545.

[514] Steadman R G. Assessment of Sultriness, Pt · 1, A Temperature – Humidity Index Based on Human Physiology and Clothing Science[J]. Applied Meteorology, 1979, 18(7): 861 –

873.

[515] Steadman R G. Assessment of Sultriness, Pt·2, Effect of Wind, Extraradiation, and Barometric Pressure on Apparent Temperature[J]. Applied Meteorology, 1979, 18(7): 874-885.

[516] Sutton S. Outdoor recreation planning frameworks: an overview of best practices and comparison with Department of Conservation (New Zealand) planning process[C]. Wellington: Proceedings of the New Zealand Tourism and Hospitality Research Conference, 2004.

[517] Babey S H, Hasten T A, Yu H, et al. Physical Activity Among Adolescents When Do Parks Matter[J]. American Journal of Preventive Medicine, 2008, 34(4): 345-348.

[518] Sharkey T D, Loreto F. Water stress, temperature, and light effects on the capacity for isoprene emission and photosynthesis of kudzu leaves[J]. Oecologia, 1993, 95: 328-333.

[519] Custer T G, Kato S, Fall R, et al. Nevative-ion CIMS: analysis of volatile leaf wound compounds including HCN[J]. International Journal of Mass Spectrometry, 2003(1-3): 223-224, 427-446.

[520] Cahill T M, Seaman V Y, Charles M J, et al. Secondary organic aerosols formed from oxidation of biogenic volatile organic compounds in the Sierra Nevada Mountains of California[J]. Journal of Geophysical Research. D, Atmospheres, 2006, 111(D16): D16312-1-D16312-14.

[521] Terjung W H. Physiologic Climates of the Conterminous United States: A Bioclimatic Classification Based on Man[J]. Annal AAG, 1966, 56(1): 141-179.

[522] Terjung W H. Physiologic climates of the conterminous united states: a bioclimatic classification based on man[J]. Annals of the Association of American Geographers, 1966, 56(1): 141-179.

[523] Stathopoulos T, Han Q W, Zacharias J. Outdoor human comfort in an urban climate Building and Environment, 2004: 297-305.

[524] More T A, Bulmer S, Henzel L. Extending the recreation opportunity spectrum to nonfederal lands in the northeast: an implementation guide[R]. USA: USDA Forest Service Northeastern Research Station, 2003.

[525] Tuttle C V. Being outside: How high and low income residents of Seattle perceive, use and value urban open space[D]. University of Washington. 1996.

[526] U. S. Department of Agriculture, Forest Service. ROS users guide[S]. Washington. DC: U. S. Department of Agriculture, Forest Service, 1982(9): 14-16.

[527] USDT. Keeping the noise down highway traffic noise barriers[M]. Publication No FHWA-EP-01-004] Washington DC: Federal Highway Administration, 2001.

[528] Van Lier H N, Taylor P D. New Challenges in Recreation and Tourism Planning[M]. Amsterdam, Elsevier Science Publishers B. V, 1993.

[529] Virden R J, Schreyer R M. Recreation specialization as an indicator of environmental Preference[J]. Environment and Behavior, 1988(20): 721-739.

[530]Virden R J, Knopf R C. Activities, experiences, and environmental settings: a case study of recreation opportunity ralationship[J]. Leisure Sciences, 1989(11): 159 – 176.

[531] Kirstine W V, Galbally I E. A simple model for estimating emissions of volatile organic compounds from grass and cut grass in urban airsheds and its application to two Australian cities [J]. Journal of the Air & Waste Management Association, 2004, 54(10): 1299 – 1311.

[532] Wagar J A. Campgrounds for many tastes[R]. USDA Forest Service Research Paper, 1966.

[533]Wang J, Li Y D. The ecology effects of urban green spaces[J]. Grassland and Turf, 2004(4): 24 – 27.

[534]Water Recreation Opportunity Spectrum Users' Guidebook[R]. U.S.: United States Department of the Interior Bureau of Reclamation, 2004.

[535]Watts G, Chinn L, Godfrey N. The effects of vegetation on the perception of traffic noise[J]. Apply Acoust, 1999, 56(1): 39 – 56.

[536]Woodruff T J, Grillo J, Schoendorf K C. The relationship between selected cause of post neonatal infant mortality and particulate air pollution in the United States[J]. Environmental Health Perspectives, 1997, 105(6): 608 – 612.

[537]Young D R, et al. Differences in leaf structure. chlorophyll and nutrients for the understory tree Asminatriloba[J]. Amen J. Bot, 1987, 74(10): 1487 – 1491.

[538]Yuan M S, McEwen D. Test for campers´experience preference differences among three ROS setting classes[J]. Leisure Sciences, 1989(11): 177 – 185.

# 图表目录

## 文中表格

第1章

表 1-1 景观美学评价中各学派特点比较

Tab. 1-1 Comparison of features of different paradigms on landscape aesthetics evaluation

表 1-2 景观美学评价方法比较

Tab. 1-2 Comparison on features of different methods about landscape aesthetics evaluation

第2章

表 2-1 北京圆明园公园生态效益监测样点基本信息

Tab. 2-1 Information of sampling plots in Yuanmingyuan garden

表 2-2(a) 北京圆明园植物群落增湿效应

Tab. 2-2(a) The effect of increesing humidity of plant communities in Yuanmingyuan garden

表 2-2(b) 北京圆明园公园植物群落增湿降温效应

Tab. 2-2(b) The effect of decreasing temperature and increasing humidity of plant communities in Yuanmingyuan garden

表 2-3 不同类型植物群落的温度气候特征方差分析

Tab. 2-3 Analysis of variance for temperature of different plant communities

表 2-4 不同类型植物群落的湿度气候特征方差分析

Tab. 2-4 Analysis of variance for humidity of different plant communities

表 2-5 圆明园公园植物群落与环境相对湿度的相关性分析

Fig. 2-5 The correlation analysis on plant communities and environment humidity in Yuanmingyuan garden

表 2-6　不同类型植物群落各季滞尘能力特征方差分析表
Tab. 2-6　Analysis of Variance for dust retention capacity of plant communities in seasons

表 2-7　空气悬浮颗粒物与微环境因子的相关性分析
Tab. 2-7　Correlation analysis of TSP and micro-environmental factors

表 2-8　城市区常见空气真菌和空气细菌种类
Tab. 2-8　Airborne fungi and airborne bacteria in urban area

表 2-9(a)　圆明园公园植物群落不同季节空气细菌浓度
Tab. 2-9(a)　The concentration of airborne bacteria in different seasons in Yuanmingyuan garden

表 2-9(b)　圆明园公园植物群落不同季节空气真菌含量
Tab. 2-9(b)　The concentration of airborne fungi in different seasons in Yuanmingyuan garden

表 2-10(a)　圆明园公园植物群落不同季节空气真菌含量方差分析
Tab. 2-10(a)　Variance analysis on the concentration of airborne bacteria in different seasons

表 2-10(b)　圆明园公园植物群落不同季节空气真菌含量方差分析
Tab. 2-10(b)　Variance analysis on the concentration of airborne fungi in different seasons

表 2-11　植物群落空气微生物与环境因子的相关性分析
Tab. 2-11　Correlation analysis of airborne microbes in micro-environmental factors

表 2-12　圆明园公园绿地样点不同季节空气细菌含量
Tab. 2-12　The concentration of airborne bacteria in different seasons in Yuanmingyuan garden

表 2-13　北京圆明园公园植物群落全年声环境质量监测结果
Tab. 2-13　The results of measuring environmental noise in Yuanmingyuan garden

表 2-14　圆明园公园不同植物群落降噪效果
Tab. 2-14　Noise reduction function of different plant communities in Yuanmingyuan garden

表 2-15　不同类型植物群落各季降噪特征方差分析表
Tab. 2-15　Analysis of Variance for noise retention capacity of plant communi-

ties in seasons

表2-16 植物群落各季降噪效果与群落特征的拟合方程

Tab. 2-16 Coefficient equations of noise reduction function and plant communities characteristics in seasons

表2-17 公园不同季节空气负离子浓度方差分析

Tab. 2-17 Variance analysis of negative air ions concentration in different seasons

表2-18 不同季节圆明园公园空气负离子浓度、空气温度、相对湿度及郁闭度之间的相关性

Tab. 2-18 Correlation among NAI concentration, air temperature, air relative humidity, and canopy density in different seasons

第3章

表3-1 公园环境游憩适宜性评价指标及标准构成

Tab. 3-1 Indicators and standards of recreation suitability evaluation on environment in urban parks

表3-2 城市公园环境小气候游憩适宜性分级标准

Tab. 3-2 Grade standard on recreation suitability of micro-climate in urban park

表3-3 圆明园公园一年不同月份白天小气候温湿与风效指数比较

Tab. 3-3 Micro-climate THI and $K$ degrees in the daytime of a year

表3-4 不同结构、立地类型植物群落的小气候游憩适宜特征方差分析表

Tab. 3-4 Analysis of variance for recreation suitability of micro-climate in different plant communities

表3-5 空气微生物评价标准

Tab. 3-5 The standards of air microbiological evaluation

表3-6 空气微生物环境质量分级标准

Tab. 3-6 Grade criteria of airborne microbe for environmental quality

表3-7 城市公园环境空气微生物含量游憩适宜性评价标准

Tab. 3-7 The standards of recreation suitability evaluation air microbiological content in urban parks

表3-8 城市公园环境空气总悬浮颗粒物(TSP)水平游憩适宜度分级标准

Tab. 3-8 Grade criteria of recreation suitability evaluation on air TSP content in urban parks

表3-9 空气清洁度评价标准

Tab. 3-9　The criteria for evaluating air quality

表3-10　森林空气负离子分级及评价指数标准

Tab. 3-10　Standard grades and evaluation index of negative air ions in forest area

表3-11　城市绿地空气负离子分级及评价指数标准

Tab. 3-11　Standard grades and evaluation index of negative air ions in urban green space

表3-12　城市公园空气负离子系数评价标准

Tab. 3-12　Standard grades and evaluation index of negative air ions in urban parks

表3-13　圆明园公园内样点评价比较（2009年6月）

Tab. 3-13　Information and evaluation of sample points in Yuanmingyuan garden

表3-14　公园不同结构、立地类型植物群落空气负离子系数（PCI）方差分析表

Tab. 3-14　Analysis of variance for PCI in different plant communities

表3-15　圆明园公园样点空气负离子系数（PCI）及其游憩适宜性分析

Tab. 3-15　Analysis on recreation suitability for PCI of sample points in Yuanmingyuan garden

表3-16　声环境功能分区（单位：dB(A)）

Tab. 3-16　Acoustic environmental zoning areas

表3-17　城市公园声环境质量游憩适宜性评价标准

Tab. 3-17　The standards of recreation suitability evaluation on acoustic environment quality in urban parks

表3-18　圆明园公园声源类型

Tab. 3-18　The types of acoustic sound source in Yuanmingyuan garden

表3-19　评价群体间的相关系数

Tab. 3-19　correlation coefficients among groups

表3-20　各景观美景度（$SBE_i^A$）计算

Tab. 3-20　SBE values of landscapes for every respondent group

表3-21　圆明园公园景观要素分解

Tab. 3-21　Component of landscape elements for Yuanmingyuan garden

表3-22　圆明园公园园林景观美景度影响因素相关分析

Tab. 3-22　Correlation analysis of influencing factors of SBEs of garden landscape in Yuanmingyuan garden

表 3-23　圆明园公园人文资源游憩适宜性评价体系

Tab. 3-23　Theevaluation system on recreation suitability of cultural resources in Yuanmingyuan garden

第 4 章

表 4-1　非节假日圆明园公园游憩行为的时段特征

Tab. 4-1　In no-holiday periods characteristics of recreational behavior in Yuanmingyuan garden

表 4-2　圆明园公园主要游憩活动类型

Tab. 4-2　The main types of activities in Yuanmingyuan garden

表 4-3　游客人口统计学特征构成频度分析

Tab. 4-3　Frequency analysis of demographic characteristics of visitors

表 4-4　游客人口统计学特征描述性分析

Tab. 4-4　Descriptive analysis of demographic characteristics of visitors

表 4-5　游憩特征分析

Tab. 4-5　Frequency analysis of recreation characteristics of visitors

表 4-6　游憩特征描述性分析

Tab. 4-6　Descriptive analysis of recreation characteristics of visitors

表 4-7　圆明园公园游人游憩动机因子分析

Tab. 4-7　Factors analysis on recreation motivation of visitors

表 4-8　圆明园公园游人游憩偏好场所因子分析

Tab. 4-8　Factors analysis on recreation preference places of visitors

表 4-9　游憩活动与游憩区域的相关性分析（$N=2286$）

Tab. 4-9　Correlation analysis between recreational activities and area

表 4-10（a）　游憩活动与游憩地点的相关性分析

Tab. 4-10（a）　Correlation analysis between recreational activities and sites

表 4-10（b）　游憩活动与游憩地点的相关性分析

Tab. 4-10（b）　Correlation analysis between recreational activities and sites

表 4-11　圆明园公园游憩解说系统构成

Tab. 4-11　The constitution of interpretation systems in Yuanmingyuan garden

第 5 章

表 5-1　城市公园物理环境质量因子谱系

Tab. 5-1　Setting description for biophysical indicators of ROS in urban parks

表 5-2　城市公园游憩活动质量因子谱系

Tab. 5-2　Setting description for recreation activities indicators of ROS in urban parks

表5-3　城市公园管理条件与水平因子谱系

Tab. 5-3　Setting description for managerial indicators of ROS in urban parks

表5-4　城市公园游憩机会序列

Tab. 5-4　The sequence of ROS in urban parks

表5-5　城市公园游憩机会谱评分类型表

Tab. 5-5　Evaluation standards of ROS in urban parks

表5-6　城市公园游憩机会谱与其他类型游憩地机会谱的比较

Tab. 5-6　The ROS comparison between urban parks and other types of recreation areas

表5-7　圆明园公园物理环境质量因子谱系(2009年4月)

Tab. 5-7　Setting description for biophysical indicators of ROS in Yuanmingyuan garden (April, 2009)

表5-8　城市公园游憩活动质量因子谱系(以福海景区乔木群落为例)

Tab. 5-8　Setting description for recreation activities indicators of ROS in Yuanmingyuan garden (Arbor community in Fuhai scenic spot as an example)

表5-9　圆明园公园管理条件与水平因子谱系(以福海景区乔木群落为例)

Tab. 5-9　Setting description for managerial indicators of ROS in Yuanmingyuan garden (Arbor community in Fuhai scenic spot as an example)

表5-10　圆明园公园游憩机会谱系构成(2009年4月)

Tab. 5-10　The formation of ROS in Yuanmingyuan garden (April, 2009)

表5-11　圆明园公园环境适宜游憩状况(四月)

Tab. 5-11　Recreational activities for different population and zones in Yuanmingyuan garden (in April)

表5-12　圆明园公园游憩机会谱理想与现实状况比较

Tab. 5-12　Comparative analysis of ideal condition and reality of ROS in Yuanmingyuan garden

第6章

表6-1　"游憩前线"指标体系构成

Tab. 6-1　Index system for front of recreation

## 文中插图

第1章

图 1-1　圆明园公园游憩机会谱研究技术路线
Fig. 1-1　Research route of ROS in Yuanmingyuan garden

第 2 章

图 2-1　均匀采样法和典型采样法
Fig. 2-1　Symmetrical sampling and typical sampling methods

图 2-2　北京圆明园公园生态效益监测样点分布示意
Fig. 2-2　Distribution of sampling plots in Yuanmingyuan garden

图 2-3　圆明园公园夏季温湿度日变化情况(8 月份)
Fig. 2-3　The temperature and humidity of fine days in summer(August)

图 2-4　圆明园公园植物群落空气总悬浮颗粒物浓度季节变化
Fig. 2-4　Seasonal variations of TSP concentrations of plant communities in Yuanmingyuan garden

图 2-5　不同植物群落各季节空气总悬浮颗粒物浓度日均浓度变化
Fig. 2-5　Average changes of TSP concentration of plant communities in seasons

图 2-6　圆明园公园与对照样地空气悬浮颗粒物浓度日变化比较
Fig. 2-6　Diurnal variations of TSP in Yuanmingyuan park and contrast sample plot

图 2-7(a)　圆明园公园植物群落春季空气细菌含量日变化
Fig. 2-7(a)　The diurnal variations of airborne bacteria concentration in spring

图 2-7(b)　圆明园公园植物群落夏季空气细菌含量日变化
Fig. 2-7(b)　The diurnal variations of airborne bacteria concentration in summer

图 2-7(c)　圆明园公园植物群落秋季空气细菌含量日变化
Fig. 2-7(c)　The diurnal variations of airborne bacteria concentration in autumn

图 2-7(d)　圆明园公园植物群落冬季空气细菌含量日变化
Fig. 2-7(d)　The diurnal variations of airborne bacteria concentration in winter

图 2-8(a)　圆明园公园植物群落春季抑制空气细菌效率日变化
Fig. 2-8(a)　The diurnal variations of inhibitory rates on airborne bacteria of plant communities in spring

图 2-8(b)　圆明园公园植物群落夏季抑制空气细菌效率日变化
Fig. 2-8(b)　The diurnal variations of inhibitory rates on airborne bacteria of plant communities in summer

图 2-8(c)　圆明园公园植物群落秋季抑制空气细菌效率日变化

Fig. 2-8(c) The diurnal variations of inhibitory rates on airborne bacteria of plant communities in autumn

图 2-8(d) 圆明园公园植物群落冬季抑制空气细菌效率日变化

Fig. 2-8(d) The diurnal variations of inhibitory rates on airborne bacteria of plant communities in winter

图 2-9(a) 圆明园公园植物群落春季空气真菌含量日变化

Fig. 2-9(a) The diurnal variations of airborne fungi concentration in spring

图 2-9(b) 圆明园公园植物群落夏季空气真菌含量日变化

Fig. 2-9(b) The diurnal variations of airborne fungi concentration in summer

图 2-9(c) 圆明园公园植物群落秋季空气真菌含量日变化

Fig. 2-9(c) The diurnal variations of airborne fungi concentration in autumn

图 2-9(d) 圆明园公园植物群落冬季空气真菌含量日变化

Fig. 2-9(d) The diurnal variations of airborne fungi concentration in winter

图 2-10 圆明园公园绿地植物样地空气微生物浓度季变化特征

Fig. 2-10 Seasonal variation of average airborne microbe contents

图 2-11(a) 圆明园公园绿地与对照样地空气细菌浓度年变化特征

Fig. 2-11(a) Annual variation of average airborne bacteria contents

图 2-11(b) 圆明园公园绿地与对照样地空气真菌浓度年变化特征

Fig. 2-11(b) Annual variation of average airborne fungi contents

图 2-12 不同季节圆明园公园空气负离子浓度日变化特征($Ions/cm^3$)

Fig. 2-12 Diurnal variation of NAI concentration in different seasons

图 2-13 圆明园公园空气负离子浓度月变化($Ions/cm^3$)

Fig. 2-13 Monthly variation of negative air ions concentration

图 2-14 不同生境植物群落空气负离子浓度月变化($Ions/cm^3$)

Fig. 2-14 Monthly variation of NAI of plant communities in different ecological zones

第 3 章

图 3-1 城市公园环境游憩适宜性评价体系

Fig. 3-1 The system of recreation suitability evaluation on environment in urban parks

图 3-2 圆明园公园环境游憩适宜性月变化特征

Fig. 3-2 The monthly changes of recreation suitability on environment in Yuan-ming-yuan garden

图 3-3 圆明园公园环境空气微生物含量游憩适宜性评价

Fig. 3-3　The recreation suitability evaluation on air microbiological content in Yuanmingyuan garden

图 3-4　不同类型植物群落空气总悬浮颗粒物日平均水平与游憩适宜性评价

Fig. 3-4　Evaluation on diurnal average and recreation suitability of TSP in different plant communities

图 3-5　公园与对照样地平均噪声月变化比较

Fig. 3-5　A comparison of environmental noise in inter-monthly variation between Yuanmingyuan garden and controlled sample plot

图 3-6　圆明园公园声环境质量游憩适宜性评价

Fig. 3-6　Evaluation on recreation suitability of acoustic environment quality in Yuanmingyuan garden

图 3-7　公园植物群落年平均噪声响度

Fig. 3-7　Annual average noise level of plant communities in Yuanmingyuan garden

图 3-8　城市公园园林景观物质构成

Fig. 3-8　The constitution of physical landscapes in urban parks

图 3-9　城市公园景观美景度评价路线

Fig. 3-9　The research route of SBE

图 3-10　圆明园公园遗址分布图

Fig. 3-10　The distribution of cultural historic relics in Yuanmingyuan garden

图 3-11　圆明园公园环境四月份适宜游憩空间分布图

Fig. 3-11　The map of distribution of suitable recreation space in Yuanmingyuan garden

第 4 章

图 4-1　行为观测样点分布图

Fig. 4-1　Distribution of sampling plots on tourist action survey in Yuanmingyuan garden

图 4-2　游人游憩动机倾向度

Fig. 4-2　Recreation motivation of visitors

图 4-3　游人偏好的场所

Fig. 4-3　Favoring places of visitors

第 5 章

图 5-1　城市公园游憩机会谱描述性指标重要度构成

Fig. 5-1　Descriptive index proportion of ROS in urban parks

图 5-2　圆明园公园游憩体验满意度情况

Fig. 5-2　The satisfaction of visitors' recreation experience in Yuanmingyuan garden

图 5-3　基于游憩机会谱的游憩功能分区

Fig. 5-3　Recreational division based on ROS

第 6 章

图 6-1　"游憩前线"系统运行机制

Fig. 6-1　Operating mechanism of front of recreation system

图 6-2　"旅游前线"系统构成框架

Fig. 6-2　The framework of front of recreation system

# 附　录

## 附录 1　圆明园公园游客行为调查问卷

尊敬的游客朋友：

您好！我们是北京林业大学园林学院旅游管理中心的研究人员，正在进行圆明园游客出游行为方面的研究，希望您能提供宝贵资料，以作为学术研究之参考依据，在此表达我们真诚的谢意！

北京林业大学园林学院旅游管理中心

1. 您平均多长时间来一次圆明园公园？

　□半年一次或更少　　□两三个月一次　　□每月一两次　　□每周一次或更多

2. 您一般在公园内逗留多长时间？

　□少于 1 个小时　　□1 ~ 2 个小时　　□2 ~ 3 个小时　　□3 ~ 4 个小时　　□4 个小时以上

3. 您来圆明园公园与谁同行？

　□独自一人　　□情侣　　□同学、朋友或同事　　□家人　　□旅游团

4. 您有比较固定的游览路线吗？

　□有　　□没有

5. 您是否希望有一条科学的游览线路来指引您的游览？

　□是　　□无所谓　　□否

6. 您在公园里喜欢做哪些活动？（可多选）

　● 运动类：

　□散步　　□跑步　　□球类活动　　□健身操，太极拳　　□跳绳，踢毽子

　● 体验类：

279

□赏花　　□亲水　　□欣赏风景　　□文化遗址观光　　□参观展览
　●休闲类：
　　□放风筝　　□划船　　□野餐　　□野营　　□打扑克，下棋　　□看书
　　□在长椅或草坪上晒太阳　　□歌舞，乐器，书法
　●其他类：
　　□摄影写生　　□亲子活动　　□与恋人独享清幽　　□相亲速配
　●如果上述选项不符合您的情况，请在此给出相应答案：_____

7. 您来圆明园公园休闲游览，对下列哪些指标项目最关注？（可多选）
　　□空气质量　□环境卫生　□安全可达　□安静程度　□游客数量　□讲解服务
　　□绿地植物　□卫生设施　□人文景观　□拥挤程度　□游憩项目　□服务态度
　　□商服小卖　□休息设施　□餐饮服务　□娱乐设施　□亲水活动　□开放景点

8. 您对圆明园的下列各项是否满意？

| 项目 | 非常满意 | 满意 | 一般 | 不满意 | 非常不满意 |
| --- | --- | --- | --- | --- | --- |
| 公园小气候适游程度 | | | | | |
| 垃圾桶和厕所数量 | | | | | |
| 环境噪声程度 | | | | | |
| 商服设施与质量 | | | | | |
| 游憩设施质量 | | | | | |
| 游览路径合理性 | | | | | |
| 游憩项目丰富度 | | | | | |
| 休息设施数量和位置 | | | | | |
| 风景与植被状况 | | | | | |
| 历史人文景观状况 | | | | | |
| 工作人员服务态度 | | | | | |
| 休闲目的实现机会 | | | | | |
| 总体印象 | | | | | |

9. 您最喜欢在下列哪些点停留？（请按照喜爱的程度顺序依次在图上标明"①"、"②"、"③"……数字标明，可多选）

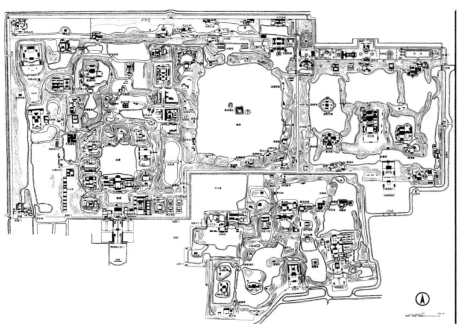

11. 您对圆明园公园游憩活动满意程度：

□满意　　□比较满意　　□一般　　□不太满意　　□很不满意

12. 您是否得到了您期望的游憩体验？

□是，正是我所期望的。

□是，大部分是我所期望的。

□还行，但我希望有些方面能够更好一些。

□不，只有很少的地方符合我的需要。

□不，这里没有我需要的。

13. 您认为圆明园公园还需要做哪些改进？（若没有可不写）

_____

_____

14. 您的个人信息：

● 性别：□男　　□女

● 年龄：□18岁及以下 □19～25岁 □26～35岁 □36～50岁　□51～65岁 □66岁及以上

● 学历：□初中及以下 □高中或中专　□大专或本科　□研究生及以上

● 从业性质：□机关事业单位工作人员　□公司/企业工作人员　□教师/研究人员　□自由职业者　□军人　□学生　□无工作（如家庭主妇、

离退休或下岗人员) □其他(请注明)_____

● 月收入(我们仅作定量统计分析之用并会严格保密。月收入为税前款,并且包括各种奖金、补助以及其他收入):

□无收入　　□~2000 元　　□2001~4000 元　　□4001~6000 元

□6001~8000 元　　□8001 元~

● 婚姻状况:□单身　　□恋爱中　　□已婚

● 常住地:□北京　　□其他(请注明省市)_____

问卷到此结束,再次感谢您的配合!

## 附录2　圆明园公园游客游憩行为观察记录

观察人：　　　　月　　　日

| (How) / (When) | 人数情况描述<br>（Who）<br><br>个人/群体构成、性别比、年龄层次 | 游憩空间描述<br>（Where）<br><br>停留地点、人群密度、空间构成、植物群落组成 | 行为内容<br>（What）<br><br>参与项目/活动内容、停留时间、服务设施是否齐备/环境支持情况 |
|---|---|---|---|
| 记录时间 |  |  |  |
| 地点标记 |  |  |  |
| 记录时间 |  |  |  |
| 地点标记 |  |  |  |
| 记录时间 |  |  |  |
| 地点标记 |  |  |  |

# 后　　记

　　当手指在键盘上敲下论文最后的句号时，春天的脚步已经近了。回首六年的博士学习经历，就如同此刻的天气，乍暖还寒。刚上研究生时雄心勃勃，想把硕士阶段的研究继续深入探索，这一过程的艰辛远远超出我最初的预想，这中间曾经动过用 GIS 手段偷点懒的念头，但小尺度园林环境的微差异又使得研究不得不进行现场监测，不提各月外业环境监测的艰苦，不想近 3000 份问卷调查的投入，单是外业实验与调查的时间就整整进行了三年。望着文件柜里堆起来像小山一样的问卷与实验记录，内心百感交集。曾经一度无所适从，甚至动过转换研究方向的念头，正是导师、同事及亲友们的鼓励和支持，伴我走过了这段难于忘怀的岁月。

　　首先，衷心感谢博士研究生时的导师张启翔教授，先生高屋建瓴的开阔视野、慎思明辨的学术精神、儒雅大气的人格魅力泽惠于我，论文的整个研究过程受到先生的悉心指导，并给予我生活和工作上很大的帮助，先生的宽容和善无时不感动着我，受教十六年的经历更让我受益终身，在此表示衷心的敬意和感谢！

　　非常感谢潘会堂教授如兄长般的关心和鼓励，潘老师醉心学术的精神永远是我学习的榜样。衷心感谢董丽教授在入学时与学习中的无私帮助，董老师的大家风范一直让我敬仰不已。感谢高亦珂教授和吕英民教授在开题报告和写作过程中给予的建议，感谢张玉钧教授和乌恩副教授亦师亦友的帮助，帮我解决了诸多困惑。

　　特别感谢旅游管理系蔡君教授给予的全方位支持，作为我本科的导师、现在的学科领导，她对我工作的支持和宽容使得这本著作得以顺利完成。感谢旅游管理系所有的同事们给予的支持和鼓励。感谢北京海淀区宣传部部长陈铭杰先生，正是他在担任圆明园公园管理处主任时对本研究的大力支持使工作得以顺利开展。

　　感谢潘剑彬博士后在本书写作思路上给予的帮助，感谢杨伟茹老师在实验条件上的支持，还要感谢北京林业大学旅游管理系07级、08级、09级同学们在问卷调查中给予的帮助，更要感谢叶倩、李敏、肖雄方、朱晓伟、郑玉梁、骆辛欣、刘睿等同学们在野外实验中的帮助，圆明园公园的每一寸土地都留下了我们的欢笑和汗水，也共同见证了本书的艰辛历程。感谢如今已是同事的同门师弟孙明博士、罗乐博士、蔡明博士的深情厚意，大家今后还一如既往，风雨同舟，互相鼓励，一起走过。

最后深深感谢我的父母及兄弟，无时不关心我的生活和学习，并寄予厚望。特别感谢我的爱人王晓燕女士，默默承担了照顾家庭和女儿的重任，全力支持我的学习，陪伴我度过人生中重要的一个阶段。

王忠君
2013年3月于林北路九号院

# 作者简介

王忠君,男,1974 年 8 月 14 日生于黑龙江省虎林县。1997 年 9 月至 2001 年 6 月就读于北京林业大学园林学院森林旅游专业;2001 年 9 月被保送攻读本校园林植物与观赏园艺硕士研究生,2004 年取得硕士学位后留校就职于园林学院旅游管理系任教至今;2007 年 9 月,在职攻读北京林业大学园林植物与观赏园艺专业博士研究生,2013 年获得博士学位,现为北京林业大学园林学院副教授,发表学术论文 20 余篇,主要从事的研究方向为生态与遗产旅游。